ハイパーモダン Python

信頼性の高いワークフローを構築するモダンテクニック

Claudio Jolowicz　著

嶋田 健志　訳
鈴木 駿

Hypermodern Python Tooling

Building Reliable Workflows
for an Evolving Python Ecosystem

Claudio Jolowicz

Beijing · Boston · Farnham · Sebastopol · Tokyo

『*Hypermodern Python Tooling*』への賛辞

個人または企業内で既存の Python プロジェクトを管理するすべての人に向いている。生産性を向上させ、コード品質を保証する最新のソリューションと最新のツールを使い、進化する Python エコシステムの最前線に立とうではないか。

Karandeep Johar
Amplitude テックリードマネージャー

『*Hypermodern Python Tooling*』は、変化を続けるエコシステムの中で最高の Python ツールを紹介している。もっと強調したいのは、ワークフローのレベルアップを目指す開発者のために、その使い方も教えてくれることだ。

Pat Viafore
『*Robust Python*』著者

Python 愛好家の必読書。最新の開発者ツールおよびベストプラクティスに関する幅広い知見が得られる。

William Jamir Silva
Adjust GmbH シニアソフトウェアエンジニア

『*Hypermodern Python Tooling*』は、Python の豊かで圧倒的なツールやプラクティスをナビゲートする地図のようなものだ。プロジェクトのツールを設定し、最大限に活用するために不可欠な相棒だ。

Thea Flowers
クリエイティブテクノロジスト

Python 愛好家であれば必読。堅牢な Python ワークフローを構築する上での貴重な情報と実践的な指針が得られる。

Ganesh Harke
Citibank, N.A. テックリード

『*Hypermodern Python Tooling*』は概念を教えるだけでなく、業界のベストプラクティスを伝えてくれる。技術書を読んでいるような感覚ではなく、自分のチームに経験豊富なシニアエンジニアが一人いて、重要なトピックを把握するために必要な背景の情報を教えてくれているような感覚だ。私のキャリア開始時に、この本があればよかったのにと思う。

Jurgen Gmach
Canonical シニアソフトウェアエンジニア

Claudio Jolowicz は Python のパッケージング、デプロイ、リント、テスト、型チェックを簡潔かつ明確に説明し、パイプラインの自動化でそうした技術を包括している。私の著書の素晴らしいパートナーと言うべき本で、併せて読むべきだ。

Luciano Ramalho
『*Fluent Python*』著者

Marianna へ

訳者まえがき

まだ晒していない布片を誰も古い衣服に継ぎあてしたりしない。そういうことをすれば、継ぎ布が衣服を引き裂く。新しいものが古いものを。そして裂け目はもっとひどくなる。また、誰も新しい葡萄酒を古い革袋に注いだりしない。そういうことをすれば、新しい酒が革袋を破り、酒は失われ、革袋も駄目になる。新しい葡萄酒は新しい革袋に。

マルコ福音書 2 章 21-22 節

田川建三『新約聖書 訳と註』（作品社）より

本書は Claudio Jolowicz『*Hypermodern Python Tooling*』（O'Reilly Media）の全訳です。

2020 年に人気を博した Netflix のドラマ『クイーンズ・ギャンビット』はご存じでしょうか。不運な事故で孤児となってしまった主人公のベスが、ボードゲームのチェスに出会い、孤児院で投与された薬物による依存症に苦しみながらも才能を開花させて成長していくという物語です。ドラマの第 1 話、チェスのオープニング（序盤の最善手とされる指し方）集である『モダンチェスオープニング』をプレゼントされたベスは、本から学んだオープニングを駆使し、対局相手に勝利します。その際にベスが指したオープニングはレティ・オープニングと言う、1920 年代に当時主流だったチェスの考え方を超える、ハイパーモダンと言われる考えに基づくものでした。そのようなチェスのハイパーモダンにあやかり、Python のハイパーモダンなツールを紹介するのが本書の目的です。

2024 年 8 月 21 日、翻訳作業が佳境を迎えている最中、Astral 社から uv のバージョン 0.3.0 がリリースされました。当該バージョンのリリースを境に、本書で紹介されているツールのいくつかは uv によって置換可能となりました。本書は Python におけるハイパーモダンな開発手法やツールを紹介するのが主題ですが、新しい uv の台頭により、本書で紹介するツールは少なくともハイパーモダンではなく、もはや古典であると言って過言ではありません。このような uv の進化は、原著まえがきにある「私たちが今日「モダンである」と考える方法は、明日の「ハイパーモダン」な方法に後れを取る運命にあるのです。」を地で行くような結果をもたらすでしょう。

悲しむべきことなのでしょうか。書籍というメディアの限界なのでしょうか。そのようなことはありません。確かに、本書で紹介されているツールは uv に取って代わられる運命にあるかもしれません。しかし、置換されゆくツールが持つ基本的なアイデアそのものは陳腐化せず、依然として uv の

中で命脈を保ち続けていくことでしょう。むしろ、uv が積極的にアイデアを取り込んでいったという事実こそ、『ハイパーモダン Python』や本書で紹介されているツールが明日のハイパーモダンにおいても有用である証左ではないでしょうか。

『モダンチェスオープニング』でチェスのハイパーモダンを学んだベスは、依存症に苦しめられながらも世界チャンピオンと対戦するまでに成長します。これはチェス界にハイパーモダンが生まれてから 40 年以上も後のことです。読者諸氏にとっての『ハイパーモダン Python』が、ベスにとっての『モダンチェスオープニング』と同じように役に立つことを願っています。

本書について

全体で 3 部からなります。

第 I 部は Python のインストールやその管理についてです。さすがにインストール方法は知っているよ、という方でも環境ごとの違いや環境変数 PATH の仕組みを詳しく知ることで、新たな発見があるかもしれません。

第 II 部は Python のプロジェクトについてです。Python の文法については、公式ドキュメントや信頼できる書籍、例えば『Python Distilled』(オライリー・ジャパン)などで十分に理解することが可能ですが、いざプロジェクトで、端的には仕事で Python を使おうとした際に知っておきたい事柄をまとめたドキュメントは意外と見当たりません。その点でも『ハイパーモダン Python』は重要な 1 冊となるでしょう。

第 III 部はプロジェクトで採用すべきツール群の紹介です。個々のトピックについては例えば『ロバスト Python』(オライリー・ジャパン)や『テスト駆動 Python 第 2 版』(翔泳社)などの資料は存在しますが、『ハイパーモダン Python』ではそれを Nox や pre-commit で自動化するというところまで踏み込んで扱います。自動化はハイパーモダンな戦略を構成する重要な要素です。

基本的には、1 章から 10 章まで読み通すのを推奨します。その際は、uv や今後登場するであろうツールで置き換えるとどうなるのか、というのを手を動かしつつ確かめながら読むと面白いと思います。細かい差異はありますが、基本的なアイデアはそのままに新しいツールに移植できるでしょう。

翻訳作業について

翻訳の役割分担として、1 章から 5 章を嶋田、6 章から 10 章を鈴木が担当しました。また、各自の担当箇所を訳出し終えた後に、担当しなかった章のクロスチェックを実施しました。翻訳作業開始時は Early Release 第 8 版を底本として、初版が刊行された後は初版の差分を底本に反映して訳出しました。原著初版が 2024 年 6 月に発刊された点を考慮すると邦訳が約 3 ヶ月後に発刊されるのは翻訳本として驚異的な速さですが、それは Early Release 版の段階から作業を進めていたから、2 人で翻訳を進めたから、という理由があります。

訳語について

　本書は英語から日本語への翻訳ですが、「editable インストール」、「requirements ファイル」「constraints ファイル」は翻訳せず、実質的には英語のままです。いずれも、日本語に直訳すれば「編集可能インストール」「要求ファイル」「制約ファイル」となり、翻訳することで用語の意味が失われたり、変化したりすることはありません。しかし、直訳した用語を日常的に使うことは、少なくとも翻訳者の中ではありません。無理して日本語に直訳するよりも、日常的に使う形の方が適切であると判断して、このように訳出しました。

謝辞

　本書の翻訳にあたり、オライリー・ジャパンの赤池涼子さんに多大なる支援を頂きました。また、技術査読として新井翔太さん、高山洪銘さん、山下正浩さんにご協力いただきました。そして、邦訳の出版のために動いて下さったすべての方々にも感謝を申し上げます。

　多くの方のご尽力で『ハイパーモダン Python』は完成しました。多大なる感謝を申し上げます。

2024年8月26日

嶋田 健志

鈴木 駿

はじめに

本書は最新のPython開発ツールガイドで、次に挙げるようなタスクの実行に威力を発揮します。

- 使用するシステムのPythonインストールを管理する
- 現在進行中のプロジェクトにサードパーティのパッケージをインストールする
- パッケージリポジトリにおいて配布するPythonパッケージを作成する
- 複数の環境においてテストスイートを繰り返し実行する
- コードのリントと型チェックからバグを特定する

　Pythonのソフトウェアを書く上で、このような開発ツールが必須となるわけではありません。使用するシステムのインタプリタを起動し、対話型プロンプトを表示する、あるいは後で使えるようにPythonコードをスクリプトとして保存するだけであれば、エディタとシェル以外のツールを使う必要があるのでしょうか。

　これは反語ではありません。開発ワークフローに追加するツールには、明確な目的があり、使用コストを上回るメリットをもたらすものでなければいけません。一般的に、開発ツールのメリットが明らかになるのは、長期間にわたって開発を持続可能にしなければならないときです。ある時点から、モジュールをユーザにメールで送るよりも、Pythonパッケージインデックス（PyPI）で公開する方が簡単になるでしょう。

　単純なスクリプトから始めて、パッケージの配布と管理を行うようになるまでの成長の過程で、次のような課題に遭遇するでしょう。

- 複数のオペレーティングシステム上の複数のバージョンのPythonをサポートする
- 既存関係を最新の状態に保ち、脆弱性をスキャンする
- コードベースの可読性と一貫性を保つ
- コミュニティからのバグレポートおよび外部からの貢献に対応する
- テストカバレッジを高く保ち、コード変更における欠陥率を減らす
- タスクを自動化し、摩擦を減らして予期せぬ事象を回避する

　本書では、開発ツールがこのような課題をどのように解決してくれるのかを示します。本書で取り上げるツールはコードの品質、セキュリティ、保守性に大きなメリットをもたらします。

　しかし、ツールを導入すると、複雑さとオーバーヘッドも増えます。本書では、ツール群を使いやすいツールチェーンに組み込み、ワークフローを必ず実行するように、かつワークフローを自動化することにより、そのワークフローが開発者のマシンでローカルに実行されるにせよ、幅広いプラットフォームや環境にまたがる継続的インテグレーションサーバで実行されるにせよ、どこで実行されるにせよ、複雑さとオーバーヘッドを最小化しようと努めています。ツールチェーンをバックグラウンドで動作させておき、開発者であるあなたは可能な限りソフトウェア実装に集中する必要があります。

　怠惰は「プログラマ最大の美徳」[*1]です。そしてこの格言は開発ツールにも該当します。つまり、「ワークフローはシンプルに保ち、ツール自体を目的に採用するな」です。優れたプログラマは怠惰であると同時に好奇心旺盛でもあります。本書で紹介したツールをまずは試し、プロジェクトにどのような価値をもたらすかを確認するとよいでしょう。

　Pythonのエコシステムは絶え間ない進化を続けています。私たちが今日「モダンである」と考える方法は、明日の「ハイパーモダン」な方法に後れを取る運命にあるのです[*2]。本書の目的は、最新のツール、標準、ベストプラクティスに対する認識を高めることです。新しいからではなく、こうしたものが開発者体験を向上させるからです。ツールやワークフローを使う理由や方法、さらにはトレードオフを理解すれば、次世代のPythonツールの登場が登場してもそれに対する準備ができます。

対象読者

　次の項目に1つでも当てはまるなら、本書を読むメリットがあるでしょう。

- Pythonには詳しいが、パッケージの作成方法はわからない。
- 何年も同じことをやっている。setuptools、virtualenv、pipはよく使うが、ツールの最近の開発動向と新しいツールで何が可能なのかには興味がある。
- 本番環境で実行されるミッションクリティカルなコードを保守しているが、もっとよい方法があると考えている。最先端のツールと進化するベストプラクティスについて学びたい。
- Python開発者として生産性を向上させたい。
- ロバストかつモダンなプロジェクトインフラを探しているオープンソースのメンテナである。
- プロジェクトで多数のPythonツールを使っているが、それぞれがどのように組み合わされているのか理解できない。ツールの組み合わせから生じる摩擦を減らしたい。
- すべてがうまくいかない。なぜPythonはモジュールを認識しないのか。なぜインストールしたばかりのパッケージがインポートできないのか。

[*1] Larry Wall, *Programming Perl* (https://oreil.ly/kGOWQ、O'Reilly、1991)

[*2] 本書のタイトルは、有名なチェスプレイヤーのサベリ・タルタコワが1924年に執筆した『*Die hypermoderne Schachpartie*』（ハイパーモダンなチェスゲーム）にインスパイアされたものだ。『*Die hypermoderne Schachpartie*』はSaviellyが活躍した時代にチェス理論に起こっていた革命を調べてまとめている。

　本書の読者はPythonの基本的な知識を備えていることを前提としています。Pythonインタプリタ、エディタまたはIDE、使用中のオペレーティングシステムのコマンドラインについてよく知っていれば問題ありません。

本書の概要

　本書は3部からなります。

Ⅰ部　インストールと環境

1章　Pythonのインストール

　異なるプラットフォーム間でPythonのインストールを長期間にわたって管理する方法を示します。本書全体にわたってWindowsとUnix用のPython Launcherを使用しますが、そのツールについても紹介します。

2章　Python環境

　Pythonのインストールに焦点を当てます。コードとPythonの間でどのようなやり取りが行われるのかを説明します。また、仮想環境での効率的な作業を行うためのツールについても説明します。

Ⅱ部　Pythonプロジェクト

3章　Pythonパッケージ

　プロジェクトをPythonパッケージとして設定する方法と、パッケージを公開する方法を説明します。本書全体でサンプルアプリケーションを使用しますが、そのアプリケーションについても3章で説明します。

4章　依存関係の管理

　Pythonプロジェクトにサードパーティのパッケージを追加する方法とプロジェクトの依存関係を長期間にわたって追跡する方法を説明します。

5章　Poetryによるプロジェクト管理

　Poetryを使ってPythonプロジェクトを管理する方法を説明します。Poetryにより、環境、依存関係、パッケージをより高い水準で管理できます。

Ⅲ部　テスト、静的解析、自動化

6章　pytestによるテスト

　Pythonプロジェクトをテストする方法、特にpytestフレームワークとそのエコシステムを効率的に扱う方法を説明します。

7章　Coverage.py によるカバレッジ測定

テストスイートのコードカバレッジの測定により、テストされていないコードを検出する方法を
説明します。

8章　Nox による自動化

Nox自動化フレームワークを取り上げます。Noxを使ってPython環境全体でテストを行いま
す。さらに、一般的なNoxの使用例としてプロジェクト内のチェックやその他の開発タスクの
自動化を行います。

9章　Ruff と pre-commit によるリント

Ruffを使ってバグを事前に発見して修正を行う方法と、コードのフォーマットを説明します。
また、Gitインテグレーションを使ったリンタフレームワークであるpre-commitについても説明
します。

10章　安全性とインスペクションのための型アノテーション

静的型チェッカと動的型チェッカにより、型安全を検証する方法と、実行時に型をチェックして
コード規約を現実に適用する方法を説明します。

参考文献

　まず最初に読むべきは、各ツールそれぞれの公式ドキュメントです。その他に、Python
Discourse（https://discuss.python.org/）では、パッケージングに関連する多くの興味深い議論が
行われています。パッケージング分野の議論の場において、PEP（Python Enhancement Proposal、
https://peps.python.org/）に準拠する標準として、Pythonパッケージングとツールのエコシステ
ムの将来が形成されています。また、PyPA（Python Packaging Authority、https://www.pypa.
io/en/latest/）ワーキンググループは、Pythonのパッケージングで使われるコアのソフトウェアプ
ロジェクトセットを管理しています。PyPAのWebサイトでは、Pythonのパッケージングを管理
するアクティブな相互運用性標準のリストを追跡しています。PyPAは、「Python Packaging User
Guide」（https://packaging.python.org/en/latest/）[*3]の公開も行っています。

本書の表記法

　本書では次の表記法を使います。

ゴシック（サンプル）

　新しい用語を示します。

＊3　訳注：日本語訳は https://packaging.python.org/ja/latest/

等幅（sample）

　プログラムリストに使うほか、本文中でも変数、関数、データ型、環境変数、文、キーワードなどのプログラムの要素を表すために使います。

太字の等幅（**sample**）

　ユーザがその通りに入力すべきコマンドやテキストを表します。

斜体の等幅（*sample*）

　ユーザ入力の値や前後の状況によって置き換えられるテキストを表します。

 ヒントや提案を表します。

 一般的な注釈を表します。

 警告や注意を表します。

サンプルコードの使い方

　サンプルコード、練習問題などは原著Webサイト（https://github.com/hypermodern-python/）からダウンロードできるようになっています。

　サンプルコードを使う上で技術的な質問や問題がある場合はsupport@oreilly.comに連絡してください。

　本書は、読者の仕事を助けるためのものです。全般的に、本書のサンプルコードは、読者のプログラムやドキュメントで使用して問題ありません。コードのかなりの部分を複製するわけでもない限り、弊社に許可を求める必要はありません。O'Reillyの書籍に掲載されたサンプルを販売したり、配布したりする場合には許可が必要となります。例えば、本書の複数のコードチャンクを使ったプログラムを書くときには、許可は必要ありません。本書の文言を使い、サンプルコードを引用して質問に答えるときにも、許可は必要ありません。しかし、本書のサンプルコードの大部分を自分の製品のドキュメントに組み込む場合には、許可が必要です。

　出典を表記していただけるのはありがたいことですが、出典の表記は必須ではありません。出典を表記する際には、タイトル、著者、出版社、ISBNを入れてください。例えば、『Hypermodern Python Tooling』Claudio Jolowicz、O'Reilly、Copyright 2024 Claudio Jolowicz、978-1-098-13958-2、邦題『ハイパーモダンPython』オライリー・ジャパン、ISBN978-4-8144-0092-8のようになります。

　サンプルコードの使い方が公正使用の範囲を逸脱したり、上記の許可の範囲を越えるように感じる場合には、permissions@oreilly.comに気軽に問い合わせてください。

オライリー学習プラットフォーム

　オライリーはフォーチュン100のうち60社以上から信頼されています。オライリー学習プラットフォームには、6万冊以上の書籍と3万時間以上の動画が用意されています。さらに、業界エキスパートによるライブイベント、インタラクティブなシナリオとサンドボックスを使った実践的な学習、公式認定試験対策資料など、多様なコンテンツを提供しています。

　　https://www.oreilly.co.jp/online-learning/

　また以下のページでは、オライリー学習プラットフォームに関するよくある質問とその回答を紹介しています。

　　https://www.oreilly.co.jp/online-learning/learning-platform-faq.html

連絡先

　本書に関するコメントや質問については下記にお送りください。

　　株式会社オライリー・ジャパン
　　電子メール japan@oreilly.co.jp

　本書には、正誤表、追加情報等が掲載されたWebページが用意されています。

　　https://oreil.ly/hypermodern-python-tooling（英語）
　　https://www.oreilly.co.jp/books/9784814400928（日本語）

　本、講座、カンファレンス、ニュースの詳細については、当社のWebサイト（https://www.oreilly.com）を参照してください。
　その他にもさまざまなコンテンツが用意されています。

LinkedIn

　　https://linkedin.com/company/oreilly-media

YouTube

　　https://www.youtube.com/oreillymedia

謝辞

　本書は数多くのオープンソースのPythonプロジェクトをカバーしています。その開発者とメンテナの方々に心から感謝します。彼らの多くは、何年にもわたり、自分の時間をプロジェクトに費やしています。特に、PyPAの表には出てこないコントリビュータたちに感謝します。彼らはパッケージ標準に取り組み、エコシステムをより優れたツールへと進化させています。Noxを書いて暖かいコミュニティを築いてくれたThea Flowersには特別な感謝を捧げます。

　本書を書く前に、「Hypermodern Python」と名付けられた記事のシリーズがもともとありました。「Hypermodern Python」を広めてくれたBrian Okken、Michael Kennedy、Paul Everittに感謝します。Brianは記事を本にする勇気を与えてくれました。

　深い洞察と意見をフィードバックしていただいたレビュワーたち、Pat Viafore、Jürgen Gmach、Hynek Schlawack、William Jamir Silva、Ganesh Hark、Karandeep Joharに感謝します。彼らがいなければ、本書はいまあなたが読んでいるものにはならなかったでしょう。残ってしまったエラーについてはすべて私の責任です。

　書籍はスタッフ全員の協力があって初めて作成できます。編集者のZan McQuade、Brian Guerin、Sarah Grey、Greg Hyman、Emily Wydeven、そしてO'Reillyのチーム全員に感謝します。執筆という旅の間、私を正しい方向に導き、文章を改善してくれたSarahに特別の感謝を捧げます。本書を執筆する時間を許してくれたCloudflareの私のマネージャ、Jakub Borysに感謝します。

　本書は私の愛する妻、Mariannaに捧げます。彼女のサポートと励まし、創造性がなければ、本書を執筆することはできなかったでしょう。

目　次

訳者まえがき ··· ix
はじめに ··· xiii

I部　インストールと環境

1章　Pythonのインストール 3

1.1　複数のPythonのバージョンをサポートする ························· 4
1.2　Pythonインタプリタを探す ·· 5
1.3　WindowsにPythonをインストールする ····························· 8
1.4　Windows用Python Launcher ·· 10
1.5　macOSにPythonをインストールする ································ 11
  1.5.1　HomebrewのPython ·· 12
  1.5.2　python.orgのインストーラ ···································· 13
1.6　LinuxにPythonをインストールする ································· 15
  1.6.1　Fedora Linux ··· 15
  1.6.2　Ubuntu Linux ·· 16
  1.6.3　その他のLinuxディストリビューション ················ 17
1.7　Unix用Python Launcher ·· 18
1.8　pyenvによるPythonのインストール ································· 19
1.9　AnacondaからPythonをインストールする ······················· 21
1.10　挑戦的な新しい世界：HatchとRye ································· 23
1.11　インストーラの概要 ·· 24
1.12　まとめ ··· 25

2章　Python環境 27

2.1　早わかりPython環境 ·· 28
  2.1.1　Pythonのインストール ··· 29

　　　　2.1.2　ユーザごとの環境 ·· 35
　　　　2.1.3　仮想環境 ·· 36
　　2.2　pipxによるアプリケーションのインストール ······················· 40
　　　　2.2.1　pipxの使い方 ·· 41
　　　　2.2.2　pipxのインストール ·· 41
　　　　2.2.3　pipxによるアプリケーションの管理 ·································· 42
　　　　2.2.4　pipxによるアプリケーションの実行 ·································· 43
　　　　2.2.5　pipxの構成 ··· 44
　　2.3　uvによる環境の管理 ··· 44
　　2.4　Pythonモジュールの検索 ·· 45
　　　　2.4.1　モジュールオブジェクト ·· 46
　　　　2.4.2　モジュールキャッシュ ·· 47
　　　　2.4.3　モジュールスペック ··· 48
　　　　2.4.4　ファインダとローダ ··· 48
　　　　2.4.5　モジュールパス ·· 49
　　　　2.4.6　サイトパッケージ ··· 51
　　　　2.4.7　初心に帰る ·· 53
　　2.5　まとめ ··· 54

II部　Pythonプロジェクト

3章　Pythonパッケージ ·· 57

　　3.1　パッケージのライフサイクル ·· 58
　　3.2　Wikipediaサンプルプロジェクト ·· 59
　　3.3　なぜパッケージングするのか ·· 60
　　3.4　pyproject.toml ··· 62
　　3.5　buildを使ったパッケージの作成 ·· 65
　　3.6　Twineを用いたパッケージのアップロード ································· 67
　　3.7　ソースからプロジェクトをインストールする ···························· 68
　　3.8　プロジェクトレイアウト ··· 69
　　3.9　Ryeによるパッケージ管理 ·· 71
　　3.10　wheelとsdist ··· 73
　　3.11　プロジェクトメタデータ ·· 76
　　　　3.11.1　プロジェクト名 ·· 77
　　　　3.11.2　プロジェクトのバージョニング ·· 78
　　　　3.11.3　ダイナミックフィールド ·· 79
　　　　3.11.4　エントリポイントスクリプト ·· 81
　　　　3.11.5　エントリポイント ·· 82
　　　　3.11.6　作成者とメンテナ ·· 84

3.11.7　プロジェクトの説明とREADME ································· 85

3.11.8　キーワードとクラス分類子 ····································· 85

3.11.9　プロジェクトURL ··· 87

3.11.10　ライセンス ·· 87

3.11.11　要求されるPythonのバージョン ······························ 88

3.11.12　必須の依存関係とオプショナルな依存関係 ······················ 88

3.12　まとめ ··· 89

4章　依存関係の管理 ··· 91

4.1　アプリケーションに依存関係を追加する ····························· 92

4.1.1　httpxでAPIを利用する ·· 92

4.1.2　Richによるコンソール出力 ····································· 93

4.2　プロジェクトの依存関係の指定 ····································· 93

4.2.1　バージョン指定子 ·· 94

4.2.2　エクストラ ·· 96

4.2.3　環境マーカー ·· 98

4.3　開発依存パッケージ ·· 101

4.3.1　例：pytestを使ったテスト ····································· 101

4.3.2　オプショナルな依存関係 ······································· 102

4.3.3　requirementsファイル ·· 104

4.4　依存関係をロックする ·· 106

4.4.1　pipとuvによる依存関係のフリーズ ······························ 108

4.4.2　pip-toolsとuvでrequirementsをコンパイルする ·················· 109

4.5　まとめ ··· 113

5章　Poetryによるプロジェクト管理 ·································· 115

5.1　Poetryのインストール ·· 117

5.2　プロジェクトの作成 ·· 118

5.2.1　プロジェクトメタデータ ······································· 119

5.2.2　パッケージコンテンツ ··· 122

5.2.3　ソースコード ·· 122

5.3　依存関係の管理 ·· 123

5.3.1　キャレットの制約 ·· 124

5.3.2　エクストラと環境マーカー ····································· 125

5.3.3　ロックファイル ·· 126

5.3.4　依存関係の更新 ·· 127

5.4　環境の管理 ··· 128

5.5　依存関係グループ ·· 129

5.6　パッケージリポジトリ ·· 130

5.6.1　パッケージリポジトリにパッケージを公開する ···················· 131

　　　　5.6.2　パッケージソースからのパッケージの取得 ･･････････････････ 132
　5.7　プラグインによる Poetry の拡張 ････････････････････････････････････ 133
　　　　5.7.1　Export Plugin で requirements ファイルを生成する ････････ 134
　　　　5.7.2　Bundle Plugin による環境のデプロイ ･･････････････････････ 135
　　　　5.7.3　ダイナミックバージョニングプラグイン ･････････････････････ 136
　5.8　まとめ ･･･ 138

Ⅲ部　**テスト、静的解析、自動化**

6章　**pytest によるテスト** 141

　6.1　テストを書く ･･ 142
　6.2　テストの依存関係 ･･ 143
　6.3　テストしやすい設計 ･･･ 144
　6.4　フィクスチャとパラメタライズテスト ･････････････････････････････ 146
　6.5　フィクスチャの上級テクニック ･･････････････････････････････････ 149
　6.6　プラグインによる pytest の拡張 ･･････････････････････････････････ 153
　　　　6.6.1　pytest-httpserver プラグイン ･････････････････････････････ 153
　　　　6.6.2　pytest-xdist プラグイン ･････････････････････････････････ 154
　　　　6.6.3　factory-boy と faker ･････････････････････････････････････ 154
　　　　6.6.4　その他のプラグイン ･･･････････････････････････････････････ 155
　6.7　まとめ ･･･ 156

7章　**Coverage.py によるカバレッジ測定** 159

　7.1　Coverage.py を使う ･･･ 161
　7.2　分岐カバレッジ ･･･ 163
　7.3　複数の環境におけるテスト ･･ 165
　7.4　並列カバレッジ ･･･ 166
　7.5　サブプロセスにおける測定 ･･ 168
　7.6　カバレッジが目指すもの ･･ 169
　7.7　まとめ ･･･ 170

8章　**Nox による自動化** 171

　8.1　最初のステップ ･･･ 172
　8.2　セッション ･･･ 175
　8.3　複数の Python インタプリタで動かす ････････････････････････････ 176
　8.4　セッション引数 ･･･ 178
　8.5　カバレッジの測定 ･･･ 178
　8.6　セッションの通知 ･･･ 180
　8.7　サブプロセスにおけるカバレッジ測定 ････････････････････････････ 181

8.8　パラメタライズセッション ⋯⋯⋯⋯⋯⋯⋯⋯⋯⋯⋯⋯⋯⋯⋯⋯⋯⋯ 183

8.9　セッションの依存関係 ⋯⋯⋯⋯⋯⋯⋯⋯⋯⋯⋯⋯⋯⋯⋯⋯⋯⋯⋯⋯ 184

8.10　PoetryプロジェクトでNoxを使う ⋯⋯⋯⋯⋯⋯⋯⋯⋯⋯⋯⋯⋯ 188

8.11　nox-poetryによる依存関係のロック ⋯⋯⋯⋯⋯⋯⋯⋯⋯⋯⋯ 190

8.12　まとめ ⋯⋯⋯⋯⋯⋯⋯⋯⋯⋯⋯⋯⋯⋯⋯⋯⋯⋯⋯⋯⋯⋯⋯⋯⋯⋯⋯ 191

9章　Ruffとpre-commitによるリント　　193

9.1　リンタの基礎 ⋯⋯⋯⋯⋯⋯⋯⋯⋯⋯⋯⋯⋯⋯⋯⋯⋯⋯⋯⋯⋯⋯⋯⋯ 194

9.2　Ruffリンタ ⋯⋯⋯⋯⋯⋯⋯⋯⋯⋯⋯⋯⋯⋯⋯⋯⋯⋯⋯⋯⋯⋯⋯⋯ 195

　　9.2.1　PyflakesとPycodestyle ⋯⋯⋯⋯⋯⋯⋯⋯⋯⋯⋯⋯⋯⋯ 198

　　9.2.2　素晴らしいリンタとその入手先 ⋯⋯⋯⋯⋯⋯⋯⋯⋯⋯ 198

　　9.2.3　ルールと警告の無効化 ⋯⋯⋯⋯⋯⋯⋯⋯⋯⋯⋯⋯⋯⋯ 200

　　9.2.4　Noxによる自動化 ⋯⋯⋯⋯⋯⋯⋯⋯⋯⋯⋯⋯⋯⋯⋯⋯ 201

9.3　pre-commitフレームワーク ⋯⋯⋯⋯⋯⋯⋯⋯⋯⋯⋯⋯⋯⋯⋯⋯ 202

　　9.3.1　pre-commitの初歩 ⋯⋯⋯⋯⋯⋯⋯⋯⋯⋯⋯⋯⋯⋯⋯⋯ 202

　　9.3.2　フックの内部動作 ⋯⋯⋯⋯⋯⋯⋯⋯⋯⋯⋯⋯⋯⋯⋯⋯ 203

　　9.3.3　自動修正 ⋯⋯⋯⋯⋯⋯⋯⋯⋯⋯⋯⋯⋯⋯⋯⋯⋯⋯⋯⋯ 205

　　9.3.4　Noxからpre-commitを実行する ⋯⋯⋯⋯⋯⋯⋯⋯⋯ 206

　　9.3.5　Gitからpre-commitを実行する ⋯⋯⋯⋯⋯⋯⋯⋯⋯ 207

9.4　Ruffフォーマッタ ⋯⋯⋯⋯⋯⋯⋯⋯⋯⋯⋯⋯⋯⋯⋯⋯⋯⋯⋯⋯ 210

　　9.4.1　コードフォーマットのアプローチ：autopep8 ⋯⋯ 211

　　9.4.2　コードフォーマットのアプローチ：YAPF ⋯⋯⋯⋯ 212

　　9.4.3　妥協を許さないコードフォーマッタ ⋯⋯⋯⋯⋯⋯⋯ 212

　　9.4.4　Blackコードスタイル ⋯⋯⋯⋯⋯⋯⋯⋯⋯⋯⋯⋯⋯⋯ 214

　　9.4.5　Ruffによるフォーマット ⋯⋯⋯⋯⋯⋯⋯⋯⋯⋯⋯⋯ 215

9.5　まとめ ⋯⋯⋯⋯⋯⋯⋯⋯⋯⋯⋯⋯⋯⋯⋯⋯⋯⋯⋯⋯⋯⋯⋯⋯⋯⋯⋯ 216

10章　安全性とインスペクションのための型アノテーション　　217

10.1　型アノテーションの利点とコスト ⋯⋯⋯⋯⋯⋯⋯⋯⋯⋯⋯⋯ 220

10.2　型付け言語の概略 ⋯⋯⋯⋯⋯⋯⋯⋯⋯⋯⋯⋯⋯⋯⋯⋯⋯⋯⋯⋯ 221

　　10.2.1　変数アノテーション ⋯⋯⋯⋯⋯⋯⋯⋯⋯⋯⋯⋯⋯⋯ 221

　　10.2.2　部分型 ⋯⋯⋯⋯⋯⋯⋯⋯⋯⋯⋯⋯⋯⋯⋯⋯⋯⋯⋯⋯ 222

　　10.2.3　Union型 ⋯⋯⋯⋯⋯⋯⋯⋯⋯⋯⋯⋯⋯⋯⋯⋯⋯⋯⋯⋯ 223

　　10.2.4　漸進的型付け ⋯⋯⋯⋯⋯⋯⋯⋯⋯⋯⋯⋯⋯⋯⋯⋯⋯ 224

　　10.2.5　関数アノテーション ⋯⋯⋯⋯⋯⋯⋯⋯⋯⋯⋯⋯⋯⋯ 225

　　10.2.6　クラスアノテーション ⋯⋯⋯⋯⋯⋯⋯⋯⋯⋯⋯⋯⋯ 227

　　10.2.7　型エイリアス ⋯⋯⋯⋯⋯⋯⋯⋯⋯⋯⋯⋯⋯⋯⋯⋯⋯ 229

　　10.2.8　型ジェネリック ⋯⋯⋯⋯⋯⋯⋯⋯⋯⋯⋯⋯⋯⋯⋯⋯ 229

　　10.2.9　プロトコル ⋯⋯⋯⋯⋯⋯⋯⋯⋯⋯⋯⋯⋯⋯⋯⋯⋯⋯ 230

　　10.2.10　古いPythonとの互換性 ⋯⋯⋯⋯⋯⋯⋯⋯⋯⋯⋯⋯ 231

10.3　mypyによる静的型チェック ·· 231
　　10.3.1　mypyの初歩 ·· 232
　　10.3.2　Wikipedia再び ·· 233
　　10.3.3　Strictモード ·· 234
　　10.3.4　Noxによるmypyの自動化 ·· 236
　　10.3.5　型付きPythonパッケージの配布 ·· 237
　　10.3.6　テストに対する型チェック ·· 238
10.4　型アノテーションの実行時インスペクション ····························· 239
　　10.4.1　@dataclassデコレータを自作する ·· 240
　　10.4.2　実行時型チェック ·· 243
　　10.4.3　cattrsによる構造化 ·· 244
10.5　Typeguardによる実行時型チェック ·· 246
10.6　まとめ ·· 248

索　引 ·· 251

インストールと環境

1章
Pythonのインストール

この本を手に取ったということは、現在使用中のマシンには既にPythonがインストールされていることでしょう。一般的なオペレーティングシステムの大半にはpython3コマンドが用意されています。特に、WindowsやmacOSにおいてPythonをインストールするための第一歩になるでしょう。

新しいマシンにPythonをインストールするのは簡単なのに、なぜ1つの章を使って説明する必要があるのでしょうか。それは、長期間にわたる開発向けにPythonをインストールする行為は思いのほか複雑な問題だからです。その理由を挙げてみましょう。

- 一般的な開発では、複数のバージョンのPythonをインストールして共存させる必要がある（「**1.1　複数のPythonのバージョンをサポートする**」で説明する）。
- 一般的なプラットフォームへのPythonのインストール方法には、異なる方法が複数あり、それぞれ独自の利点、トレードオフ、落とし穴がある。
- Python自体も更新を続けている。使用中のPythonを最新のメンテナンスリリースに保つ、新しいバージョンがリリースされたらインストールする、サポートが終了したバージョンを削除するといった作業が必要になる。また、Pythonの次期バージョンをテストする必要があるかもしれない。
- コードを複数のプラットフォームで実行したいかもしれない。Pythonは移植性の高いプログラムを容易に書けるが、開発者環境のセットアップには各プラットフォームの特徴に精通する必要がある。
- Pythonのリファレンス実装はCPythonだが、他の実装を使いたいかもしれない。例えば、PyPyやCinderのようなパフォーマンスを重視したフォーク、RustPythonやMicroPythonのような再実装、WebAssembly、Java、.NETなどのプラットフォームへの移植など、選択肢は数多くある。

1章では、主要なオペレーティングシステムに複数のPythonバージョンを持続可能な方法でインストールする方法を解説します。この章を読めば、あなたのかわいいヘビ園を良い状態に保てます。

 対象となるプラットフォームが1種類だったとしても、他のオペレーティングシステムでPythonを使う方法について学ぶことをお勧めします。それは楽しいですし、他のプラットフォームに精通すれば、他のコントリビュータやユーザに対し、より良い体験を提供できるようになります。

1.1 複数のPythonのバージョンをサポートする

Pythonのプログラムは、言語と標準ライブラリの複数のバージョンを同時にターゲットにすることが多いでしょう。最新のPythonであれば、新しい言語機能やライブラリの改良の恩恵をすぐに受けられるのに、なぜ最新のPython以外でコードを実行するのかと、驚くかもしれません。

実際、ランタイム環境には古いバージョンのPythonが含まれていることが少なくありません[*1]。デプロイ環境を厳密に管理していたとしても、複数のバージョンに対してテストする習慣をつけておくとよいでしょう。本番で使用しているPythonのバージョンに対してセキュリティ勧告が公表されてから、新しいバージョン向けにコードの移植を開始するようでは遅いのです。

こうした理由から、Pythonの現行のバージョンと過去のバージョンの両方を公式なサポート終了日までサポートし、開発者のマシン上では並行してインストールすることが一般的です。新しいフィーチャーバージョンが毎年リリースされ、サポートが5年以上にわたるため、5つのアクティブなバージョンに対してテストを実施可能にする必要があります（**図1-1**参照）。大変なように思えるかもしれませんが、心配はいりません。Pythonのエコシステムには、各バージョンに対するテストの実施を簡単にするツールがあります。

Pythonのリリースサイクル

Pythonのリリースサイクルは10月が起点です。つまり、フィーチャーリリースは毎年10月に行われます。Pythonのバージョン番号は`major.minor.micro`のような形式で付けられます。各フィーチャーリリースには新しいマイナーバージョンが付けられます。また、メジャーバージョンは強く互換性のない変更が入る際に更新されるため、滅多に更新されません。本書を書いている2024年初頭には、Python 4はまだ出ていません[*2]。また、Pythonの後方互換性ポリシーでは、2年間の非推奨期間がある場合、マイナーリリースでの互換性のない変更を認めています。

フィーチャーバージョンは5年間メンテナンスされ、その後EoL[*3]を迎えます。また、バグフィックスについてはフィーチャーバージョンの最初のリリースから18ヶ月間はほぼ隔月で行われます[*4]。残りのサポート期間中は、必要に応じてセキュリティアップデートが提供されます。

[*1] 執筆時点（2024年の初め）のDebian Linuxの長期サポート版では、パッチが適用されたPython 2.7.16と3.7.3が含まれている。これはどちらも約5年前にリリースされたものである。開発で広く使用されているDebianの「testing」ディストリビューションには、最新バージョンが含まれている。

[*2] 訳注：PyCon US 2024におけるPython Steering Council Panelの場でも、Python 4のリリースは未定である旨が強調された。https://www.youtube.com/watch?v=81ZpbKdlvh0参照。

[*3] 訳注：End of Lifeの略語。

[*4] Python 3.13以降、バグフィックスリリースは最初のリリースから2年間提供される。

各メンテナンスリリースは、マイクロバージョンがバンプ*5されます。

　Pythonの次期フィーチャーバージョンのためのプレリリースは、1年間かけて行われます。このプレリリースは、アルファ、ベータ、リリース候補という3つのフェーズに分けられており、バージョン番号のサフィックスがそれぞれa1, b3, rc2のようになっています。このサフィックスを見ればどのフェーズなのかがすぐにわかります。

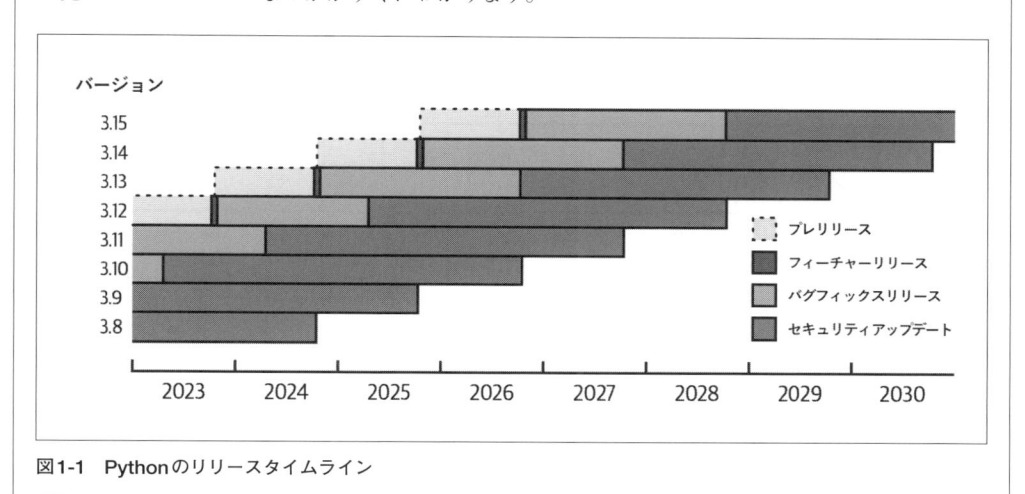

図1-1　Pythonのリリースタイムライン

1.2　Pythonインタプリタを探す

　システム上に複数のPythonインタプリタがある場合、どうすれば使いたいPythonを選択できるでしょうか。具体的な例を見てみましょう。コマンドラインでpython3と入力すると、シェルは環境変数PATHに設定されているディレクトリを、左から右へ順番に検索し、最初に見つけたpython3という実行可能ファイルを起動します。macOSやLinuxにPythonをインストールした場合、python3.11やpython3.12という名前のコマンドもあります。これにより異なるフィーチャーバージョンを区別できるでしょう。

> WindowsではPATHを用いたPythonの検出はあまり重要ではありません。Windowsの場合、Pythonのインストール先はWindowsレジストリを使用して検索できるからです（「**1.4　Windows用Python Launcher**」参照）。Windows用のPythonインストーラは、バージョンが指定されていないpython.exeという実行可能ファイルのみを提供します。なお、Microsoft Store経由でPythonをインストールした場合は、python3.12のようなマイナーバージョン付きのコマンドが利用できます。

　図1-2は、複数のPythonをインストールしたmacOSマシンを模したものです。下から順に説明すると、一番下の/usr/bin/python3は、AppleのCommand Line Toolsに梱包されているインタプ

---

*5　訳注：バージョン番号を更新すること。

リタです。下から2番目の /opt/homebrew/bin にあるのは Homebrew によって配布されているインタプリタです。python3 コマンドは、その中で主となるインタプリタです。Homebrew の上にあるのは、python.org（Python 3.13）から配布されたプレリリース版です。一番上のインタプリタが現在のリリースです。

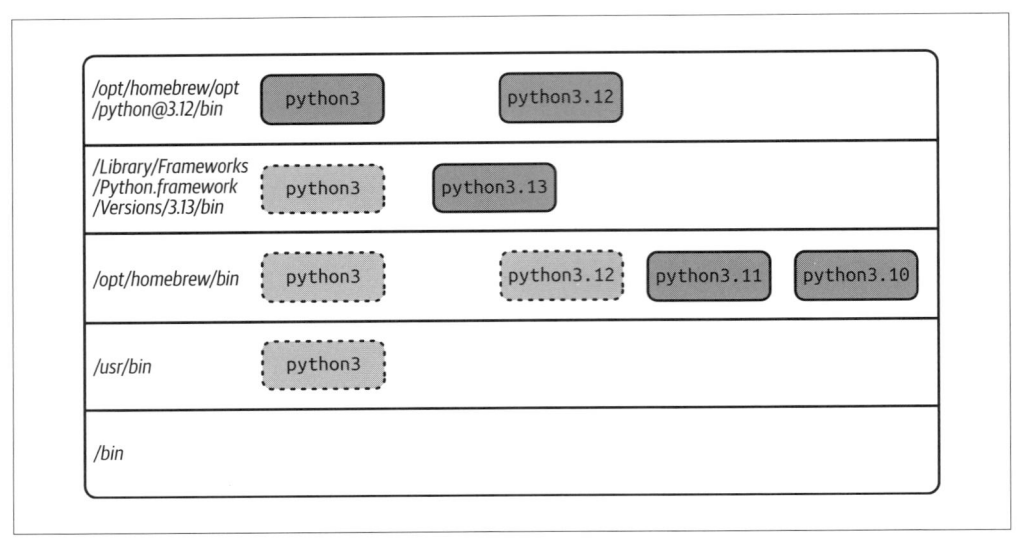

図1-2 複数の Python がインストールされた開発者の環境。検索パスはディレクトリのスタックとして表示され、上位のインタプリタが優先的に使用される。

検索パスのディレクトリの順序は、前のエントリが後のものよりも優先される、つまり「シャドーイング」されるため重要です。**図1-2** にある python3 は、現在の安定版（Python 3.12）を指します。もし一番上のエントリを含めなかった場合、python3 はプレリリース版（Python 3.13）を指します。上の2つのエントリがなければ、Homebrew のデフォルトのインタプリタを指すことになり、それは以前の安定版（Python 3.11）を指します。

このように環境変数 PATH の設定によって、意図していた Python とは異なる Python を選択してしまうことは、よくあるエラーの原因の1つです。インストール方法によっては /usr/local/bin のような共有ディレクトリの python3 コマンドを上書きしてしまうものもあります。他にも、python3 を別のディレクトリに置き、PATH を変更して優先させることで、以前にインストールした他の Python をシャドーイングする方法もあります。これらの問題に対処するため、本書では Python Launcher for Unix を使用します（「**1.7　Unix用 Python Launcher**」参照）。ただし、環境変数 PATH のメカニズムを理解すれば、Windows、macOS、Linux における Python インタプリタの検索に関する問題を回避できるようになるでしょう。

Unix 系システムの場合、一般的に環境変数 PATH はデフォルトでは /usr/local/bin:/usr/bin:/bin が含まれており、通常、オペレーティングシステム依存の場所と組み合わされて設定されています。

多くのシェルでは export コマンドが組み込まれており、これを用いて環境変数を変更できます。ここでは Bash を使って、/usr/local/opt/python を使えるように環境変数を設定する例を示します。

```
export PATH="/usr/local/opt/python/bin:$PATH"
```

Python をインストールしたルートディレクトリではなく、その下の bin ディレクトリを追加しています。これは、通常インタプリタが置かれている場所が bin だからです。Python をインストールした際のディレクトリのレイアウトは**「2章　Python環境」**で詳しく見ていきます。また、ディレクトリを環境変数 PATH の先頭に追加している理由についても、この後すぐに説明します。

上記のコマンドは、macOS のデフォルトシェルである Zsh でも動作しますが、Zsh では独特な方法を使って検索パスを操作します。

```
typeset -U path ❶
path=(/usr/local/opt/python/bin $path) ❷
```

❶ 検索パスから重複するエントリを削除するようシェルに指示する。
❷ シェルは path 配列を PATH 変数と同期させる。

fish シェルには、検索パスの先頭に一意かつ永続的にエントリを追加する機能があります。

```
fish_add_path /usr/local/opt/python/bin
```

しかし、シェルのセッション開始時に毎回手動で検索パスを設定するのは面倒です。その代わりに、上記のコマンドをホームディレクトリのシェルの**スタートアップファイル**に記述しておけば、シェルの起動時に読み込ませることができます。最も一般的なものを**表1-1**に示します。

表1-1　一般的なシェルのスタートアップファイル

シェル	スタートアップファイル
Bash	.bash_profile（Debian と Ubuntu：.profile）
Zsh	.zshrc
fish	.config/fish/fish.config

なぜ、新しいディレクトリを環境変数 PATH の先頭に追加することが重要なのでしょうか。初期状態の macOS や Linux にインストールされている python3 コマンドは、古いバージョンの Python を指していることが多いでしょう。Python 開発者ならば、Python の最新の安定版をデフォルトのインタプリタとして使用するべきです。PATH の先頭に追加すれば、python3 のような曖昧なコマンドを実行した際も、シェルがどの Python を使うかを開発者が制御できます。これにより、python3 は Python の最新の安定版を指し、python3.x は 3.x 系の最新のバグフィックスまたはセキュリティリリースを指すことが保証されます。

 システムにまだ適切に管理された最新のインタプリタがない場合、環境変数 PATH の先頭に、最新の
安定版の Python のインストール先を追加してください。

PATH の略史

不思議なことに、PATH のメカニズムは 1970 年代から基本的に変わっていません。Unix の
当初の設計では、シェルはユーザが入力したコマンドを、/bin という名前のディレクトリか
ら検索していました。しかし、Unix V3（1973 年）では /bin に格納したいプログラムが多くな
り、256 KB のドライブに格納できなくなりました。ベル研究所の研究者は、/usr をルートとす
るファイルシステム階層を追加し、2 番目のディスクをマウントできるようにしました。しかし、
今度はシェルがプログラムを検索するときに、/bin と /usr/bin という複数のディレクトリを検
索しなければならなくなりました。そこで Unix の設計者は、ディレクトリのリストを PATH とい
う環境変数に格納することにしました。各プロセスは環境変数のコピーを継承するため、ユー
ザはシステムプロセスに影響を与えずに検索パスをカスタマイズできるようになりました。

1.3　Windows に Python をインストールする

Python コアチームは Python ウェブサイトの「Downloads for Windows」セクション（https://
oreil.ly/yu-cN）で公式のバイナリインストーラを提供しています。サポートしたい Python のバー
ジョンの最新リリースの 64 ビット Windows インストーラをダウンロードします。

 対象のドメインや環境によっては、Windows Subsystem for Linux（WSL）を使用して開発したいか
もしれません。これについては「**1.6　Linux に Python をインストールする**」を参照してください。

一般的に、インストールの方法をカスタマイズする必要はほとんどありません。最新の安定版リ
リースをインストールするときに（そしてそのときだけ）、インストーラのダイアログの最初のペー
ジで、Python を環境変数 PATH に追加するオプションを有効にします。そうすれば、デフォルトの
python コマンドが、最新の Python のバージョンを指すようになります。

以下の理由から、Windows 上で複数のバージョンの Python の環境をセットアップする祭は
python.org のインストーラを使うようにしましょう。

- インストールした Python がレジストリに登録されるので、開発ツールからシステム上のイン
  タプリタが簡単に発見できる（「**1.4　Windows 用 Python Launcher**」参照）。
- 非公式版のインストーラにある欠点、例えば公式リリースよりも遅れる、下流の修正の影響
  を受けるといった欠点がない。
- Python インタプリタをビルドする必要がない。ビルドは貴重な時間を費やすだけでなく、ビ
  ルド環境での依存関係を解決する必要がある。

　バイナリインストーラは各 Python バージョンの最終バグフィックスリリースまでしか提供されません。これは一般的には最初のリリースからおよそ18ヶ月後までが一般的です。一方、最終バグフィックスリリース後のセキュリティアップデートは、ソースコードのみ提供されます。Python をソースからビルドしたくない場合、自己完結型で移植性の高い Python ディストリビューションのコレクションである Python Standalone Builds（https://oreil.ly/xKU34）を使うこともできます*6。

　python.org のバイナリインストーラを使っている場合、使用中の Python を最新に保つことは開発者の責任となります。新しいリリースのアナウンスは、Python ブログ（https://oreil.ly/IkLRO）や Python Discourse（https://oreil.ly/BlYyt）などの多くの場所で行われます。また、https://python.org/downloads には EoL とメンテナンス状況の一覧もあります。既にインストールされている Python のバージョンのバグフィックスリリースをインストールする場合、既にインストールされている Python と置き換えます。これにより、アップグレードされた Python のプロジェクトと開発ツールはそのまま使用できるのでシームレスに移行できます。

　Python の新しいフィーチャーリリースをインストールするときは、次のような追加の手順が必要です。

- 環境変数 PATH に新しい Python へのパスを追加するオプションを有効にする。
- 環境変数 PATH から以前の Python へのパスを削除する。アカウントの環境変数は、Windows の機能である System Settings ツールを使って編集できる。
- 最新の Python バージョンで動作するように、開発者ツールを再インストールするのもよいだろう。

　最終的には、現在使用している Python のバージョンはいつかは EoL（end-of-life）となります。EoL となったとき、その Python をアンインストールしたいこともあるでしょう。インストール済みの Python は Installed Apps を使って削除します。インストール済みのソフトウェアのリストから Uninstall アクションを選択します。Python を削除すると、その Python で作成したプロジェクトやツールが壊れてしまうことに注意してください。そのため事前に新しい Python にアップグレードしておく必要があります。

> ### **Microsoft Store の Python**
>
> 　Windows には、Microsoft Store にある最新の Python パッケージにリダイレクトする python スタブがあります。これは主に教育目的であり、ファイルシステムやレジストリへの完全な書き込みアクセスができません。初心者に Python を教えるには便利ですが、中級者や上級者が使うにはお勧めできません。

---

*6　Stack Overflow（https://oreil.ly/m24jn）には、Windows インストーラを構築する上で参考になる記述がある。

1.4 Windows用Python Launcher

Windows上でのPython開発は、WindowsのレジストリからPythonを見つけることができるという点で特別です。Windows用Python Launcherは、システム上のインタプリタへの統一されたエントリポイントを提供するために、レジストリを活用します。これはすべてのpython.orgのリリースに含まれるユーティリティで、Pythonファイルの拡張子に関連付けられており、Windowsのファイルエクスプローラからスクリプトを起動できます。

ダブルクリックでアプリケーションを実行するのは便利ですが、Python Launcherが最も威力を発揮するのは、コマンドラインプロンプトから起動した時です。PowerShellウィンドウを開き、pyコマンドを実行して対話型セッションを開始します。

```
> py
Python 3.12.2 (tags/v3.12.2:6abddd9, Feb  6 2024, 21:26:36) [...] on win32
Type "help", "copyright", "credits" or "license" for more information.
>>>
```

デフォルトでは、Python LauncherはシステムにインストールされているdefaultのPythonの最新バージョンを選択します。これは最近インストールしたバージョンと同じではありません。古いバージョンのバグフィックスリリースをインストールする際、デフォルトのPythonが変更されてしまうことは避けたいので、これは望ましい動作です。

特定のバージョンのインタプリタを起動したい場合、コマンドラインオプションにバージョンを指定します。

```
> py -3.11
Python 3.11.8 (tags/v3.11.8:db85d51, Feb  6 2024, 22:03:32) [...] on win32
Type "help", "copyright", "credits" or "license" for more information.
>>>
```

pyの引数のうち、バージョン指定以外の引数は指定したインタプリタに渡されます。システム上のインタプリタのバージョンは次のように表示します。

```
> py -V
Python 3.12.2
```

```
> py -3.11 -V
Python 3.11.8
```

同様に、特定のインタプリタ上でスクリプトを実行できます。

```
> py -3.11 path\to\script.py
```

 歴史的な理由から、pyはスクリプトの1行目も検査し、バージョンが指定されているかどうかを確認します。標準的な形は#!/usr/bin/env python3です。これはpy -3に対応し、すべての主要なプラットフォームで動作します。

　これまで紹介したように、Python Launcher のデフォルトはシステムの最新バージョンです。しかし、このルールには例外があります。Python 仮想環境がアクティブな場合、py のデフォルトは仮想環境のインタプリタになります[7]。

　Python のプレリリースをインストールすると、Python Launcher は現行のバージョンではなく、プレリリース版をデフォルトのインタプリタとして使います。それが最新バージョンだからです。この場合、PY_PYTHON と PY_PYTHON3 環境変数をカレントバージョンに設定し、デフォルトを上書きする必要があります。

```
> setx PY_PYTHON 3.12
> setx PY_PYTHON3 3.12
```

　設定を有効にするには、コンソールを再起動します。プレリリースから最終リリースにアップグレードしたら、設定した環境変数を忘れずに削除してください。

　py --list コマンドで、システム上のインタプリタを列挙できます。また、py --list-paths コマンドでインタプリタがインストールされている場所を一覧表示できます。

```
> py --list
 -V:3.13          Python 3.13 (64-bit)
 -V:3.12 *        Python 3.12 (64-bit)
 -V:3.11          Python 3.11 (64-bit)
 -V:3.10          Python 3.10 (64-bit)
 -V:3.9           Python 3.9 (64-bit)
 -V:3.8           Python 3.8 (64-bit)
```

この一覧のうち、アスタリスクがついているものがデフォルトバージョンです。

 Python Launcher を自分自身で使う場合でも、環境変数 PATH は最新にしておくべきです。サードパーティのツールの中には python.exe コマンドを直接実行するものがあります。古いバージョンの Python が使われたり、Microsoft Store の shim にフォールバックして意図しない Python が使われたりすることを防ぐためです。

1.5　macOS に Python をインストールする

　macOS に Python をインストールする方法は複数あります。この節ではパッケージマネージャである Homebrew を使う方法と、公式の python.org インストーラを使う方法を見ていきましょう。これらはどちらも複数のバージョンの Python バイナリディストリビューションを提供しています。pyenv など、Linux で一般的なインストール方法は macOS でも有効なものがあります。Conda パッケージマネージャは、Windows、macOS、Linux で利用可能です。詳しくは「**1.9 Anaconda から**

---

[7] 「**2.1.3　仮想環境**」では仮想環境について詳しく説明する。今のところ、仮想環境は Python の完全なインストールを浅くコピーしたもので、サードパーティのパッケージを個別にインストールできるものと考えてよい。

Pythonをインストールする」で説明します。

> ### **Apple の Command Line Tools の Python**
>
> AppleのmacOSにはpython3スタブが梱包されており、初回起動時にAppleの古いバージョンのPythonを含むCommand Line Toolsがインストールされます。システム上のPythonコマンドについて知っておくと利点もありますが、他のディストリビューションの方が役に立つでしょう。

1.5.1 HomebrewのPython

Homebrewは、macOS/Linux用のサードパーティパッケージマネージャです。Homebrewによって、OSの管理下にあるパッケージとは別の場所に、オープンソースソフトウェアをインストール/アンインストールなどの管理ができます。インストールは簡単です。公式Webサイト（https://brew.sh）を参照してください。

Homebrewは保守されているすべてのPythonのフィーチャーバージョンのパッケージを配布しています。それらを管理するにはbrewコマンドラインインタフェースを使います。

```
brew install python@3.x
```
新しいPythonのバージョンをインストールする。

```
brew upgrade python@3.x
```
Pythonのバージョンをメンテナンスリリースにアップグレードする。

```
brew uninstall python@3.x
```
Pythonのバージョンをアンインストールする。

 この節で使われているpython3.xやpython@3.xは、3.xを実際のフィーチャーバージョンに置き換えてください。例えばpython3.12とpython@3.12はPython 3.12を表します。

Pythonに依存する他のHomebrewパッケージ用に、既にPythonがインストールされているかもしれません。とはいえ、すべてのバージョンを明示的にインストールすることが重要です。自動でインストールされたパッケージは、リソースを整理するコマンドbrew autoremoveを実行すると削除されることがあります。

Homebrewは各バージョンのpython3.xコマンドと、PATHが通っている所定の位置に置きます。同様にメインのPythonのpython3コマンドも置きます。そのため、これをpython3が最新バージョンを指すように上書きする必要があります。まず、パッケージマネージャのインストールルートを調べます（これはプラットフォームに依存します）。

```
$ brew --prefix python@3.12
/opt/homebrew/opt/python@3.12
```

次に、この bin ディレクトリを PATH に追加します。以下は Bash シェルでの例です。

```
export PATH="/opt/homebrew/opt/python@3.12/bin:$PATH"
```

Homebrew には、公式の python.org インストーラよりも優れている点があります。

- コマンドラインを使って各バージョンの Python をインストール、アップグレード、アンインストールできる。
- Homebrew は、古いバージョンのセキュリティリリースも提供している。一方、python.org のインストーラは最後のバグフィックスリリースまでしか提供していない。
- Homebrew の Python は他のディストリビューションと密接に統合されている。特に OpenSSL のような、Python が依存しているソフトウェアの依存関係を解決できる。これにより必要なときに個別にアップグレードすることもできる。

一方、Homebrew の Python には制限もいくつかあります。

- Homebrew は次期 Python バージョンのプレリリースを提供しない。
- パッケージのリリースは、公式リリースから数日から数週間遅れてリリースされることが多い。またこれらのパッケージには、下流での独自の修正が含まれていることがある。ただしこれらは極めて合理的なものだ。例えば、Homebrew では GUI に関連するモジュールをメイン Python パッケージから分離している。
- Python が Homebrew のパッケージとして利用可能でない限り、システム全体にインストールやアンインストールすることはできない（開発用の Python をシステム全体にインストールするべきではない理由については、「**2.1.3 仮想環境**」を参照）。
- Homebrew は Python をメンテナンスリリースに自動的にアップグレードするが、以前のバージョンの Python で作成した仮想環境を壊す可能性がある[8]。

 macOS における Python の管理には、個人的には Homebrew よりも Hatch か Rye をお勧めします（「**1.10 挑戦的な新しい世界：Hatch と Rye**」を参照）。python.org のインストーラを使ってインストールし、プレリリースに対してテストするようにしてください。

1.5.2 python.org のインストーラ

Python のコアチームは公式のバイナリインストーラを提供しています。このインストーラは python.org の「Python Releases for macOS」（https://www.python.org/downloads/macos）に

---

[8] Justin Mayer, "Homebrew Python Is Not For You" (https://oreil.ly/sYkpi). 2021 年 2 月 3 日

あります。インストールしたいバージョンの64ビットuniversal2インストーラをダウンロードします。universal2バイナリは、IntelチップとAppleシリコンの両方でネイティブに動作します[*9]。

複数のバージョンでの開発には、インストーラダイアログのCustomizeボタンを探します。インストール可能なコンポーネントのリストの、`Unix command-line tools`と`Shell profile updater`を無効にします。これらのオプションはどちらも、インタプリタと他のコマンド群をPATHに配置するためのものです[*10]。代わりに手動でシェルプロファイルを編集します。PATHに`/Library/Frameworks/Python.framework/Versions/3.x/bin`を追加します。このとき「3.x」を実際のフィーチャーバージョンに置き換えてください。現在の安定版リリースがPATHの先頭にあることを確認してください。

 Pythonがインストールできたら、`/Applications/Python 3.x/`フォルダにあるInstall Certificatesコマンドを実行します。このコマンドは、Mozillaが厳選したルート証明書のコレクションをインストールします。これは、Pythonが安全なインターネット接続を確立するために必要なものです。

システム上に既に存在するPythonのバージョンのバグフィックスリリースをインストールすると、既存のバージョンを置き換えます。また、これら2つのディレクトリを削除することでアンインストールできます。

- `/Library/Frameworks/Python.framework/Versions/3.x/`
- `/Applications/Python 3.x/`

---

macOSでのフレームワークビルド

macOSにインストールされたPythonのほとんどは、いわゆるフレームワークビルドです。フレームワークビルドはmacOS特有のコンセプトであり、「共有リソースやバージョン情報を含むパッケージ」です。バンドルは標準化された階層構造のディレクトリであり、関連するすべてのファイルをこのディレクトリの配下に保持します。もしかすると`/Applications`フォルダにあるアプリケーションという形式で見たことがあるかもしれません。

フレームワークには複数のバージョンが並んでいて、`Versions/3.x`という名前のディレクトリとして、複数のバージョンが配置されています。そのうちの1つに対し`Versions/Current`という名前でシンボリックリンク（symlink）が作成され、カレントバージョンとして使用されます。Python Frameworkの各バージョンの下には`bin`や`lib`といった従来のPythonのディレクトリ構成があります。

---

*9 AppleのRosettaエミュレート環境を使えば、Intelプロセッサ向けのバイナリをAppleシリコンを搭載したMac上で動かす事もできる。その場合、python.orgのインストーラはx86_64を選択し、python3-intel64のバイナリを使う。

*10 `Unix command-line tools`オプションは、`/usr/local/bin`ディレクトリにシンボリックリンクを作成する。しかし、この挙動は、Homebrewパッケージやpython.orgの他のバージョンと衝突する可能性がある。シンボリックリンク（symlink）とは、他のファイルを指す特別な種類のファイルで、Windowsのショートカットに似ている。

1.6　LinuxにPythonをインストールする

　Pythonコアチームは、Linux用のバイナリインストーラを提供していません。Linuxの各ディストリビューションにPythonをインストールする場合、一般的にはそのディストリビューション公式のパッケージマネージャを使用します。しかし開発用にPythonをインストールする場合には、重要な注意点があります。

- Linuxディストリビューションのシステムで使用されているPythonはかなり古い可能性がある。また、すべてのディストリビューションが、メインパッケージリポジトリにPythonの他のバージョンを含んでいるわけではない。
- Linuxディストリビューションには、アプリケーションとライブラリのパッケージングについての強制的なルールがある。例えばDebianのPythonのパッケージングに関するポリシーでは、Pythonの標準パッケージであるensurepipモジュールは別のパッケージにしなければならない。そのため、デフォルトのDebianの状態では、Pythonの仮想環境を作ることはできない（この状況は通常python3-fullをインストールすることで解決できる）。
- LinuxディストリビューションのメインのPythonパッケージは、Pythonインタプリタを必要とする他のパッケージによって使用される。他のパッケージには、例えばFedoraのパッケージマネージャであるDNFのようなシステムにとって重要な構成要素を含んでいるものもある。そのためシステムの完全性を保護するような機能が適応されている。例えばほとんどのディストリビューションでは、pipを使ってシステム全体にPythonのサードパーティパッケージのインストールやアンインストールすることを防ぐようにしている。

　次の節では、FedoraとUbuntuという2つの主要なLinuxディストリビューションへのPythonのインストールについて紹介します。その後、各Linuxディストリビューション公式のパッケージマネージャを使わない、一般的なインストール方法としてHomebrew、Nix、pyenv、Condaについて説明します。また、pyユーティリティをLinux/macOSなどのシステムに導入するサードパーティパッケージPython Launcher for Unixも紹介します。

1.6.1　Fedora Linux

　Fedoraは、Red Hat Enterprise Linux（RHEL）の上流に位置するオープンソースのLinuxディストリビューションです。主にRed Hatがスポンサーとなって開発されています。イノベーションを促進するために、Fedoraを構成する上流のプロジェクトを素早く取り込み、迅速なリリースサイクルを採用しています。またFedoraは、Pythonへの手厚いサポートでも有名で、Red Hatは複数のPythonの主要開発者を雇用しています。

　Fedoraには、Pythonがプリインストールされています。またDNFを使用して別のバージョンのPythonをインストールすることもできます。Fedoraで使うインストール関連のコマンドは次の通り

です。

```
sudo dnf install python3.x
```
　新しいPythonのバージョンをインストールする。

```
sudo dnf upgrade python3.x
```
　Pythonのバージョンをメンテナンスリリースにアップグレードする。

```
sudo dnf remove python3.x
```
　Pythonのバージョンをアンインストールする。

　FedoraにはCPythonのすべての現時点で有効なフィーチャーバージョンとプレリリース版があります。またPyPyのような別の実装のパッケージもあります。これらを一度にすべてインストールするには、toxパッケージを使用するとよいでしょう。

```
$ sudo dnf install tox
```

　FedoraのtoxパッケージはAPT利用可能なバージョンのPythonインタプリタすべてを推奨パッケージとしています。ちなみに、toxは複数のバージョンのPythonに対してテストスイートを簡単に実行できるテスト自動化ツールです。また、「**8章　Noxによる自動化**」で取り上げるNoxは、toxかう着想を得て開発されたものです。

1.6.2　Ubuntu Linux

　Ubuntuは、Debianベースの非常に人気のあるLinuxディストリビューションであり、Canonical Ltd.が出資し開発されています。メインリポジトリには1つのバージョンのPythonしかありません。プレリリースを含む他のバージョンのPythonは、「Personal Package Archive（PPA）」という、コミュニティが管理するソフトウェア用のリポジトリで提供されます。

　PPAからPythonをインストールするには、まずdeadsnakes PPAを追加します。

　Ubuntuで使うインストール関連のコマンドは次の通りです。

```
$ sudo apt update && sudo apt install software-properties-common
$ sudo add-apt-repository ppa:deadsnakes/ppa && sudo apt update
```

　これで、APTパッケージマネージャを使ってPythonの各バージョンをインストールできるようになりました。

```
sudo apt install python3.x-full
```
　新しいPythonのバージョンをインストールする。

```
sudo apt upgrade python3.x-full
```

Python のバージョンをメンテナンスリリースにアップグレードする。

```
sudo apt remove python3.x-full
```

Python のバージョンをアンインストールする。

 Debian や Ubuntu に Python をインストールするときは、必ずサフィックスに -full を付けてください。python3.x-full パッケージには、すべての標準ライブラリと最新のルート証明書が含まれています。パッケージは標準ライブラリ全体と最新のルート証明書を取り込みます。特に、これにより仮想環境を作成できるようになります。

1.6.3　その他の Linux ディストリビューション

　使用している Linux ディストリビューションが各バージョンをパッケージングしていない場合、どうすればいいでしょうか。伝統的な答えは、「自分で Python をビルドする」です。これは恐ろしく思えるかもしれませんが、「1.8　pyenv を使った Python のインストール」では最近の Python のビルドがいかに簡単にできるかを紹介します。しかしソースからビルドすることが唯一の選択肢ではありません。クロスプラットフォームなパッケージマネージャの中には、Python のバイナリパッケージを提供しているものがあります。実際、既に見たことがあるものもあるでしょう。

　Homebrew（「1.5　macOS に Python をインストールする」を参照）は macOS と Linux で利用可能であり、上で述べたことのほとんどは Linux にも当てはまります。両者の主な違いはインストール先のディレクトリです。Linux 上の Homebrew は、デフォルトでは /opt/homebrew の代わりに、/home/linuxbrew/.linuxbrew にパッケージをインストールします。Homebrew の Python へのパスを環境変数 PATH に追加するときは、この点に注意してください。

　Python をクロスプラットフォームでインストールする一般的な方法は、Anaconda を使うことです。Anaconda は、科学計算をターゲットとし、Windows、macOS、Linux で利用可能です。Anaconda については、「1.9　Anaconda から Python をインストールする」で説明します。

Nix パッケージマネージャ

　macOS と Linux の両方で使える魅力的な選択肢は他にもあります。それは、Nix（https://nixos.org）です。Nix は、何千ものソフトウェアパッケージのビルドが再現可能で、純粋関数型であり、任意のバージョンのソフトウェアパッケージで隔離された環境を高速かつ簡単に構築できます。ここでは 2 つの Python の開発環境をセットアップする方法を示します。

```
$ nix-shell --packages python312 python311
[nix-shell]$ python3 -V
3.12.1
[nix-shell]$ python3.11 -V
3.11.7
[nix-shell]$ exit
```

　環境の詳細に入る前に説明しておくと、Nix は Python の事前にビルドされたバイナリを Nix パッケージコレクションから透過的にダウンロードし、それらを PATH に追加します。各パッケージは、依存関係を含み解決する暗号的ハッシュを使用して、ローカルファイルシステム上のサブディレクトリに一意に配置されます。

　Nix パッケージマネージャは、公式インストーラ（https://oreil.ly/9jPdt）を使ってインストールできます。Nix をずっと使い続ける準備ができていない場合、NixOS の Docker イメージを使って、何ができるのかを試せます。

```
$ docker run --rm -it nixos/nix
```

1.7　Unix用Python Launcher

　Python Launcher for Unix（https://oreil.ly/Jxz0X）は、公式の py ユーティリティを Linux/macOS に移植したものです。また、Rust がサポートする、その他のオペレーティングシステムへの移植でもあります。主な利点として、プラットフォームに依存しない統一された方法で Python を起動できることが挙げられます。バージョンが指定されていない場合、システム上の最新のインタプリタをデフォルトとして使用します。

　py コマンドは便利で移植性の高いインタプリタの起動方法です。py コマンドを使うことで、Python を直接起動する際のいくつかの落とし穴を回避できます（「**1.2　Pythonインタプリタを探す**」参照）。そのため本書では、py コマンドを使用することにします。python-launcher パッケージは、Homebrew、DNF、Cargo など、多くのパッケージマネージャでインストールできます。

　Python Launcher for Unix は、環境変数 PATH を使用し、pythonx.y を探し出すことでインタプリタを検出します。それ以外は Windows と同じように動作します（「**1.4　Windows用Python Launcher**」参照）。py コマンドをオプションを付けずに実行すると最新の Python が起動しますが、起動する Python のバージョンを指定することもできます。例えば py -3.12 は、python3.12 を実行することと同じです。

　以下は、**図1-2**で示した macOS システムを使ったセッション例です（執筆時点では、Python 3.13 はプレリリースだったため PY_PYTHON と PY_PYTHON3 を設定し、デフォルトのインタプリタを Python 3.12 に変更しています）。

```
$ py -V
3.12.1
$ py -3.11 -V
3.11.7
$ py --list
 3.13 | /Library/Frameworks/Python.framework/Versions/3.13/bin/python3.13
 3.12 | /opt/homebrew/bin/python3.12
 3.11 | /opt/homebrew/bin/python3.11
 3.10 | /opt/homebrew/bin/python3.10
```

　仮想環境が有効な場合、pyのデフォルトは、システム全体ではなく、その仮想環境のインタプリタとなります（「**2.1.3　仮想環境**」を参照）。この Python Launcher for Unix の特別なルールは、仮想環境での作業をより便利にします。ディレクトリに.venvという標準的な名前の環境がカレントディレクトリまたはその親ディレクトリにある場合、明示的に仮想環境を有効化する必要はありません。

　インタプリタのオプション-mにインポート可能な名前を渡すことで、多くのサードパーティ製のツールを実行できます。複数のPythonのバージョンにpytest（テストフレームワーク）をインストールしたとします。ただのpytestでは、たまたまPATHの探索によって最初に発見したコマンドを使用することになります。py -m pytestを使うと、どのインタプリタを使ってツールを実行するかを指定できます。

　バージョンを指定せずpyでPythonスクリプトを実行した場合、pyはスクリプトの1行目にシバンがあるかを調べます。**シバン**とは、インタプリタを指定する行で、標準的な形式は/usr/bin/env python3です。エントリポイントスクリプトは、スクリプトを特定のインタプリタに紐付ける、維持のしやすい方法です。パッケージインストーラは、インストール中に正しいインタプリタのパスを生成できるからです（「**2.1.1.3　エントリポイントスクリプト**」参照）。

 Windows版との互換性のため、Python Launcherは完全なインタプリタのパスではなく、シバンからバージョンを取得します。その結果、pyを使わず直接スクリプトを起動した場合とは異なるインタプリタが使われる可能性があります。

1.8　pyenvによるPythonのインストール

　pyenv は macOS と Linux 用の Python バージョンマネージャです。pyenv には、**python-build**というスタンドアロンなプログラムとしても利用可能なビルドツールが含まれており、Python の各バージョンをダウンロード、ビルドし、ホームディレクトリにインストールします。pyenv ではインストールしたバージョンの Python をグローバルごと、プロジェクトディレクトリごと、シェルセッションごとに有効化もしくは無効化できます。

 この節では、pyenvをビルドツールとして使用します。もしバージョンマネージャとして使いたい場合、公式ドキュメント（https://oreil.ly/ANNeg）の追加のセットアップ手順を参照してください。また、トレードオフについては21ページの「**pyenvでPythonのバージョンを管理する**」で説明します。

macOSとLinuxにpyenvをインストールする最良の方法はHomebrewを使うことです。

```
$ brew install pyenv sqlite3 xz zlib tcl-tk
```

Homebrewからpyenvをインストールする大きな利点の1つとして、Pythonをビルドする際の依存パッケージも取得できることが挙げられます。Homebrew以外のインストール方法を使う場合は、pyenv wiki（https://oreil.ly/VFIaJ）を参照してください。

以下のコマンドを使って、利用可能なPythonのバージョンを表示します。

```
$ pyenv install --list
```

インタプリタの一覧は圧巻です。現行のすべてのPythonのバージョンだけではなく、プレリリース、未リリースの開発版、過去20年間に公開されたほとんどのポイントリリース、さらにPyPy、GraalPy、MicroPython、Jython、IronPython、Stackless Pythonといった多様な代替実装も含まれています。

これらのバージョンをビルドしてインストールするには、pyenv installに引数を指定します。

```
$ pyenv install 3.x.y
```

今回のようにpyenvを単なるビルドツールとして使う場合は、インストールした各バージョンを手動でPATHに追加する必要があります。pyenv prefix 3.x.yコマンドで、PATHのどこに追加すればよいかがわかります。これに/binを追加し、PATHに追加します。以下はBashの例です。

```
export PATH="$HOME/.pyenv/versions/3.x.y/bin:$PATH"
```

メンテナンスリリースをpyenvでインストールしても、同じフィーチャーバージョンにある既存の仮想環境や開発者ツールは、暗黙的にアップグレードされることはありません。そのため、新しいリリースを使ってこれらの環境を再作成する必要があります。

インストールしたバージョンが不要になったら、次のように削除します。

```
$ pyenv uninstall 3.x.y
```

デフォルトでは、pyenvはインタプリタのビルド時にプロファイルガイド付き最適化（PGO）やリンク時最適化（LTO）を有効にしません。「Python Performance Benchmark Suite」（https://oreil.ly/OkzM9）によると、これらの最適化はPythonプログラムのCPUバウンドでの大幅な高速化（10％から20％）につながります。こうした最適化を有効にするには、環境変数PYTHON_CONFIGURE_OPTSを使います。

```
$ export PYTHON_CONFIGURE_OPTS='--enable-optimizations --with-lto'
```

　ほとんどのmacOS インストーラではフレームワークビルドが一般的ですが、pyenvはPOSIXのレイアウトがデフォルトになっています。macOSの場合は、一貫性を保つためにフレームワークビルドを有効にすると良いでしょう[11]。フレームワークビルドを有効にするには、--enable-framework オプションを追加します。

---

pyenvでPythonのバージョンを管理する

　pyenvでバージョン管理を有効にするには、shim[12]と呼ばれる小さなラッパースクリプトをPATHに配置します。これはPython インタプリタや Python 関連ツールの起動をインターセプトし、適切な Pythonに移譲します。pyenvのインタプリタ検出メカニズムは、オペレーティングシステムのPATHよりも強力です。このメカニズムにより、多数のPythonへのパスの設定で、検索パス汚染を回避できます。

　pyenvのshimによるバージョン管理アプローチは便利ですが、実行時間と複雑さの点でトレードオフがあります。shimのメカニズムではPython インタプリタの起動時間が遅くなります。また、PATHの先頭にpyenv用の設定を追加するので、py、virtualenv、tox、Noxなどのインタプリタの検出を行う他のツールに干渉する可能性があります。

　shimのメカニズムの実用的な利点が気に入ったのであれば、asdf (https://asdf-vm.com) も気に入るかもしれません。これは、複数の言語ランタイムのための汎用的なバージョンマネージャです。このPythonプラグインは、内部的にpython-buildを使用します。ディレクトリごとにバージョン管理をするのは好きでも、shimのメカニズムは嫌いだという場合は、direnv (https://direnv.net) という選択肢もあります。direnvは設定を行ったディレクトリに入るたびにPATHを更新します (仮想環境を構築し、アクティベートすることもできます)。

1.9　AnacondaからPythonをインストールする

　Anaconda (https://oreil.ly/a4rH1) は、科学計算用のオープンソースソフトウェアで、Windows、macOS、Linux用のクロスプラットフォームなパッケージマネージャです。Anaconda Inc. によって管理されています。Condaパッケージには、C、C++、Python、R、Fortranなど、あらゆる言語で書かれたソフトウェアを含めることができます。

　この節では、Condaを使ってPythonをインストールします。Condaは、グローバルにソフトウェ

---

[11]　フレームワークビルドでは、歴史的な理由によりper-user site directory (仮想環境の外で管理者権限なしでpipを起動した場合にパッケージがインストールされる場所) に通常とは異なるパスを使用する。そのため、以前にインストールしたパッケージのインポートを妨げる可能性がある。

[12]　訳注：シム (shim) とは、物体間の隙間を埋めるために使われる「詰め木」や「スペーサー」を意味する英単語。転じて、API呼び出しへ透過的に介入し、渡された引数を変更したり、操作そのものを処理したり、操作を別の場所にリダイレクトしたりする処理のことを指す。

アパッケージをインストールしません。各 Python は Conda 環境にインストールされ、システムの他の部分から隔離されています。典型的な Conda の環境は、特定のプロジェクトの依存関係を中心に構築されます。例えば、機械学習やデータサイエンス用のライブラリ群などです。Python はその中の1つに過ぎません。

Conda 環境を作成する前に、Conda 自身を含むベース環境を準備する必要があります。これには複数の方法があります。完全な Anaconda ディストリビューションをインストールすることもできるし、Conda といくつかのコアパッケージだけの Miniconda を使うこともできます。Anaconda も Miniconda も、defaults チャンネルからパッケージをダウンロードします。また、商用利用の場合には商用ライセンスが必要な場合もあります。

Miniforge という第三の選択肢もあります。これはコミュニティが管理する conda-forge チャンネルからパッケージをインストールします。Miniforge のインストールは、GitHub (https://oreil.ly/5zmRC) にある公式インストーラを使います。macOS や Linux の場合は Homebrew からインストールすることもできます。

```
$ brew install miniforge
```

Conda は、環境を有効化または無効化する際、検索パスとシェルプロンプトを更新するため、シェルと統合する必要があります。Miniforge を Homebrew からインストールしている場合、conda init を使ってシェルの名前を指定し、シェルプロファイルを更新します。例を示します。

```
$ conda init bash
```

デフォルトでは、シェルの初期化時にベース環境を自動的に有効化します。Conda によって管理されていない Python のインストールを併用している場合、避けたい動作でしょう。この回避策はあります。

```
$ conda config --set auto_activate_base false
```

Windows インストーラは、ベース環境をグローバルに有効化しません。Windows のスタートメニューから Miniforge プロンプトを使用して Conda のセッションを開始します。

これでシステムに Conda をインストールできました。それでは、Conda を使って特定のバージョンの Python の環境を構築してみましょう。

```
$ conda create --name=name python=3.x
```

この Python を使用する前に、環境を有効にする必要があります。

```
$ conda activate name
```

また、新しいリリースへのアップグレードも簡単です。

```
$ conda update python
```

このコマンドは有効化したConda環境で実行します。Condaの素晴らしい点は、環境内のPython
ライブラリがまだサポートしていないバージョンのPythonにはアップグレードしないことです。

この環境での作業終了時には、次のように無効化しておきます。

```
$ conda deactivate
```

Condaはシステム全体にPythonをインストールするのではなく、分離されたConda環境の一部と
してインストールします。Condaは環境を全体的に捉えます。Pythonはシステムライブラリ、サー
ドパーティのPythonパッケージ、他の言語エコシステムからのソフトウェアパッケージと同等な、
プロジェクトの依存関係の1つに過ぎません。

1.10　挑戦的な新しい世界：HatchとRye

この本の執筆中に、PythonプロジェクトマネージャであるRye（https://oreil.ly/O5R5E）と
Hatch（https://oreil.ly/nZ3mA）は、Pythonインタプリタが動作するすべての主要なプラット
フォームをサポートするようになりました[13]。どちらも、Python Standalone Buildsコレクション
（https://oreil.ly/xKU34）とPyPy（https://oreil.ly/dtg8T）プロジェクトのインタプリタを使います。

RyeもHatchも、スタンドアロンの実行可能ファイルとして配布されており、Pythonがプリイン
ストールされていないシステムにも簡単にインストールできます。詳しいインストール手順について
は、それぞれの公式ドキュメントを参照してください。

Hatchは、そのプラットフォームと互換性のあるすべてのCPythonとPyPyインタプリタを、コマ
ンド1つでインストールできます。

```
$ hatch python install all
```

Hatchのコマンドは、PATHが通っているディレクトリにインストールする必要があります[14]。イン
タプリタを新しいバージョンにアップグレードするには、--updateオプションを付けてコマンドを再
実行してください。Hatchはインタプリタをフィーチャーバージョンごとに整理しているので、パッ
チリリースは既存のPythonを上書きします。

Ryeはインタプリタを~/.rye/pyディレクトリから取得します。通常、これはプロジェクトの依存
関係を同期するときに裏で行われますが、専用のコマンドも用意されています。

```
$ rye fetch 3.12
$ rye fetch 3.11.8
$ rye fetch pypy@3.10
```

---

[13]　訳注：2024年8月21日にuv 0.3.0がリリースされ、Pythonインタプリタをインストールするコマンドuv python installが
　　　安定版となった。https://docs.astral.sh/uv/guides/install-python/参照。
[14]　将来のリリースでは、HatchはWindowsレジストリにも変更を加え、Python Launcherで使えるようにする予定である。

2番目の例では、インタプリタを~/.rye/py/cpython@3.11.8/bin（Linux/macOS）にインストールします。--target-path=<<dir>オプションを指定すると、別のディレクトリにインストールできます。Windowsでは<dir>に、Linux/macOSでは<dir>/binにインタプリタがインストールされます。Ryeはプロジェクトの外では、インタプリタへのパスを環境変数PATHに追加しません。

1.11　インストーラの概要

図1-3は、主なPythonのインストール方法の概要を示しています。

Pythonのインストーラの選び方について、システムごとのガイドラインを紹介します。

- 原則として、Python Standalone Buildsをインストールするには、Hatchを使う。
- 科学計算の目的でPythonをインストールするには、Condaを使う。
- WindowsやmacOSであれば、python.orgからプレリリースを入手する。Linuxの場合、pyenvを使ってソースからビルドする。
- Fedora Linuxの場合、常にDNFを使う。
- Ubuntu Linuxの場合、常にdeadsnakes PPAとAPTを使う。

再現可能なPythonのビルドが必要なら、NixとmacOSもしくはLinuxを選びます。

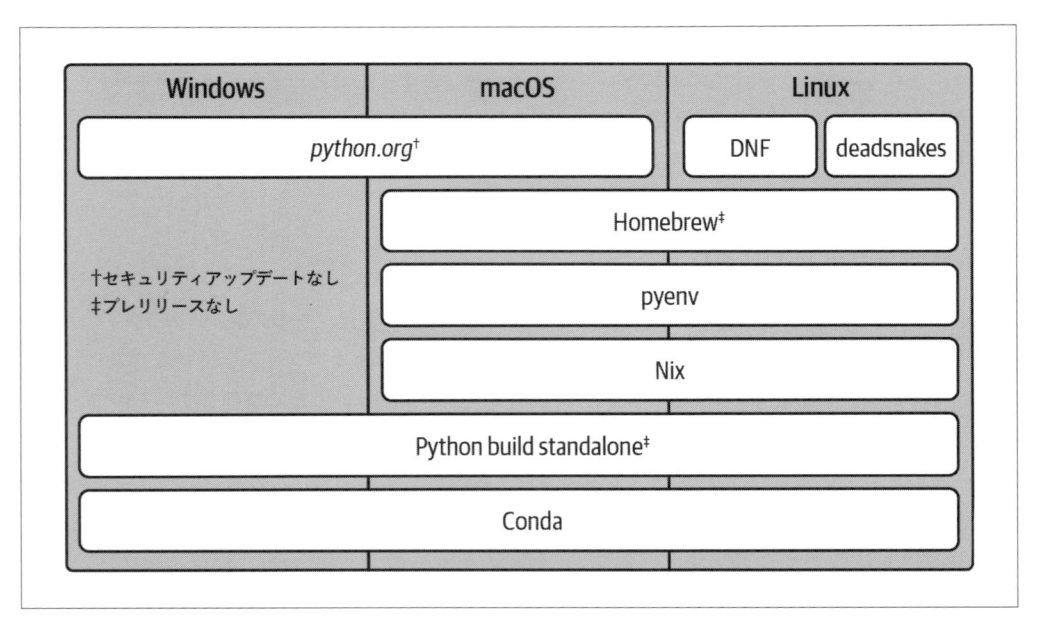

図1-3　Windows、macOS、Linux用のPythonのインストーラ

1.12 まとめ

本章では、Windows、macOS、Linux 上に Python をインストールし管理する方法を学びました。さらに、Python Launcher を使用してシステムを選択し、python と python3 コマンドへのパスが設定できていることを確認しました。

次章では、Python の環境に注目します。その内容と構造がどのようになっているのか、また実行する Python コードがそれとどのように相互に作用するのかを確認します。また、Python の環境を綺麗に保つための軽量な手法である仮想環境と、それらの周囲で発展してきたツールについて学びます。

2章
Python環境

インストーラによってPythonがインストールされた環境は、基本的にはインタプリタとモジュールから構成されています。モジュールには、Pythonインタプリタと同時にインストールされる標準ライブラリと、ユーザが必要に応じて後からインストールするサードパーティパッケージの2種類があります。これらを組み合わせて、Pythonプログラムを実行するために必要な基本的な要素、すなわち**Python環境**が構築されます。（**図2-1**参照）。

しかし、Python環境を構築するのはインストーラだけではありません。例えば**仮想環境**は、部分的に分離されたPython環境であり、インストールされたPythonのインタプリタと標準ライブラリを共有します。これは特定のプロジェクトやアプリケーションで必要なサードパーティパッケージを、システム全体のPython環境を汚すことなくインストールすることができます。

 Python環境という言葉は、システム全体のインストールと仮想環境の両方を含む包括的な意味を持つものとして使用します。ただし、仮想環境やConda環境のようなプロジェクト固有の環境に対してのみこの言葉を使う人もいるため、注意が必要です。

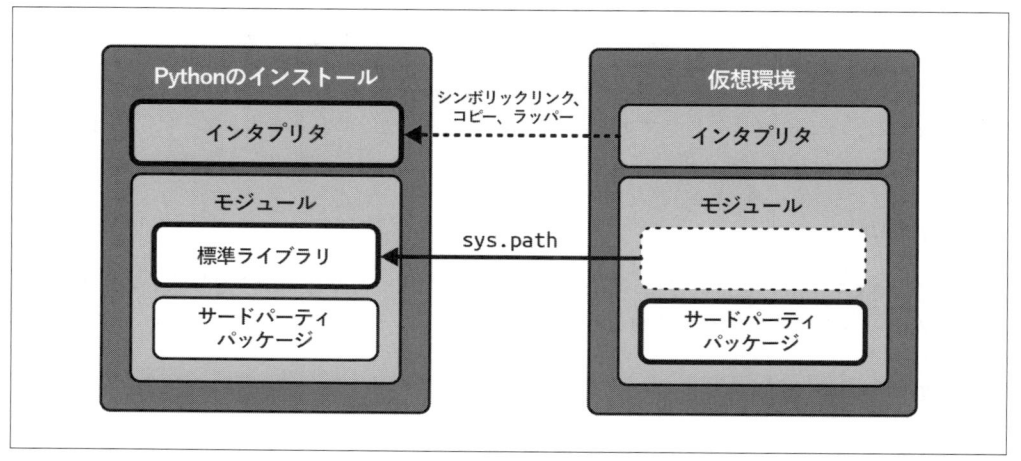

図2-1 Python環境はインタプリタとモジュールから構成される。仮想環境はインタプリタと標準ライブラリを親の環境と共有する

　Pythonで開発を行う上で、環境の管理は重要です。特に、Pythonや重要なサードパーティパッケージに対して、自分の書いたコードがユーザのシステム上で動くか、特にサポートするPythonのバージョンや場合によっては重要なサードパーティパッケージのメジャーバージョンにまたがって動くかを確認したいこともあるでしょう。しかし、サードパーティパッケージは、1つのPython環境に1つのバージョンしかインストールできません。そのため、Pythonアプリケーションや作業中のプロジェクトはすべて、専用の仮想環境にインストールすることが望ましいとされています。

　本章では以下の3つの節を通じて、Python環境とは何か、どのように動作するのかについて理解を深めます。

- 「**2.1　早わかりPython環境**」では、3種類のPython環境（Pythonのインストール、ユーザごとの環境、仮想環境）と、Pythonの基本的なツール（パッケージインストーラpip、標準モジュールであるvenv）を紹介します。

- 「**2.2　pipxによるアプリケーションのインストール**」と「**2.3　uvによる環境の管理**」では、環境をより効率的に管理するための最新のツールを2つ紹介します。Python用のインストーラであるpipxと、Rustで作られたパッケージングツールの代替であるuvです。

- 「**2.4　Pythonモジュールの検索**」では、Pythonがインポートしたモジュールをどこでどのように見つけるかについて詳しく説明します。

　本章ではインタプリタの起動にPython Launcherを使います（「**1.4　Windows用Python Launcher**」と「**1.7　Unix用Python Launcher**」参照）。Python Launcherをインストールしていない場合は、サンプルコードを実行する際にpyをpython3に置き換えてください。

2.1　早わかりPython環境

　Pythonのインタプリタを起動すると、使用する環境が決まります。インタプリタでプログラムのコードが実行され、import文で指定されているモジュールが環境から読み込まれます。すべてのPythonのプログラムは、Pythonの環境の内部で実行されます。

　Pythonには、インタプリタ上でプログラムを実行する方法が2つあります。第一は、Pythonスクリプトを引数として渡す方法です。

```
$ py hello.py
```

　第二は、-mオプションを付けてモジュールを渡す方法です。ただし、この方法はインタプリタがそのモジュールを読み込める場合に限り有効です。

```
$ py -m hello
```

　ほとんどの場合、インタプリタは環境からhello.pyをインポートします。この例ではカレント

ディレクトリに hello.py 置いても動作します。

さらに、Python アプリケーションの大半は PATH にエントリポイントスクリプトをインストールします（「**2.1.1.3　エントリポイントスクリプト**」を参照）。このメカニズムにより、インタプリタを指定せずにアプリケーションを起動できます。エントリポイントスクリプトは常にインストールされた環境のインタプリタを使います。

```
$ hello
```

エントリポイントスクリプトは便利ですが、プログラムを複数の環境にインストールした場合、PATH 上の最初の環境が優先されるという欠点もあります。このような場合、py -m hello という形式で、より簡単に環境を制御できます。

前述の通り、インタプリタによって環境が決まります。この規則はモジュールをインポートする際に適用されますし、パッケージを環境にインストールする場合にも適用されます。Python パッケージのインストーラである pip は、デフォルトで自身の環境にパッケージをインストールします。つまり、インタプリタが使用されている環境で pip を実行することで、パッケージのターゲット環境が選択されます。

したがって、pip でパッケージをインストールする標準的な方法は、python -m pip を使う形式です。

```
$ py -m pip install <package>
```

この形式の代わりに --python オプションで、仮想環境やインタプリタを指定することもできます。

```
$ pip --python=<env> install <package>
```

2つ目の方法には、すべての環境で pip を必要としないという利点があります。

2.1.1　Python のインストール

本章では Python がインストールされる場所について紹介します。ぜひ実際に試してみてください。**表2-1** は最も一般的な場所を示しています。3.12（macOS）や 312（Windows）のような Python のバージョンに置き換えてください。

表2-1　Python のインストールされる場所

プラットフォーム	インストールされる場所
Windows（シングルユーザ）	%LocalAppData%\Programs\Python\Python3x
Windows（マルチユーザ）	%ProgramFiles%\Python3x
macOS（Homebrew）[*1]	/opt/homebrew/Frameworks/Python.framework/Versions/3.x
macOS（python.org）	/Library/Frameworks/Python.framework/Versions/3.x
Linux（一般）	/usr/local
Linux（パッケージマネージャ）	/usr

[*1] Intel CPU 搭載の macOS では /opt/homebrew ではなく /usr/local にインストールされる。

　インストールはシステムの他の部分から分離されることもありますが、必ずしもそうとは限りません。Linux では、/usr や /usr/local のような共有の場所に置かれ、ファイルはファイルシステム全体にバラバラに置かれます。これに対し、Windows システムでは、すべてのファイルを1か所に保管します。同様に、macOS のフレームワークビルドもファイルを1か所に保管しますが、配布方法によってはシンボリックリンクを伝統的な Unix の場所[*2]にインストールすることがあります。

　以下では、Python インストールの中心的な部分であるインタプリタやモジュール、エントリポイントスクリプト、共有ライブラリなどのコンポーネントを詳しく紹介します。

　Python のインストールのディレクトリ構成はシステムによって異なりますが、幸いほとんど意識する必要はありません。参考として、**表2-2** は主要なプラットフォームでの基本的なファイル構成を示します。すべてのパスはインストールルートからの相対的なパスです。

表2-2　インストールされた Python のファイル構造

ファイル	Windows	Linux/macOS	注意
インタプリタ	python.exe	bin/python3.x	
標準ライブラリ	Lib と DLLs	lib/python3.x	拡張モジュールは、Windows では DLLs の下にある。Fedora は標準ライブラリを lib の代わりに lib64 の下に配置する。
サードパーティパッケージ	Lib\site-packages	lib/python3.x/site-packages	Debian と Ubuntu は dist-packages にパッケージを配置する。Fedora は拡張モジュールを lib の代わりに lib64 に置く。
エントリポイントスクリプト	Scripts	bin	

2.1.1.1　インタプリタ

　Python プログラムを実行する実行可能ファイルは、Windows では python.exe という名前で、フルインストールのルートに配置されます[*3]。Linux/macOS では、インタプリタは python3.x という名前で bin ディレクトリに格納され、同じディレクトリに python3 シンボリックリンクも作られます。

　Python インタプリタは、環境を3つの対象と結び付けます。

- Python の特定のバージョン
- Python の特定の実装
- インタプリタの特定のビルド

　Python のリファレンス実装である CPython（https://oreil.ly/7eb5R）を使うことが多いでしょう。しかし、Python で書かれた JIT コンパイルによる高速なインタプリタの PyPy（https://oreil.ly/

[*2]　訳注：/usr/bin など。
[*3]　GUI アプリケーションのようにコンソールウィンドウを表示せずプログラムを実行する pythonw.exe という実行可能ファイルもある。

dtg8T）や、GraalVM を用いて Java との相互運用性を持つ高パフォーマンスの GraalPy（https://oreil.ly/ctx6J）など、多くの代替実装も利用可能です。

ビルドは、CPU アーキテクチャ（例えば 32 ビットや 64 ビット、Intel や Apple シリコン）と、コンパイル時の最適化やインストールのレイアウトなどを決定するビルド構成によって異なります。

インタプリタで取得できる Python 環境についての情報

対話型セッションで sys モジュールをインポートし、以下の属性を確認してみましょう。

sys.version_info
　Python のバージョンであり、メジャー、マイナー、マイクロバージョンと、リリースレベル、プレリリースのシリアルナンバーといった情報を名前付きタプルとして提供する。

sys.implementation.name
　"cpython" や "pypy" のような Python の実装を表す文字列。

sys.implementation.version
　実装のバージョンであり、CPython の sys.version_info と同じ。

sys.executable
　Python インタプリタのパス。

sys.prefix
　Python 環境のパス。

sys.path
　Python がモジュールをインポートする際に、検索するディレクトリの一覧。

　py -m sysconfig は、CPU の命令セットアーキテクチャ、ビルド構成、インストールレイアウトなど、Python インタプリタのコンパイル時の多くのメタデータを表示します。

2.1.1.2　Python モジュール

モジュールは Python オブジェクトのコンテナで、import 文で読み込みます。モジュールは、Windows では Lib、Linux/macOS では lib/python3.x の下に配置されます。サードパーティパッケージは site-packages というサブディレクトリに配置されます。

モジュールの形式は複数あります。Python を使ったことがあれば、既にそのほとんどを使ったことがあるでしょう。

シンプルモジュール

通常、Python のソースコードが記述されたファイルはモジュールとして読み込むことができます。これが最も簡単な例です。例えば、import string 文は、string.py ファイルを読み込み、それをローカルスコープの string という名前に関連付けます。

パッケージ

__init__.py ファイルがあるディレクトリはパッケージです。import email.message は、email パッケージから message モジュールを読み込みます。

名前空間パッケージ

モジュールを含んでいるものの __init__.py がないディレクトリは、名前空間パッケージです。会社名などの共通の名前空間（例えば acme.unicycle や acme.rocketsled）でモジュールを整理するために使われます。通常のパッケージとは異なり、名前空間パッケージ配下に置かれることを想定している各モジュールは、個別に配布できます。

拡張モジュール

本章で取り上げる math モジュールのような拡張モジュールには、C などの低レベルな言語で実装され、コンパイルされたネイティブコードを含んでいることがあります。拡張モジュールは共有ライブラリであり、Python からモジュールとしてインポートできるようにするための特別なエントリポイントを持ちます[4]。パフォーマンス上の理由や、既存の C ライブラリを Python モジュールとして利用する目的で使用されます。また、共有ライブラリのファイル名の拡張子は、Windows では .pyd、macOS では .dylib、Linux では .so です。

ビルトインモジュール

sys や builtins モジュールなど、標準ライブラリの中にはインタプリタにコンパイルされるものがあります。変数 sys.builtin_module_names は、これらのモジュール名のタプルです。

フローズンモジュール

標準ライブラリのいくつかのモジュールは Python で書かれていますが、そのバイトコードがインタプリタに埋め込まれているものがあります。もともと、importlib の中心部分だけがフローズンモジュールとして扱われていました。最近の Python のバージョンでは、os や io などインタプリタの起動時にインポートされるモジュールはすべてフローズンモジュールとして扱われます。

 Python における「パッケージ」という用語の定義は曖昧です。これはモジュールと、モジュールを配布するために生成されたものの両方で、この用語が使われることがあります。本書では特に断りがない限り、「パッケージ」を「配布物」の同義語として使います。

---

[4]　共有ライブラリとは、複数のプログラムが実行時に利用できるようにしたバイナリファイル。オペレーティングシステムは、この共有ライブラリの実行可能コードを、1つだけメモリ上にコピーし保持する。

　バイトコードは、プラットフォームに依存せず、速く実行できるように最適化された Python コードの中間表現です。インタプリタは、ピュア Python のモジュールを初めて読み込むとき、それをバイトコードに変換します。生成したバイトコードは、`__pycache__` ディレクトリの中の `.pyc` ファイルに保存されます。

---

importlib によるモジュールとパッケージの確認

　標準ライブラリ importlib を使うと、モジュールがどこから読み込まれているのかを確認できます。すべてのモジュールは、それぞれ ModuleSpec オブジェクトを持ち、その origin 属性には、モジュールのソースファイル、ダイナミックライブラリの場所、または "built-in" や "frozen" といった固定文字列が格納されています。cached 属性には、ピュア Python のモジュールのバイトコードの場所が格納されています。**例2-1** は標準ライブラリの各モジュールがどこから読み込まれたかを示します。

例2-1　標準ライブラリやモジュールとその提供元を一覧表示する

```python
import importlib.util
import sys

for name in sorted(sys.stdlib_module_names):
    if spec := importlib.util.find_spec(name):
        print(f"{name:30} {spec.origin}")
```

　環境は、インストールされたサードパーティパッケージ、その作成者、ライセンス、バージョンなどの情報を保持します。**例2-2** では、標準ライブラリ importlib.metadata を使い、環境内の各パッケージのバージョンを表示します。

例2-2　環境にインストールされているパッケージを一覧表示する

```python
import importlib.metadata

distributions = importlib.metadata.distributions()
for distribution in sorted(distributions, key=lambda d: d.name):
    print(f"{distribution.name:30} {distribution.version}")
```

2.1.1.3　エントリポイントスクリプト

　エントリポイントスクリプトは、Windows では Scripts、Linux/macOS では bin にある実行可能ファイルです。これはエントリポイントとしての関数を持つモジュールをインポートし、その関数を呼び出すことで Python アプリケーションを起動します。

　このメカニズムには重要な利点が2つあります。1つ目は、シンプルなコマンドを実行するだけでシェルからアプリケーションを起動できることです。例えば、Python の組み込みドキュメントブラ

ウザである pydoc3 などがこれにあたります[*5]。2つ目は、エントリポイントスクリプトがその環境の
インタプリタとモジュールを使うことです。そのため間違った Python のバージョンやサードパー
ティパッケージが見つからない問題を回避できます。

pip のようなパッケージインストーラは、サードパーティパッケージのインストール時にエント
リポイントスクリプトを生成します。パッケージの作成者は、スクリプトが呼び出す関数を指定す
るだけです。これは Python アプリケーションのコマンドラインツールを提供する簡単な方法です
(「**3.11.4 エントリポイントスクリプト**」参照)。

プラットフォームにより、エントリポイントスクリプトを実行する方法は異なります。Linux/
macOS では、**例2-3** に示すように実行権限を持つ通常の Python ファイルから実行します。
Windows では、Python コードを PE (Portable Executable) 形式のバイナリファイル (一般的に
は .exe ファイル) に埋め込みます。バイナリファイルは埋め込まれたコードと一緒にインタプリタを
起動します。

例2-3 Linux にインストールされたエントリポイントスクリプト pydoc3

```
#!/usr/local/bin/python3.12 ❶
import pydoc ❷
if __name__ == "__main__": ❸
    pydoc.cli() ❹
```

❶ 現在の環境からインタプリタを取得する。
❷ 指定されたエントリポイント関数を含むモジュールを読み込む。
❸ スクリプトが他のモジュールからインポートされていないか確認する。
❹ 最後に、エントリポイント関数を呼び出してプログラムを起動する。

 #! から始まる行は Unix 系 OS では**シバン**と呼ばれています。プログラムローダは、スクリプトを実行するとき、この行を使ってインタプリタを特定し起動します。プログラムローダとは、プログラムをメインメモリに読み込むオペレーティングシステムの一部です。

2.1.1.4 その他のコンポーネント

Python の環境はインタプリタ、モジュール、スクリプト以外にもコンポーネントを含んでいます。

共有ライブラリ

Python 環境には共有ライブラリが含まれていることがあります。そのような共有ライブラリ
は、Windows では .dll、macOS では .dylib、Linux では .so という拡張子を持ちます。サード
パーティパッケージの中には、使用する共有ライブラリをバンドルしているものもあります。例
えば標準の ssl モジュールは、安全な通信のためのオープンソースライブラリの OpenSSL を使
用しており、その OpenSSL をバンドルしています。

[*5] ただし、Windows の場合は pydoc 用のエントリポイントスクリプトが含まれていないため、代わりに py -m pydoc コマンドを
使用して起動すること。

ヘッダファイル

Python 環境には、Python/C API 用のヘッダファイルがあります。ヘッダファイルは拡張モジュールを書いたり、Python をアプリケーションのコンポーネントとして組み込むために使用します。Windows では Include、Linux/macOS では include/python3.x の配下にあります。

静的データ

Python 環境ではさまざまな場所に静的なデータが配置されています。例えば、設定ファイルやドキュメント、サードパーティパッケージに同梱されるリソースファイルなどです。

Tcl/Tk

Python 環境にはデフォルトで Tcl/Tk も含まれます。Tcl/Tk は Tcl で書かれた GUI を作成するためのツールキットです。標準ライブラリの tkinter モジュールによって、Python からこのツールキットを利用できます。

2.1.2 ユーザごとの環境

ユーザごとの環境を使用すると、サードパーティパッケージをそれぞれのユーザ用にインストールできます。システム全体にインストールする場合と比較すると、主な利点が 2 つあります。サードパーティパッケージのインストールに管理者権限が必要ないことと、マルチユーザシステムの他のユーザに影響を与えないことです。

ユーザごとの環境は、Linux/macOS ではホームディレクトリに、Windows ではアプリデータディレクトリに作られます。このディレクトリには、Python のバージョンごとに site-packages ディレクトリが作成されます。エントリポイントスクリプトは Python のバージョン間で共有されますが、macOS では全体がユーザごとのバージョン固有のディレクトリに保存されます[*6]。

表2-3 ユーザごとの環境が配置されるディレクトリ

プラットフォーム	サードパーティパッケージ	エントリポイントスクリプト
Windows	%AppData%\Python\Python3x\site-packages	%AppData%\Python\Scripts
macOS	~/Library/Python/3.x/lib/python/site-packages	~/Library/Python/3.x/bin
Linux[*7]	~/.local/lib/python3.x/site-packages	~/.local/bin

パッケージをユーザごとの環境にインストールするには、`py -m pip install --user <package>` を使います。仮想環境の外で pip を実行すると、システム全体の Python 環境にインストールしようとしますが、その際書き込みができない場合も、**表2-3**で示した場所にインストールされます。

ユーザごとの環境のスクリプトディレクトリは、初期状態では PATH が通っていないかもしれません。ユーザごとの環境にアプリケーションをインストールする場合、検索パスを更新するためシェルプロファイルを編集する必要があります。pip はこの状況を検出し注意を促します。

---

*6 歴史的には、macOS のフレームワークビルドは 2008 年に標準になる前に、ユーザごとのインストールを行っていた。

*7 Fedora は拡張モジュールを lib64 配下に配置する。

ユーザごとの環境には重要な欠点があります。設計上、ユーザごとの環境はグローバル環境から隔離されているわけではありません。同じ名前のユーザごとのモジュールによってシャドーイングされていなければ、システム全体のサイトパッケージをインポートすることはできます。ユーザごとの環境のアプリケーションもまた、互いに隔離されていません。特に、他のパッケージの互換性のないバージョンに依存することはできません。

そして、もう1つ欠点があります。それはPythonの環境が「外部管理」とされている場合、ユーザごとの環境にパッケージをインストールできないことです。例えばディストリビューションのパッケージマネージャによってPythonをインストールした場合などです。

本章では、隔離された環境にアプリケーションをインストールできるpipxを紹介します。ユーザごとの環境のスクリプトディレクトリにエントリポイントスクリプトを追加し検索パスを追加しますが、裏では仮想環境に依存します。

2.1.3 仮想環境

Pythonプロジェクトでサードパーティパッケージを使って作業をするとき、通常これらのパッケージをシステム全体やユーザごとの環境にインストールするのは、あまり好ましくありません。その理由は、第一にグローバルな名前空間を汚しているからです。プロジェクトのテストやデバッグは、分離された再現可能な環境で実行すれば、とても簡単です。第二に、2つのプロジェクトが同じパッケージの競合するバージョンに依存している場合、1つの環境で共存させるという選択肢がないからです。第三に、「外部管理」下にある環境にはパッケージをインストールできないからです。ただし、利点もあります。パッケージマネージャの管理外でPythonパッケージのインストールとアンインストールを行うと、システムを壊してしまう可能性があるからです。

仮想環境は、こうした問題を解決するために開発されました。システム全体の環境からも、隔離されています。仮想環境は軽量なPython環境であり、サードパーティパッケージは保存しますが、その他のほとんどのことはフルインストールに委ねます。仮想環境にインストールされたパッケージは、その環境のインタプリタにしか見えません。

仮想環境を作成するには、`py -m venv <directory>`のようにコマンドを実行します[*8]。最後の引数は、環境を作成する場所（ルートディレクトリ）を指定します。このディレクトリ名は、慣習として`.venv`という名前が使用されます。

仮想環境のディレクトリ構成は、システムにインストールされたPythonの環境に似ています。しかし、足りないファイルがあり、特に標準ライブラリは全体的にありません。**表2-4**に仮想環境内の標準的なディレクトリ構成を示します。

[*8] 訳注：2024年8月21日にuv 0.3.0がリリースされ、仮想環境を作成するコマンドuv venvが安定版となった。

表2-4 　仮想環境のディレクトリ構成

ファイル	Windows	Linux/macOS
インタプリタ	Scripts	bin
エントリポイントスクリプト	Scripts	bin
サードパーティパッケージ*9	Lib\site-packages	lib/python3.x/site-packages
環境の構成	pyvenv.cfg	pyvenv.cfg

　仮想環境には独自のpythonコマンドがあり、エントリポイントスクリプトと同じディレクトリに配置されます。このコマンドは、Linux/macOSでは環境作成に使用したインタプリタへのシンボリックリンクです。Windowsでは、親のインタプリタを起動するための小さな実行可能ファイルです*10。

2.1.3.1 　パッケージのインストール

　パッケージをインストールする手段として、仮想環境にはpipが用意されています*11。それでは、仮想環境を作成しhttpx（HTTPクライアントライブラリ）をインストールし、対話型セッションを起動してみましょう。

　Windowsでは、以下のコマンドを実行します。

```
> py -m venv .venv
> .venv\Scripts\python -m pip install httpx
> .venv\Scripts\python
```

　Linux/macOSでは、以下のコマンドを実行します。環境名としてよく使われる.venvの場合、Python Launcher for Unixはデフォルトで適切なインタプリタを選択するため、インタプリタへのパスを明示する必要はありません。

```
$ py -m venv .venv
$ py -m pip install httpx
$ py
```

　対話型セッションでは、httpx.getを使ってGETリクエストを送信します。

```
>>> import httpx
>>> httpx.get("https://example.com/")
<Response [200 OK]>
```

　仮想環境には、使用するバージョンのPythonがリリースされた時点のバージョンのpipが

＊9 　Fedoraはlibの代わりにlib64配下にサードパーティの拡張モジュールを配置する。

＊10 　Windowsでも--symlinksを指定することでシンボリックリンクを強制的に使うこともできる。しかしWindowsでは、いくつかの挙動の違いがあり、このオプションの使用は望ましくない。例えば、ファイルエクスプローラはPythonを起動する前にシンボリックリンクを解決するため、インタプリタが仮想環境を検出することを阻害してしまう。

＊11 　Python 3.12以前では、ビルド依存関係として宣言していないレガシーなパッケージのために、venvモジュールはsetuptoolsもプリインストールしていた。

付属しています。古いPythonを使用する場合、pipのバージョンが問題になることがあります。--upgrade-depsオプションを付けて環境を作成すると、PyPIから最新のpipをインストールします。

　pipを含まない仮想環境を作成し、外部インストーラでパッケージをインストールすることもできます。そのためには--without-pipオプションを使います。グローバルにpipがインストールされている場合、--pythonオプションを使ってターゲット環境を指定します。

```
$ pip --python=.venv install httpx
```

　パッケージは簡単に、Pythonのインストール環境や、ユーザごとの環境に誤ってインストールできてしまいます。特に直接pipを使う場合は注意が必要です。Pythonのインストール環境が外部管理としてマークされていないと、誤ってインストールしてしまったことに気付かない可能性もあります。幸い、パッケージをインストールする際に常に仮想環境を要求するようにpipを設定できます。

```
$ pip config set global.require-virtualenv true
```

2.1.3.2　アクティベーションスクリプト

　仮想環境には、binまたはScriptsディレクトリにアクティベーションスクリプトがあります。これらのスクリプトは、多くのシェルとコマンドインタプリタ用に提供されており、コマンドラインで仮想環境を使用することができます。Windowsでアクティベーションスクリプトを使う例を示します。

```
> py -m venv .venv
> .venv\Scripts\activate
(.venv) > py -m pip install httpx
(.venv) > py
```

アクティベーションスクリプトは、シェルでのセッションの3つの機能を提供します。

- スクリプトのディレクトリを環境変数PATHの先頭に追加する。これによりpythonやpip、他のエントリポイントスクリプトなど実行する際、パスをコマンドの先頭に追加することなく使える。
- 環境変数VIRTUAL_ENVに仮想環境へのパスを設定する。Python Launcherのようなツールは、この変数を使って環境がアクティブであるかどうかを検出する。
- プロンプトを変更し、どの環境がアクティブかを視覚的に示す。デフォルトでは、その仮想環境があるディレクトリ名が使われる。

　仮想環境作成時に--promptオプションを指定することで、プロンプトをカスタマイズできます。.はカレントディレクトリを指す特別な値です。既にプロジェクトのリポジトリ内にいるときには特に便利です。

macOSと Linuxでは、アクティベーションスクリプトが現在のシェルのセッションに反映されるように、sourceを使う必要があります。Bashや同様のシェルの例を示します。

```
$ source .venv/bin/activate
```

仮想環境には、他のシェルのためのアクティベーションスクリプトもあります。例えば、fishシェルを使用する場合、activate.fishスクリプトをsourceコマンドの引数に指定してください。

Windowsでは、PowerShell用のActivate.ps1スクリプトと、cmd.exe用のactivate.batスクリプトがあり、アクティベーションスクリプトを直接呼び出せます。また、ファイル拡張子を指定する必要はなく、各シェルが適切なスクリプトを選択してくれます。

```
> .venv\Scripts\activate
```

Windows上のPowerShellの場合、デフォルトではスクリプトを実行することはできませんが、開発により適したものに実行ポリシーを変更することで、実行が可能となります。RemoteSignedポリシーでは、ローカルマシン上で書かれたスクリプトか、信頼できる発行元によって署名されたスクリプトが実行できるよう許可します。このポリシーは、Windowsサーバでは既にデフォルトで有効になっています。これらの設定はレジストリに保存されます。

```
> Set-ExecutionPolicy -ExecutionPolicy RemoteSigned -Scope CurrentUser
```

アクティベーションスクリプトは、deactivateコマンドも提供します。これは、アクティベートによって変更されたシェル環境を元に戻します。deactivateは通常、シェル関数として実装されており、Windows、macOS、Linuxでいずれも同じように動作します。

```
$ deactivate
```

2.1.3.3 内部の詳細を見る

httpxのようなサードパーティパッケージを、インストールされたPythonの環境ではなく、仮想環境からインポートするかどうかをPythonはどのように判断するのでしょうか。仮想環境のインタプリタは、インストールされたPythonの環境と共有しています。そのためインタプリタのバイナリに、その場所をハードコードすることはできません。Pythonはインタプリタの起動使ったpythonコマンドの場所を調べます。そして、その親ディレクトリにpyvenv.cfgファイルがある場合、そのファイルを仮想環境の目印として扱い、配下にあるsite-packagesディレクトリからインポートします。

これは、仮想環境からサードパーティパッケージのモジュールをインポートする方法です。標準ライブラリは仮想環境にコピーもリンクもされません。それでは、標準ライブラリのモジュールはどのようにして見つけるのでしょうか。その答えはやはりpyvenv.cfgファイルにあります。仮想環境が作成されると、インタプリタはこのファイルのhomeの値として自分自身の場所を設定します。そし

て仮想環境にいる場合、このhomeで設定されたディレクトリの相対的な位置を辿って標準ライブラリを探します。

 pyvenv.cfgという名前は、Pythonに同梱されていたpyvenvスクリプトの名残です。これはpy -m venv形式にすることで、仮想環境を作成するときにどのインタプリタを使うか、つまり環境自体がどのインタプリタを使うかが明確になります。

　仮想環境はシステム全体の環境にある標準ライブラリにアクセスできますが、サードパーティのモジュールからは隔離されています（推奨はされませんが、環境を作成するときに--system-site-packagesオプションを指定すると、仮想環境からシステム全体の環境にインストールされたサードパーティのモジュールをインポートすることもできるようになります）。

　それでは、パッケージをインストールする場所をpipはどのように判断するのでしょうか。pipは実行中のインタプリタからインタプリタ自身の場所を取得し、その場所からパッケージのインストール先を決定します[12]。そのため、「py -m pip」のように明示的にインタプリタを指定して実行すると良いでしょう。直接pipを呼び出すと、システムがPATHからpipを検索し、別の環境のエントリポイントスクリプトを呼び出してしまう可能性があります。

2.2　pipxによるアプリケーションのインストール

　「**2.1.3　仮想環境**」では、プロジェクトごとに別々の仮想環境を作る利点について説明しました。仮想環境により、システム全体やユーザごとの環境からプロジェクトを隔離して、依存関係の衝突を回避できます。

　サードパーティのPythonアプリケーション、例えばBlackのようなコードフォーマッタやHatchのようなパッケージングマネージャなどをインストールする場合も同様です。さらに、アプリケーションは、ライブラリよりも多くのパッケージに依存する傾向があり、依存関係のバージョンには細心の注意を払う必要があります。

　しかし、残念ながらアプリケーションごとに別々の仮想環境を管理しアクティベートしたりするのは面倒ですし混乱します。さらに、一度に1つのアプリケーションしか利用できません。アプリケーションをそれぞれの仮想環境にインストールしながらも、グローバルに利用できたら素晴らしいと思いませんか。

　pipx（https://oreil.ly/zlOVW）はまさにその目的をかなえてくれます[13]。しかもシンプルなアイデアに基づいています。pipxは、仮想環境内にインストールしたアプリケーションのエントリポイントスクリプトを、検索パス上のディレクトリにコピーまたはシンボリックリンクを作成します。エントリポイントスクリプトにはインストールされた環境のインタプリタのフルパスが含まれているので、どこにコピーしても動作します。

---

[12]　内部的には、pipは適切なPython環境のレイアウトをsysconfigモジュールに問い合わせる。このモジュールは、Pythonのビルド構成とファイルシステム内のインタプリタの場所から、インストールスキームを構築する。

[13]　訳注：uvにpipxの代替となるコマンドuvxがある。なお、uvxはuv tool runのエイリアスである。https://docs.astral.sh/uv/guides/tools/#running-tools参照。

2.2.1 pipxの使い方

まず、pipxのアイデアを簡単に紹介します。なお、以下のコマンドは、Linux/macOS向けです。まず、アプリケーションのエントリポイントスクリプト用のディレクトリを作成し、環境変数PATHに追加します。

```
$ mkdir -p ~/.local/bin
$ export PATH="$HOME/.local/bin:$PATH"
```

次に、専用の仮想環境にアプリケーションをインストールします。例としてBlackコードフォーマッタを使います。

```
$ py -m venv black
$ black/bin/python -m pip install black
```

最後にエントリポイントスクリプトを、最初のステップで作成したディレクトリにコピーします。

```
$ cp black/bin/black ~/.local/bin
```

これで、仮想環境がアクティブでなくてもblackを呼び出せます。

```
$ black --version
black, 24.2.0 (compiled: yes)
Python (CPython) 3.12.2
```

pipxプロジェクトは、このシンプルなアイデアの上に、優れた開発者体験を持つPythonアプリケーション用のクロスプラットフォームパッケージマネージャを構築しました。

開発マシンにインストールすべきPythonアプリケーションが1つあるとすれば、それはおそらくpipxでしょう。他のPythonアプリケーションをインストール、実行、管理するのに便利で、トラブルを回避できます。

2.2.2 pipxのインストール

システムのパッケージマネージャがpipxをパッケージとして配布している場合、それを優先的に使用することをお勧めします。

```
$ apt install pipx
$ brew install pipx
$ dnf install pipx
```

インストールした後、ensurepathサブコマンドを使い、共有スクリプトディレクトリを含むように環境変数PATHを更新します（上記のコマンドを実行する際に環境変数PATHを変更してしまった場合、先に新しいターミナルを開いてください）。

```
$ pipx ensurepath
```

　Windows上でシステムのパッケージマネージャがpipxを配布していない場合、ユーザごとの環境にpipxをインストールすることをお勧めします。

```
$ py -m pip install --user pipx
$ py -m pipx ensurepath
```

　2番目のステップで、pipxコマンド自体も検索パスに追加します。

　pipxのシェル補完機能がない場合、使用しているシェルの説明に従って有効にしてください。以下のコマンドで説明が表示されます。

```
$ pipx completions
```

2.2.3　pipxによるアプリケーションの管理

　システムにpipxがインストールされている場合、PyPIからアプリケーションをインストールして管理できます。例としてBlackをpipxでインストールします。

```
$ pipx install black
```

　pipxでアプリケーションのアップグレード、再インストール、アンインストールも可能です。

```
$ pipx upgrade black
$ pipx reinstall black
$ pipx uninstall black
```

　pipxはパッケージマネージャとして、アプリケーションを管理し、それらすべてに対して一括操作を行えます。これは、開発ツールを最新バージョンに保つため、また新しいバージョンのPythonに再インストールする際に特に有用です。

```
$ pipx upgrade-all
$ pipx reinstall-all
$ pipx uninstall-all
```

　pipx listでインストール済みのアプリケーションの一覧を表示できます。

```
$ pipx list
```

　アプリケーションによっては、機能を拡張するプラグインをサポートしています。これらのプラグインは、アプリケーションと同じ環境にインストールする必要があります。例えば、パッケージマネージャHatchとPoetryはどちらもプラグインシステムを備えています。次に、バージョン管理システムからパッケージバージョンを決定するプラグインを使ってHatchをインストールする方法を説明します（79ページの**「プロジェクトバージョンの一元管理」**参照）。

```
$ pipx install hatch
$ pipx inject hatch hatch-vcs
```

2.2.4 pipxによるアプリケーションの実行

pipxでは、開発者ツールをグローバルにインストールすることができます。これにより、ツールを効率的に管理することができます。しかし、他にも便利な機能があります。ほとんどの場合、最新バージョンの開発者ツールだけを使いたいはずです。ツールを更新したり、新しいPythonバージョンで再インストールしたり、不要になったら削除したりする責任を負いたくはないでしょう。pipxを使うと、PyPIからアプリケーションをインストールせず、直接実行できます。例えば、定番のCowsayアプリを使って試してみましょう。

```
$ pipx run cowsay -t moo
```

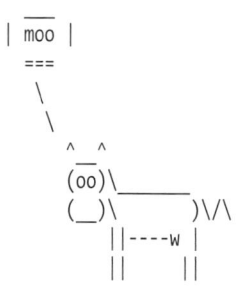

裏側では、pipxはCowsayを一時的な仮想環境にインストールし、指定された引数で実行します。この環境はしばらく保持されます。例えば、2024年時点では、pipxは一時的な環境を14日間キャッシュします。そのため、毎回アプリケーションを再インストールする必要はありません。常に新しい環境を作成し、最新バージョンを再インストールしたい場合は、--no-cacheオプションを使用してください。

runコマンドには、指定するサブコマンド名がPyPIパッケージで提供されているパッケージと同じ名前でなければならないという、暗黙の仮定があります。この仮定は合理的に思えるかもしれません。しかし、Pythonパッケージが複数のコマンドを提供する場合はどうでしょうか。例えば、pip-toolsパッケージ（「**4.4.2 pip-toolsとuvでrequirementsをコンパイルする**」参照）はpip-compileやpip-syncというコマンドを提供します。

このような場合、--specオプションを使ってPyPI上の名前を指定します。例えば以下のようにします。

```
$ pipx run --spec pip-tools pip-sync
```

pipx run <app>をデフォルトの方法として使用して、PyPIから開発ツールをインストールして実行します。アプリケーション環境をもっと細かく制御したい場合、pipx install <app>を使用します。例えばプラグインをインストールしたい場合などです。<app>は、アプリの名前に置き換えてください。

2.2.5 pipxの構成

pipxは、デフォルトでは自身が動作しているのと同じバージョンのPythonを使いアプリケーションをインストールします。これは最新の安定版ではない場合があります。APTのようなシステムのパッケージマネージャを使用してpipxをインストールした場合、使われているPythonが古いことがあるためです。このような場合、環境変数PIPX_DEFAULT_PYTHONを最新の安定版Pythonに設定することをお勧めします。例えば、仮想環境、Nox、tox、Poetry、Hatchなど多くの開発者ツールはpipxを使用して自身の仮想環境を作成します。すべてのダウンストリームの環境が、デフォルトで最新のPythonバージョンを使用するようにするとよいでしょう。

```
$ export PIPX_DEFAULT_PYTHON=python3.12 # Linux/macOS
> setx PIPX_DEFAULT_PYTHON python3.12   # Windows
```

パイプラインの裏側では、pipxはパッケージのインストーラとしてpipを使用します。つまり、pipの設定はpipxにも反映されます。一般的な使用例としては、PyPIではなく、会社のパッケージリポジトリなどのプライベートインデックスからPythonパッケージをインストールすることです。

pip configを使って、自分の好きなパッケージリポジトリのURLを永続的に設定できます。

```
$ pip config set global.index-url https://example.com
```

また以下のようにすると、現在のシェルセッションに対してのみパッケージインデックスを設定することもできます。ほとんどのpipオプションは環境変数から読み込むこともできます。

```
$ export PIP_INDEX_URL=https://example.com
```

どちらの方法でも、pipxは指定されたパッケージインデックスからアプリケーションをインストールします。

2.3 uvによる環境の管理

uvは、Pythonパッケージマネージャの代替ツールです。uvはRustで書かれており、依存関係のない静的なシングルバイナリファイルとして提供されます。また、Pythonツールと比較して性能が飛躍的に向上します。例えば、uv venvおよびuv pipサブコマンドは、virtualenvおよびpipとの互換性を目指しています。さらに、uvはデフォルトで仮想環境で動作するなど、進化していくベストプラクティスを取り入れています。

pipxを使ってuvをインストールします。

```
$ pipx install uv
```

デフォルトでは、uvは仮想環境名として一般的な.venvを使用して仮想環境を作成します（別の場所を引数として渡すこともできます）。

```
$ uv venv
```

　仮想環境のインタプリタを指定したい場合は、`--python`オプションを使います。例えば、`3.12`や`python3.12`のような文字列を指定します。フルパスでの指定も可能です。uvは`PATH`をスキャンして利用可能なインタプリタを見つけます。Windowsでは、`py --list-paths`の出力も確認します。インタプリタを指定しない場合、Linux/macOSではデフォルトで`python3`、Windowsでは`python.exe`になります。

 uv venvはPythonツールのvirtualenvをエミュレートしますが、組み込みのvenvモジュールではありません。virtualenvはシステム上の任意のPythonインタプリタで環境を作成します。これにより、インタプリタの検出と積極的なキャッシュを組み合わせて、迅速かつ完璧に環境を作成することができます。

　uvは、デフォルトではカレントディレクトリやその親ディレクトリにある`.venv`という名前の環境にパッケージをインストールします（これはPython Launcher for Unixと同じロジックです）。

```
$ uv pip install httpx
```

　他の環境にパッケージをインストールするには、その環境をアクティブにします。このコマンドは、仮想環境（`VIRTUAL_ENV`）とConda環境（`CONDA_PREFIX`）の両方で機能します。アクティブな環境がない、または`.venv`ディレクトリがない場合、uvはエラーを出力し中断します。グローバル環境からパッケージをインストール／アンインストールするには、必ず`--system`オプションを明示的に指定しなければなりません。

　uvの開発初期では、標準のPythonツールの代替となることを目指していました。しかし最終的な目標は、長らくPythonに求められていた1つに統合されたパッケージマネージャとなり成長していくことです。RustのCargoのような、開発者好みの開発体験を提供することを目指しています。この初期段階でも、uvは統一された効率的なワークフローを提供します。これは、優れたデフォルト設定を持つ一貫した機能のおかげです。またその挙動は驚くほど高速です。

2.4　Pythonモジュールの検索

　Python環境は、まず第一に、PythonインタプリタとPythonモジュールで構成されます。したがって、Pythonプログラムを環境にリンクするための2つの重要なメカニズムがあります。それは、インタプリタの発見とモジュールのインポートです。

　インタプリタの発見は、プログラムを実行するためにPythonインタプリタを見つけるプロセスです。最も重要なインタプリタの発見方法については、既に「**1.2　Pythonインタプリタを探す**」で説明しました。ここでは、モジュールの検索方法を説明します。

- エントリポイントスクリプトは、シバンやラッパースクリプトを使用し、その環境内のインタプリタを直接参照する（「**2.1.1.3 エントリポイントスクリプト**」を参照）。
- シェルは、PATHにあるディレクトリを検索して、python、python3、python3.xのようなコマンドによりインタプリタを見つける（「**1.2 Pythonインタプリタを探す**」参照）。
- Python Launcherはレジストリ（Windows）、PATH（Linux/macOS）、VIRTUAL_ENV変数を使用してインタプリタを見つける。
- 仮想環境をアクティベートすると、アクティベーションスクリプトがそのインタプリタとエントリポイントスクリプトをPATHに追加する。また、Python Launcherや他のツール用にVIRTUAL_ENV変数を設定する（詳細は「**2.1.3 仮想環境**」を参照）。

この節では、プログラムを環境に結び付ける別のメカニズムについて詳しく説明します。モジュールインポートは、Pythonモジュールを見つけて読み込むプロセスです。

 要約すると、シェルがPATHを検索して実行可能ファイルを探すように、Pythonはsys.pathを検索してモジュールを探します。sys.pathには、Pythonがモジュールをロードできる場所の一覧（一般的にローカルのファイルシステムのディレクトリ）が含まれます。

標準ライブラリのimportlibには、import文のメカニズムがあります（31ページの「**インタプリタで取得できるPython環境についての情報**」参照）。インタプリタはimport文を使うたびに、importlibの__import__()関数を呼び出すように変換します。さらに、importlibモジュールはimport_module関数も提供します。これにより、実行時にしか名前がわからないモジュールをインポートできます。

標準ライブラリにインポートシステムがあると、Python内でインポートメカニズムを調査およびカスタマイズできます。例えば、インポートシステムはディレクトリやZIPアーカイブからモジュールを読み込みます。しかし、sys.pathにあるエントリは本当に何でも構いません。例えば、URLやデータベースクエリがそれに該当します。これらのパスエントリからモジュールを見つけて読み込む関数をsys.path_hooksに登録しておけばよいのです。

2.4.1 モジュールオブジェクト

モジュールをインポートすると、インポートシステムはモジュールオブジェクト（types.ModuleTypeの型）を返します。インポートされたモジュールによって定義されたグローバル変数は、モジュールオブジェクトの属性になります。これは、インポートしたコードからドット表記（module.var）でモジュール変数にアクセスできることを意味します。

モジュール変数はモジュールオブジェクトの__dict__属性の辞書に格納されます（これは、どのPythonオブジェクトの属性を格納する際にも使われる標準的なメカニズムです）。インポートシステムがモジュールをロードするとき、モジュールオブジェクトを作成し、__dict__をグローバルな名前空間として使用してモジュールのコードを実行します。少し簡単に言うと、組み込みのexec関数

を次のように呼び出します。

```
exec(code, module.__dict__)
```

さらに、モジュールオブジェクトには特別な属性があります。例えば、`__name__` 属性はモジュールの完全修飾名を持ちます。例えば`email.message`といった値です。`__spec__` モジュールはモジュールスペックを保持します。詳しくは後ほど説明します。パッケージにも `__path__` 属性があります。`__path__` 属性には、サブモジュールを検索する場所が含まれています。

 ほとんどの場合、パッケージの`__path__` 属性には単一のエントリが含まれています。それは`__init__`.pyファイルを持つディレクトリです。一方で、名前空間パッケージは複数のディレクトリに分けて置かれます。

2.4.2　モジュールキャッシュ

モジュールを初めてインポートすると、インポートシステムはモジュールオブジェクトを`sys.modules`辞書に完全修飾名をキーとして格納します。次回以降のインポートでは、`sys.modules`から直接モジュールオブジェクトが返されます。このメカニズムにはいくつかの利点があります。

パフォーマンス

インポートは高コストです。インポートシステムはほとんどのモジュールをディスクからロードするためです。モジュールをインポートすることはそのコードを実行することも意味します。これにより、起動時間がさらに増加する場合があります。`sys.modules`辞書はキャッシュとして機能し、処理が速くなります。

冪等性

モジュールをインポートすると副作用が生じることがあります。例えば、モジュールレベルのステートメントを実行するときです。`sys.modules`にモジュールをキャッシュすることで、これらの副作用が一度だけ発生するようにします。インポートシステムはロックも使用して、複数のスレッドが同じモジュールを安全にインポートできるようにします。

再帰

モジュールが自分自身を再帰的にインポートすることがあります。一般的なケースは循環インポートです。例えば、モジュールaがモジュールbをインポートし、bがaをインポートする場合です。インポートシステムはモジュールを実行する前に`sys.modules`に追加することでこれに対応します。bがaをインポートするとき、インポートシステムは`sys.modules`辞書から（部分的に初期化された）モジュールaを返します。これにより無限ループを回避します。

2.4.3　モジュールスペック

　Pythonでは、モジュールのインポートは概念的に2つのステップで行います。まず、モジュールの完全修飾名をもとに、インポートシステムがモジュールを見つけ出し、モジュールスペック（`importlib.machinery.ModuleSpec`）を生成します。次に、インポートシステムがモジュールスペックからモジュールオブジェクトを作成し、モジュールのコードを実行します。

　モジュールスペックは、これら2つのステップをつなぐリンクです。モジュールスペックには、モジュールの名前や場所などのメタデータと適切なローダが含まれます。また、モジュールオブジェクトの特別な属性を使用して、モジュールスペックから大部分のメタデータにアクセスできます。

表2-5　モジュールスペックとモジュールオブジェクトの属性

スペック属性	モジュール属性	説明
name	__name__	モジュールの完全修飾名
loader	__loader__	モジュールのコードを実行する方法が記述されているローダオブジェクト
origin	__file__	モジュールの位置
submodule_search_locations	__path__	パッケージであるモジュールのサブモジュールを検索する場所
cached	__cached__	モジュールのコンパイル後のバイトコードの場所
parent	__package__	含まれているパッケージの完全修飾名

　モジュールの`__file__`属性は通常、Pythonモジュールのファイル名を保持します。特殊な場合、固定文字列を保持します。例えば、ビルトインモジュールの場合は`"builtin"`、名前空間パッケージの場合はNoneです。名前空間パッケージは単一の場所を持ちません。

2.4.4　ファインダとローダ

　インポートシステムは、2種類のオブジェクトを使ってモジュールを見つけ、読み込みます。**ファインダ**（`importlib.abc.MetaPathFinder`）は、完全修飾名に基づいてモジュールを探します。成功すると、`find_spec`メソッドがローダ付きのモジュールスペックを返します。失敗すると、Noneを返します。**ローダ**（`importlib.abc.Loader`）は、`exec_module`関数を持つオブジェクトで、モジュールのコードを読み込み、実行します。この関数は、モジュールオブジェクトを引数に取り、それを名前空間として使用し、モジュールを実行します。ファインダとローダが同じオブジェクトである場合、**インポーター**と呼ばれます。

　ファインダは`sys.meta_path`変数に登録します。インポートシステムは順番に各ファインダを試します。ファインダがローダを持ったモジュールスペックを返した場合、インポートシステムはモジュールオブジェクトを作成し、初期化します。その後、実行のためにローダに渡します。

　デフォルトでは、`sys.meta_path`変数に3つのファインダが含まれています。これらのファインダは、異なる種類のモジュールを扱います（「2.1.1.2　Pythonモジュール」参照）。

- ビルトインモジュールには importlib.machinery.BuiltinImporter を使う。
- フローズンモジュールには importlib.machinery.FrozenImporter を使う。
- sys.path 上のモジュールを検索するには importlib.machinery.PathFinder を使う。

PathFinderは、インポートメカニズムの主要部分です。インタプリタに組み込まれていないモジュールを、sys.pathから検索して見つけます[*14]。これは、パスエントリファインダ（importlib.abc.PathEntryFinder）と呼ばれる2次的なファインダオブジェクトを使用し、sys.pathの特定の場所の下のモジュールを見つけます。標準ライブラリには、sys.path_hooksに登録された2種類のパスエントリファインダが含まれています。

- zipimport.zipimporter を使って ZIP アーカイブからモジュールをインポートする。
- importlib.machinery.FileFinder を使ってディレクトリからモジュールをインポートする。

一般的に、モジュールはファイルシステム上のディレクトリに保存されます。そのため、PathFinderはその作業をFileFinderに移譲します。このFileFinderは、ディレクトリをスキャンしてモジュールを探し、ファイル拡張子を使って適切なローダを決定します。モジュールの種類に応じて、以下の3つのローダがあります。

- ピュア Python モジュールには importlib.machinery.SourceFileLoader を使用する。
- バイトコードモジュールには importlib.machinery.SourcelessFileLoader を使用する。
- バイナリ拡張モジュールには importlib.machinery.ExtensionFileLoader を使用する。

zipimporter も同様に動作します。しかし、拡張モジュールはサポートしていません。これは、現在のオペレーティングシステムがZIPアーカイブからダイナミックライブラリを読み込むことを許可していないためです。

2.4.5 モジュールパス

プログラムが特定のモジュールを見つけられない場合や、間違ったバージョンのモジュールをインポートしてしまう場合、sys.path（モジュールパス）を確認するとよいでしょう。しかし、sys.pathのエントリはどこから来ているのでしょうか。モジュールパスの謎をひも解いてみましょう。

インタプリタが起動すると、モジュールパスを2段階で構築します。最初に、組み込みのロジックを使用して初期モジュールパスを作成します。最も重要なのは、この初期パスに標準ライブラリが含まれていることです。次に、インタプリタは標準ライブラリからsiteモジュールをインポートします。siteモジュールは、現在の環境からサイトパッケージを含むようにモジュールパスを拡張します。

[*14] パッケージ内のモジュールの場合、パッケージの __path__ 属性がsys.pathの代わりになる。

この節では、インタプリタが標準ライブラリで初期モジュールパスをどのように構築するかを説明します。次の節では、siteモジュールがサイトパッケージを含むディレクトリを追加する方法を説明します。

 CPythonのソースコードには、sys.pathを構築するための組み込みロジックがModules/getpath.pyにあります。見た目は普通のモジュールですが、実際は異なります。Pythonをビルドすると、コードがバイトコードに変換され、実行可能ファイルに埋め込まれます。

初期モジュールパスの場所は、以下の3つのカテゴリに分類されます。これらは次の順序で発生します。

1. カレントディレクトリまたはPythonスクリプトが含まれているディレクトリ（もしあれば）
2. PYTHONPATH環境変数に設定されている場所（もし設定されていれば）
3. 標準ライブラリの場所

それぞれを詳しく見てみましょう。

2.4.5.1　カレントディレクトリ、またはスクリプトを含むディレクトリ

sys.pathの最初の項目は、次のいずれかです。

- py <script>を実行した場合、スクリプトがあるディレクトリ。
- py -m <module>を実行した場合、カレントディレクトリ。
- それ以外の場合、空の文字列。これもカレントディレクトリを示す。

伝統的に、このメカニズムはアプリケーションを構成する便利な方法を提供しています。メインのエントリポイントのスクリプトとすべてのアプリケーションモジュールを同じディレクトリに配置します。開発中、このディレクトリ内からインタプリタを起動して対話型デバッグを行うと、インポートも正常に動作します。

残念ながら、作業ディレクトリがsys.pathに含まれていると非常に危険です。攻撃者や自分自身が誤って標準ライブラリを上書きする可能性があるからです。例えば、被害者のディレクトリにPythonファイルを配置できます。これを避けるために、Python 3.11以降では、-PインタプリタオプションやPYTHONSAFEPATH環境変数を使用して、カレントディレクトリをsys.pathから除外できます。インタプリタをスクリプトで呼び出す場合、このオプションはスクリプトがあるディレクトリも除外します。

仮想環境にアプリケーションをインストールする方が、カレントディレクトリにモジュールを置くより安全で柔軟であり、好ましいとされます。これにはアプリケーションのパッケージングが必要です。これは「3章　Pythonパッケージ」で説明します。

2.4.5.2 PYTHONPATH 環境変数

環境変数PYTHONPATHでも、sys.pathの標準ライブラリの前に場所を追加することができます。PATH変数と同じ構文を使用します。ただし、カレントディレクトリの場合と同じ理由で、この方法は推奨されません。代わりに、仮想環境を使用するようにしてください。

2.4.5.3 標準ライブラリ

表2-6は、初期モジュールパスに残っているエントリを示します。これらのエントリは標準ライブラリに割り当てられています。場所にはインストールパスが付いており、プラットフォームによって詳細が異なることがあります。例えば、Fedoraは標準ライブラリを`lib`ではなく`lib64`に配置します。

表2-6　sys.path上の標準ライブラリ

Windows	Linux/macOS	説明
python3x.zip	lib/python3x.zip	コンパクトにするため、標準ライブラリをジップアーカイブとしてインストールできる。この項目は、アーカイブが存在しない場合でも表示される（通常は存在しない）。
Lib	lib/python3.x	ピュアPythonのモジュール
DLLs	lib/python3.x/lib-dynload	バイナリ拡張モジュール

標準ライブラリの場所はインタプリタにハードコードされていません（「**2.1.3　仮想環境**」を参照）。代わりに、Pythonは自身の実行可能ファイルへのパス上にあるランドマークファイルを探します。そして、ランドマークファイルを使って現在の環境（sys.prefix）とPythonインストール（sys.base_prefix）を特定します。このようなランドマークファイルの1つがpyvenv.cfgです。これは仮想環境を示し、homeキーはその環境の元となった環境を指します。また、標準モジュールosを含むファイルであるos.pyもランドマークです。Pythonはos.pyを使って仮想環境外でのプレフィックスを取得し、標準ライブラリの場所を特定します。

2.4.6　サイトパッケージ

インタプリタは初期化の早い段階で、比較的固定されたプロセスを使って初期のsys.pathを構築します。これに対して、sys.pathの残りの場所（サイトパッケージと呼ばれる部分）は柔軟にカスタマイズ可能です。カスタマイズにはPythonモジュールのsiteを使います。

次のパスエントリがファイルシステム上に存在する場合、siteモジュールで追加することができます。

ユーザサイトパッケージ

ユーザごとの環境から取得したサードパーティパッケージがある。位置はOSによって決まっている（例：「**2.1.2　ユーザごとの環境**」）。Fedoraなどの一部のシステムでは、Pythonモジュールと拡張モジュール用に2つのパスエントリがある。

サイトパッケージ

現在の環境（仮想環境またはシステム全体のインストール）から取得したサードパーティパッケージがある。例えば、Fedora や他の一部のシステムでは、純粋な Python モジュールと拡張モジュールは別々のディレクトリにある。多くの Linux システムでは、/usr にあるディストリビューションが管理するサイトパッケージと、/usr/local にあるローカルのサイトパッケージが分離されている。

一般的な場合、サイトパッケージは標準ライブラリのサブディレクトリ site-packages にあります。site モジュールがインタプリタのパス上で pyvenv.cfg ファイルを見つけると、システムインストールと同じ相対パスを使用しますが、そのファイルでマークされた仮想環境から始めます。また、site モジュールは sys.prefix を仮想環境を指すように変更します。

site モジュールは次のようなカスタマイズフックを提供します。

.pth ファイル

サイトパッケージディレクトリ内にある .pth 拡張子のファイルは、sys.path に追加のディレクトリを一覧表示できます。1 行につき 1 つのディレクトリを指定します。これは PYTHONPATH と似ていますが、これらのディレクトリ内のモジュールは標準ライブラリを隠すことはありません。さらに、.pth ファイルはモジュールを直接インポートできます。site モジュールは import で始まる行を Python コードとして実行します。サードパーティパッケージは .pth ファイルを使って、環境の sys.path を設定できます。例えば、一部のパッケージマネージャは .pth ファイルにより editable インストール[*15] を実現しています。editable インストールは、プロジェクトのソースディレクトリを sys.path に追加し、コードの変更を環境内で即座に反映させます。

sitecustomize モジュール

site モジュールは sys.path の設定後、sitecustomize モジュールのインポートを試みます。通常、この sitecustomize モジュールは site-packages ディレクトリに配置されます。これにより、システム管理者はインタプリタの起動時にサイト固有のカスタマイズを実行するフックを得ることができます。

usercustomize モジュール

ユーザごとの環境がある場合、site モジュールは usercustomize モジュールのインポートを試みます。通常、usercustomize モジュールはユーザの site-packages ディレクトリにあります。このモジュールを使って、インタプリタが起動する際に特定のカスタマイズを実行できます。インタラクティブセッションの前に Python スクリプトを同じ名前空間で実行することを可能にする、PYTHONSTARTUP 環境変数と対照的です。

[*15]　訳注：エディタブルインストール、編集可能インストールとも言う。

siteモジュールをコマンドとして実行すると、現在のモジュールパスとユーザ環境に関する情報が表示されます。

```
$ py -m site
sys.path = [
    '/home/user',
    '/usr/local/lib/python312.zip',
    '/usr/local/lib/python3.12',
    '/usr/local/lib/python3.12/lib-dynload',
    '/home/user/.local/lib/python3.12/site-packages',
    '/usr/local/lib/python3.12/site-packages',
]
USER_BASE: '/home/user/.local' (exists)
USER_SITE: '/home/user/.local/lib/python3.12/site-packages' (exists)
ENABLE_USER_SITE: True
```

2.4.7 初心に帰る

ここまでを読むと、モジュールのパスのメカニズムは少し複雑に感じるかもしれません。

以下はPythonがモジュールを探す方法についての基本的で直感的な考え方です。インタプリタは、sys.path内のディレクトリを検索します。まず標準ライブラリのモジュールがあるディレクトリを探し、次にサードパーティパッケージがあるsite-packagesディレクトリを探します。仮想環境のインタプリタは、その環境のsite-packagesディレクトリを使います。

この節で説明したように、真実はその単純な話よりもはるかに複雑です。しかしPythonではオプションを使うことで、これを先ほどの基本的な考え方のように単純化できます。-Pインタプリタオプションは、モジュールパスからスクリプトのディレクトリ（または、プログラムをpy -m <module>で実行する場合はカレントディレクトリ）を省略します。さらに、-Iインタプリタオプションは、ユーザ固有の環境やPYTHONPATHで設定されたディレクトリもモジュールパスから除外します。より予測可能なモジュールパスが必要な場合、Pythonプログラムを実行するときに両方のオプションを使用することをお勧めします。

siteモジュールを-Iと-Pオプション付きで実行すると、モジュールパスは標準ライブラリとサイトパッケージだけになります。

```
$ py -IPm site
sys.path = [
    '/usr/local/lib/python312.zip',
    '/usr/local/lib/python3.12',
    '/usr/local/lib/python3.12/lib-dynload',
    '/usr/local/lib/python3.12/site-packages',
]
USER_BASE: '/home/user/.local' (exists)
```

```
USER_SITE: '/home/user/.local/lib/python3.12/site-packages' (exists)
ENABLE_USER_SITE: False
```

カレントディレクトリはもうモジュールパスに現れません。ユーザごとのサイトパッケージもなくなりました。このシステムにディレクトリが存在しているにもかかわらずです。

2.5　まとめ

　この章では、Python環境が何であるか、どこにあるか、内部がどうなっているかを学びました。Python環境の中心は、PythonインタプリタとPythonモジュール、およびPythonアプリケーションを実行するためのエントリポイントスクリプトで構成されます。環境は特定のバージョンのPythonに結び付いています。

　Python環境は3種類あります。Pythonインストールは、インタプリタと完全な標準ライブラリを含む、完全で単独の環境です。ユーザごとの環境は、1人のユーザのためにモジュールやスクリプトをインストールできる、インストールに付属する環境です。仮想環境は、プロジェクト固有のモジュールやエントリポイントスクリプトのための軽量な環境です。これは、pyvenv.cfgファイルを使い親環境を参照します。仮想環境には、通常はシンボリックリンクや親インタプリタの小さなラッパーであるインタプリタと、シェル統合のためのアクティベーションスクリプトが含まれています。仮想環境はコマンドpy -m venvで作成します。

　pipxでPythonアプリケーションをインストールして、グローバルに使えるようにしつつ、個別の仮想環境で保持します。例えば、pipx run blackのようなコマンドで、アプリケーションをインストールして実行できます。PIPX_DEFAULT_PYTHON変数を設定することで、pipxがツールを現在のPythonリリースにインストールできるようになります。

　uvは、virtualenvとpipの高速な代替ツールであり、より優れたデフォルト設定を行うことができます。uv venvを使って仮想環境を作成し、uv pipでパッケージをインストールします。両方のコマンドはデフォルトで.venvディレクトリを使用します。これは、Unix上のpyツールと同様です。--pythonオプションを使用すると、環境用のPythonバージョンを選択できます。

　この章の最後では、Pythonがsys.pathを使ってモジュールを探す方法を学びました。インタプリタの起動時にモジュールパスがどのように構築されるかも理解できたでしょう。さらに、モジュールのインポートがファインダやローダ、モジュールキャッシュを使用して行われるメカニズムも学びました。インタプリタの発見とモジュールのインポートは、Pythonプログラムを実行時の環境に結び付ける重要なメカニズムです。

II部

Pythonプロジェクト

3章
Pythonパッケージ

パッケージとは、プロジェクトのコードをまとめてプロジェクト名やバージョンなどのメタデータを同梱して単一のファイルにしたものです。この章ではPythonプロジェクトをパッケージにする方法を学びます。

> Pythonコミュニティでは、**パッケージ**という言葉を、2つの異なる概念で用います。**インポートパッケージ**は、他のモジュールを含むモジュールです。**ディストリビューションパッケージ**は、Pythonソフトウェアを配布するためのアーカイブファイルです。この章ではディストリビューションパッケージをテーマとします。

Python環境にパッケージをインストールするには、`pip`などのパッケージマネージャを使用します。また、他の人もそのパッケージを利用できるようにするため、パッケージリポジトリにパッケージをアップロードすることもできます。Pythonソフトウェア財団（PSF）はPythonパッケージインデックス（PyPI、https://pypi.org）というパッケージリポジトリを管理しています。PyPIにあるパッケージは、プロジェクト名を`pip install`コマンドの引数に渡せば簡単にインストールできます。

プロジェクトをパッケージングすることにより、他の人と共有しやすくなるという利点もありますが、それだけではありません。パッケージングすれば、そのプロジェクトはPythonエコシステムの一員になれるのです。

- インタプリタは、ファイルシステム上の任意のディレクトリではなく、環境からモジュールをインポートする。そのためPythonの起動方法によってはうまくいかないこともある。
- インストーラは、パッケージのメタデータを使用して、環境がパッケージの要件を満たしていることを確認する。例えば、最低限必要なPythonのバージョンや依存しているサードパーティパッケージの要件を満たしているかを確認する。
- インストーラは、常にその環境のインタプリタで実行されるエントリポイントスクリプトを生成できる。手書きのPythonスクリプトと比較すると、手書きのPythonスクリプトはパッケージがインストールされた環境とは別のPython環境で実行される場合があり、Pythonのバージョンが異なっていたり、必要なサードパーティパッケージがなかったり、独自のモジュールをインポートできなかったりする。

この章では、Python プロジェクトをパッケージングする方法を説明します。さらに、パッケージングを補助するツールも紹介します。この章は大きく3つの内容からなります。

- 3.1節から3.3節では、Python パッケージのライフサイクルを取り上げる。本書を通して使用するサンプルアプリケーションを紹介し、それを基にコードをパッケージングする理由について検討する。
- 3.4節から3.10節では、Python パッケージの設定ファイルの pyproject.toml と、build、hatchling、Twine などのパッケージツールを紹介する。また pip、uv、pipx も再度説明する。最後に、パッケージツールを統合するプロジェクトマネージャ Rye を紹介する。その中で、ビルドフロントエンドとバックエンド、wheel と sdist、editable インストール、src レイアウトについて学ぶ。
- 3.11節では、pyproject.toml 内のプロジェクトメタデータについて詳しく紹介する。例えば、パッケージの定義や記述に使うフィールドや、それらを効率的に利用する方法について説明する。

3.1 パッケージのライフサイクル

図3-1は、パッケージの一般的なライフサイクルを示したものです。

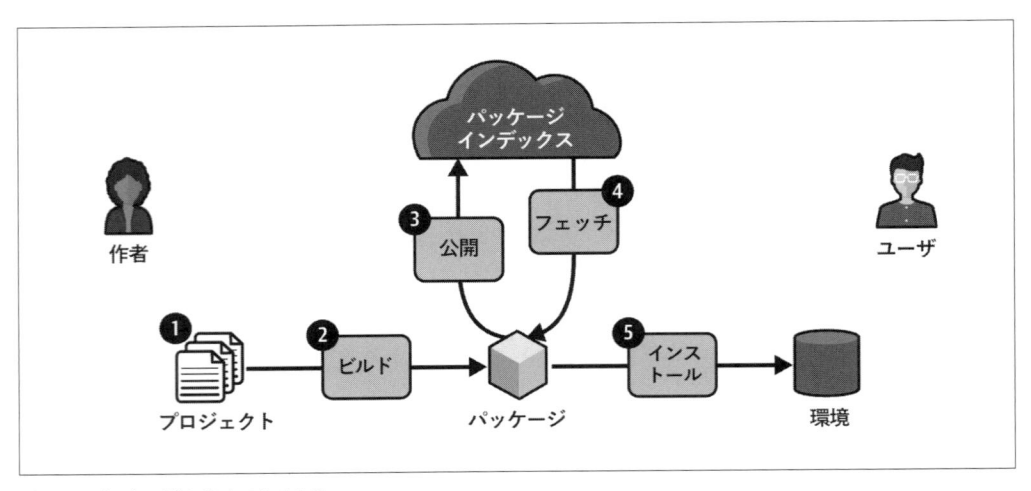

図3-1 パッケージのライフサイクル

❶ すべてはプロジェクトから始まる。プロジェクトはアプリケーション、ライブラリ、またはその他のソフトウェアのソースコードから構成される。

❷ まず、作成者はプロジェクトからパッケージを作成する。パッケージは、現時点でプロジェクトのスナップショットを含むインストール可能な生成物である。これには固有の名前とバージョンが付いている。

❸ 次に、PyPI などの有名なリポジトリにパッケージを公開する。

❹ ユーザはパッケージの名前とバージョンを指定してフェッチする。

❺ 最後に、ユーザは自分の環境にパッケージをインストールする。

　作成したパッケージは、パッケージリポジトリにアップロードせずに、環境に直接インストールすることもできます。例えば、パッケージのテストや自分用のパッケージの場合は自身の Python 環境に直接インストールします。

　実際には、パッケージの取得とインストール、ビルドとインストール、ビルドから公開までをコマンド化してツールにまとめます。

3.2　Wikipedia サンプルプロジェクト

　アプリケーションの大半は、小さいアドホックなスクリプトから始まります。例えば、**例3-1** は、Wikipedia からランダムな記事を取得し、タイトルと要約をコンソールに表示するスクリプトです。このスクリプトは標準ライブラリのみを使用するため、Python 3 の環境であればマイナーバージョンにかかわらず動作します。

例3-1　ランダムな Wikipedia 記事の要約を表示する

```
import json
import textwrap
import urllib.request

API_URL = "https://en.wikipedia.org/api/rest_v1/page/random/summary" ❶

def main():
    with urllib.request.urlopen(API_URL) as response: ❷
        data = json.load(response) ❸

    print(data["title"], end="\n\n") ❹
    print(textwrap.fill(data["extract"])) ❹

if __name__ == "__main__":
    main()
```

❶ API_URL 定数は、英語版 Wikipedia の REST API、特にその /page/random/summary エンドポイントを指す。

❷ urllib.request.urlopen() は、Wikipedia API に HTTP GET リクエストを送る。ここで使われている with 文は、ブロックの終わりで接続を確実に閉じる。

❸ レスポンスボディには、JSON 形式のリソースデータが含まれる。便利なことに、レスポンスはファイルライクオブジェクトなので、json モジュールを使ってディスクからファイルを読み込むようにロードできる。

❹ title キーには Wikipedia ページのタイトル、extract キーには短いプレーンテキストの要約が含まれている。textwrap.fill() 関数は、各行が最長 70 文字になるようにテキストを折り返す。

このスクリプトを random_wikipedia_article.py という名前のファイルに保存し、実行します。

```
> py -m random_wikipedia_article
Jägersbleeker Teich

The Jägersbleeker Teich in the Harz Mountains of central Germany
is a storage pond near the town of Clausthal-Zellerfeld in the
county of Goslar in Lower Saxony. It is one of the Upper Harz Ponds
that were created for the mining industry.
```

3.3　なぜパッケージングするのか

　例えば例3-1のようなスクリプトを共有する場合、わざわざパッケージにする必要はありません。スクリプトをブログやリポジトリに公開すれば良いのです。または、メールやチャットで友達に送ることもできるでしょう。Python が広く普及したこと、「バッテリー同梱」アプローチに基づく充実した標準ライブラリがあること、インタプリタ形式であること、以上の理由から、単に公開したり送信したりすればよいのです。

　Python が登場した際、その普及に貢献したのはモジュール共有の容易さでした。プログラミング言語としての Python は、Python 専用のパッケージリポジトリよりも先に登場しました[1][2]。

　自己完結型のモジュールをパッケージングせずにそのまま配布するのは、一見素晴らしいアイデアのように思えます。モジュールから生成物をビルドする必要はありませんし、ビルドのための専用ツールも必要ありません。プロジェクトをパッケージングする煩雑さから開放されるように思えます。しかし、配布の単位としてモジュールを使い続けると、その限界がわかってきます。

複数のモジュールで構成されるプロジェクト

　プロジェクトが成長して、単一のファイルで管理し切れなくなったらファイルを分割すべきだ。しかし、複数のファイルをインストールすることはユーザにとっては面倒な作業である。パッケージングすることにより、それらを単一のファイルにまとめて配布できる。

サードパーティパッケージに対して依存関係を持つプロジェクト

　Python には多くのサードパーティパッケージと豊かなエコシステムがあり、巨人の肩の上に

---

[1] 1991 年 2 月、グイド・ヴァン・ロッサムが Python の最初のリリースを Usenet で公開した当時、由緒ある Comprehensive Perl Archive Network（CPAN）でさえ、まだ存在していなかった。

[2] 訳注：CPAN は Comprehensive TeX Archive Network（CTAN）をモデルとして構築された。CTAN は 1993 年、CPAN は 1995 年に登場した。

立っているようなものである[*3]。ユーザはパッケージを使う際にパッケージが必要とするサード
パーティパッケージの正しいバージョンを意識する必要はない。パッケージングすれば、他の
パッケージへの依存関係を宣言し、インストーラが自動的にそれを満たすようにできる。

プロジェクトの発見

その便利なモジュールのリポジトリのURLは何だっただろうか。それともブログだっただろう
か。PyPIでパッケージを公開すれば、パッケージの名前だけでそのパッケージの最新版をイン
ストールできる。企業内の閉じた環境でも、開発者のマシンが企業内のプライベートパッケー
ジリポジトリを使用するように設定すればよい。

プロジェクトのインストール

スクリプトをダウンロードしてダブルクリックしても、うまくいかないことが大半である。しか
し、モジュールを難解なディレクトリに配置する、スクリプトが正しいインタプリタで実行され
るようにするといった超絶技巧に挑む必要はない。パッケージングすれば、ユーザはコマンド1
つで、ポータブルで安全な方法でプロジェクトをインストールできる。

プロジェクトの更新

ユーザはプロジェクトが最新かどうかを確認し、最新バージョンにアップグレードする必要があ
る。また、パッケージの作成者は、ユーザが新機能やバグフィックス、改善の恩恵を受けられ
るようにする必要がある。パッケージリポジトリを使えば、プロジェクトのリリースを公開でき
る。これは、コードリポジトリから作成される開発スナップショットのサブセットである。

プロジェクトを正しい環境で実行する

自分のプログラムが、サポートしているPythonのバージョンと依存パッケージで動作するか
を、運任せにしない。パッケージインストーラは、それらの前提条件をチェックして可能であれ
ばそれを満たすようにする。またコードが意図した環境で実行されることを保証する。

バイナリ拡張

CやRustのようなコンパイル言語で書かれたPythonモジュールは、ビルドが必要となる。パッ
ケージを使えば、一般的なプラットフォーム向けにビルド済みのバイナリを配布できる。また、
予備としてソースアーカイブを公開することもできる。その場合、インストーラは、エンドユー
ザのマシン上でビルドを実行する。

メタデータ

モジュールに対しても `__author__`、`__version__`、`__license__` などの属性に値を設定すれば

[*3] 訳注：「巨人の肩の上に立つ」とは、先人の積み上げた成果を利用して何かを行うことを意味する。ここでは、多くの開発者
が過去に作成したサードパーティパッケージと、それらを作るコミュニティを含めたエコシステムを、先人の積み上げた成果と
して表している（https://ja.wikipedia.org/wiki/巨人の肩の上）。

メタデータを埋め込める。しかし、その場合、ツールはそれらの属性を読み取るためにモジュールを実行しなければならない。パッケージには静的なメタデータが含まれており、どのツールであってもモジュールを実行することなくメタデータを読み取れる。

　ここまで説明したように、パッケージングは多くの問題を解決してくれます。しかしそのオーバーヘッドとは何でしょうか。それはプロジェクト内に pyproject.toml という名前のファイルを作成することです。pyproject.toml はプロジェクトのメタデータとビルドシステムを指定する標準のファイルです。pyproject.toml を適切に設定すれば、パッケージをビルド、公開、インストールするコマンドが使えるようになります。

　まとめると、Python パッケージには多くの利点があります。

- インストールとアップグレードが簡単にできる。
- パッケージリポジトリに公開できる。
- 他のパッケージに依存できる。
- 要求を満たす環境で動作する。
- 複数のモジュールを含められる。
- 事前にビルドされたバイナリ拡張を含められる。
- 自動ビルドステップを含むソース配布ができる。
- パッケージのメタデータを添付できる。

3.4　pyproject.toml

　例3-1のスクリプトを、最低限のメタデータ（プロジェクト名、バージョン、エントリポイントスクリプト）と共にパッケージングする例を例3-2に示します。プロジェクト名とスクリプト名はハイフンを使い（random-wikipedia-article）、モジュール名にはアンダースコアを使います（random_wikipedia_article）。モジュールと pyproject.toml を空のディレクトリに並べて配置します。

例3-2　最小限の pyproject.toml ファイル

```
[project]
name = "random-wikipedia-article"
version = "0.1"

[project.scripts]
random-wikipedia-article = "random_wikipedia_article:main"

[build-system]
requires = ["hatchling"]
build-backend = "hatchling.build"
```

 PyPIプロジェクトは単一の名前空間を共有します。つまり、プロジェクト名はプロジェクトを所有するユーザや組織によって使用できる範囲が決まるわけではありません。random-wikipedia-article-{your-name}のようなユニークな名前を選び、それに従ってPythonモジュールの名前を変更します。

　pyproject.tomlファイルは、トップレベルにセクションを追加できます。TOML標準[*4]において、セクションは「テーブル」と呼ばれます。

[project]
　プロジェクトのメタデータを定義する。nameとversionフィールドは必須である。また、実際のプロジェクトでは説明やライセンス、必要なPythonのバージョンなどの追加の情報を提供することが望ましい（「**3.11　プロジェクトメタデータ**」を参照）。scriptsセクションは、エントリポイントスクリプト名と呼び出す関数を宣言する。

[build-system]
　パッケージのビルド方法を定義する（「**3.5　buildを使ったパッケージの作成**」参照）。特に、プロジェクトが使用するビルドツールを指定する。ここではhatchlingを指定する。hatchlingは最新の標準に準拠したPythonプロジェクトマネージャのHatch（https://oreil.ly/nZ3mA）に付属している。

[tool]
　プロジェクトで使用する各ツールの設定を定義する。例えば、リンタであるRuffは[tool.ruff]テーブルから設定を読み込む。また、型チェッカであるmypyは[tool.mypy]から設定を読み込む。

TOMLフォーマット

　Pythonでは、プロジェクト仕様ファイルとして**TOML**（Tom's Obvious Minimal Language）を使用します。TOMLは、明確かつ人間が読みやすい形式の、言語に依存しない設定ファイル用のフォーマットです。TOMLのフォーマットについての詳細は、TOMLウェブサイト（https://toml.io）の説明がわかりやすいでしょう。

　TOMLではリストは「アレイ」と呼ばれますが、その表記法はPythonと同じです。

```
requires = ["hatchling", "hatch-vcs"]
```

　TOMLでは辞書は「テーブル」と呼ばれ、何通りかの形式で書くことができます。ヘッダとしてテーブル名を角括弧で囲み、続けて各行にキーと値のペアを記述します。

---

* 4　訳注：https://toml.io/ja/v1.0.0 参照

```
[project]
name = "foo"
version = "0.1"
```

インラインテーブルは、すべてのキーと値のペアを同じ行に記述します。

```
project = { name = "foo", version = "0.1" }
```

ドット表記を使って暗黙的にテーブルを作成することもできます。

```
project.name = "foo"
project.version = "0.1"
```

標準の tomllib モジュールを使用すると、TOML ファイルを読み込めます。

```
import tomllib

with open("pyproject.toml", mode="rb") as f: ❶
    data = tomllib.load(f)
```

❶ 常にファイルをバイナリモードで開くこと。TOML は UTF-8 の文字エンコーディングで
あることを要求する。古いプラットフォームでは、テキストモードでファイルを開くと
文字化けすることがある。

Python では、TOML ファイルを辞書として表現します。キーは文字列で、値は文字列、整数、
浮動小数点数、日付、時間、リスト、辞書を使用できます。Python での pyproject.toml ファイ
ルは次のようになります。

```
{
  "project": {
    "name": "random-wikipedia-article",
    "version": "0.1",
    "scripts": {
        "random-wikipedia-article": "random_wikipedia_article:main"
    }
  },
  "build-system": {
    "requires": ["hatchling"],
    "build-backend": "hatchling.build"
  }
}
```

3.5 **build**を使ったパッケージの作成

buildを使って新しいプロジェクトのパッケージを作成しましょう。buildは、Python Packaging Authority（PyPA）によってメンテナンスされているビルドフロントエンドです[*5]。

 ビルドフロントエンドは、Pythonパッケージのビルドプロセスをオーケストレーションするアプリケーションです。ビルドフロントエンドはソースツリーからパッケージングされた生成物を作る方法に関与しません。ビルドを行うツールはビルドバックエンドと呼ばれます。

ターミナルを開き、プロジェクトディレクトリに移動して、pipxでbuildを実行します。

```
$ pipx run build
* Creating venv isolated environment...
* Installing packages in isolated environment... (hatchling)
* Getting build dependencies for sdist...
* Building sdist...
* Building wheel from sdist
* Creating venv isolated environment...
* Installing packages in isolated environment... (hatchling)
* Getting build dependencies for wheel...
* Building wheel...
Successfully built random_wikipedia_article-0.1.tar.gz
 and random_wikipedia_article-0.1-py2.py3-none-any.whl
```

デフォルトでは、buildはsdistとwheelという2種類のパッケージが作成され（「3.10 wheelとsdist」を参照）、プロジェクトのdistディレクトリに配置されます。

先ほどの出力でわかる通り、buildは実際の作業をhatchlingに移譲します。これは**例3-2**のように、pyproject.tomlで指定したビルドバックエンドが使われます。ビルドフロントエンドはbuild-systemテーブルからプロジェクトのビルドバックエンドを決定します（**表3-1**）。

表3-1 build-systemテーブル

フィールド	型	説明
requires	文字列の配列	プロジェクトをビルドするために必要なパッケージの一覧。
build-backend	文字列	ビルドバックエンドのインポート名。package.module:objectの形式で指定する。
build-path	文字列	ビルドバックエンドのインポートに必要なsys.pathのエントリ（省略可能）

ビルドフロントエンドとビルドバックエンドがどのように協調してパッケージをビルドするかを、**図3-2**に示します。

[*5] PyPAは、Pythonのパッケージングで使用されるコアソフトウェアのプロジェクトを維持するボランティアグループ。

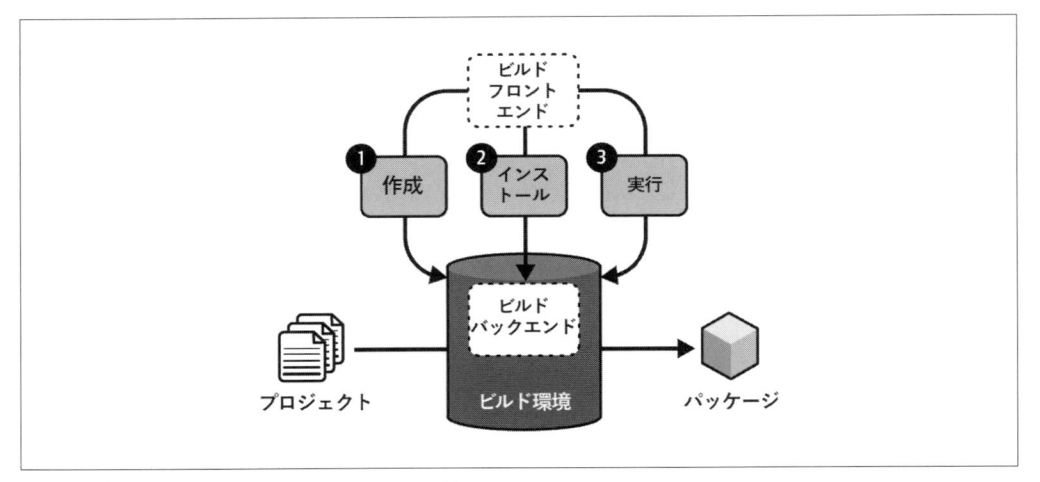

図3-2　ビルドフロントエンドとビルドバックエンド

❶ ビルドフロントエンドは**ビルド環境**（build environment）を作成する。

❷ ビルドフロントエンドはrequiresに指定されているパッケージをインストールする。その際に、
ビルドバックエンド自身と、必要に応じてビルドバックエンド用のプラグインもインストールす
る。インストールしたパッケージは、**ビルド依存関係**（build dependencies）と呼ばれる。

❸ ビルドフロントエンドは、2段階に分けてパッケージのビルドを行う。まず、build-backendで
宣言されたモジュールやオブジェクトをインポートする。次に、パッケージや関連するタスク
を作成するための関数を呼び出す。その関数は**ビルドフック**（build hook）と呼ばれる。

　ここでは、ビルドフロントエンドがwheelをビルドする際に実行するコマンドを簡単に説明しま
す[6]。

```
$ py -m venv buildenv
$ buildenv/bin/python -m pip install hatchling
$ buildenv/bin/python
>>> import hatchling.build as backend
>>> backend.get_requires_for_build_wheel()
[]  # 追加のビルド依存関係は存在しない
>>> backend.build_wheel("dist")
'random_wikipedia_article-0.1-py2.py3-none-any.whl'
```

ビルドフロントエンドによっては、ビルド環境ではなく現在の環境でビルドすることもできます。
ビルド分離を無効にすると、ビルドフロントエンドはビルド依存関係のみを確認します。ビルド依
存関係を現在の環境にインストールすると、ビルドやランタイムの依存関係と衝突する可能性があ
ります。

---

[6]　デフォルトでは、ソースツリーではなくsdistからwheelをビルドする。これはbuildツールはsdistが有効であることを確認
するためだ。ビルドバックエンドはget_requires_for_build_wheel()とget_requires_for_build_sdist()ビルドフックを使っ
て追加のビルド依存関係を指定できる。

　なぜ、ビルドフロントエンドとビルドバックエンドを分離するのでしょうか。それは、ツールがビルドプロセスの詳細を知らなくても、パッケージのビルドをトリガーできるようにするためです。例えば、パッケージインストーラであるpipやuvは、ソースディレクトリからインストールする際にその場所でパッケージをビルドします（「**3.7　ソースからプロジェクトをインストールする**」を参照）。

　ビルドフロントエンドとビルドバックエンド間の契約の標準化により、パッケージエコシステムには大きな多様性と革新がもたらされました。ビルドフロントエンドにはbuild、pip、uvなどがあります。また、ビルドバックエンドに依存しないプロジェクトマネージャのRye、Hatch、PDM（https://oreil.ly/sydmt）、テスト自動化ツールとしてtox（https://oreil.ly/EFWsN）も、ビルドフロントエンドに含まれます。

　ビルドバックエンドには、プロジェクトマネージャFlit（https://oreil.ly/QSaej）、Hatch、PDM、Poetry（https://oreil.ly/4us6n）、伝統的なビルドバックエンドであるsetuptools（https://oreil.ly/R-eAj）、Rustで書かれたビルドバックエンドであるMaturin（https://oreil.ly/i1mXW）などがあります。また、SphinxドキュメンテーションテーマのビルドバックエンドであるSphinx Theme Builder（https://oreil.ly/btnWl）といった知る人ぞ知るビルドバックエンドもあります（**表3-2**参照）。

表3-2　ビルドバックエンド一覧

プロジェクト	requires[7]	ビルドバックエンド
Flit	flit-core	flit_core.buildapi
Hatch	hatchling	hatchling.build
Maturin	maturin	maturin
PDM	pdm-backend	pdm.backend
Poetry	poetry-core	poetry.core.masonry.api
Setuptools	setuptools	setuptools.build_meta
Sphinx Theme Builder	sphinx-theme-builder	sphinx_theme_builder

3.6　Twineを用いたパッケージのアップロード

　いよいよパッケージを公開します。ここではTestPyPI（https://test.pypi.org）にパッケージをアップロードします。TestPyPIとはテストや実験のためのリポジトリであり、PyPIとは別のインスタンスです。本物のPyPIにアップロードする際は、--repositoryおよび--index-urlオプションを省略します。

　まず、TestPyPIのフロントページにあるリンク[8]からアカウントを登録します。次に、アカウントページからAPIトークンを作成し、そのAPIトークンをパスワードマネージャに登録します。以上

＊7　各ツールの公式ドキュメントで推奨されるバージョンの範囲を確認すること。
＊8　https://test.pypi.org/account/register/

で、公式のPyPIアップロードツールであるTwineを使ってdist内に作成したパッケージをアップロードできます。

```
$ pipx run twine upload --repository=testpypi dist/*
Uploading distributions to https://test.pypi.org/legacy/
Enter your API token: *********
Uploading random_wikipedia_article-0.1-py2.py3-none-any.whl
Uploading random_wikipedia_article-0.1.tar.gz

View at:
https://test.pypi.org/project/random-wikipedia-article/0.1/
```

おめでとうございます。最初のPythonパッケージを公開できました。さっそく、アップロードしたパッケージをTestPyPIからインストールしましょう。

```
$ pipx install --index-url=https://test.pypi.org/simple random-wikipedia-article
  installed package random-wikipedia-article 0.1, installed using Python 3.12.2
  These apps are now globally available
    - random-wikipedia-article
done!
```

これで、どこからでもWikipedia記事要約アプリケーションを呼び出せます。

```
$ random-wikipedia-article
```

3.7　ソースからプロジェクトをインストールする

プロジェクトのパッケージを配布する前に、配布予定のパッケージをローカルにインストールしておいて、開発やテストを行うとよいでしょう。ソースコードではなく、インストールされたパッケージに対してテストを実行することで、ユーザと同じ方法でプロジェクトをテストできます。サービスの開発において、開発、ステージング、本番を可能な限り同じ状態に保つことができます。

まず、buildを使ってwheelを作成し、そのwheelを仮想環境にインストールします。

```
$ pipx run build
$ uv venv
$ uv pip install dist/*.whl
```

ローカルインストール用にはショートカットが用意されています。pipとuvは、.（カレントディレクトリ）など、ソースディレクトリを指定して直接プロジェクトをインストールできます。pipとuvはbuildと同様にビルドフロントエンドです。バックエンドを使ってインストール用のwheelを作成します。

```
$ uv venv
$ uv pip install .
```

　プロジェクトにエントリポイントスクリプトがある場合、pipxでローカルインストールすることもできます。

```
$ pipx install .
  installed package random-wikipedia-article 0.1, installed using Python 3.12.2
  These apps are now globally available
    - random-wikipedia-article
```

　コードの変更が即座に反映される環境で開発を行うことができれば、プロジェクトを繰り返しインストールせずに作業できるので、時間の節約になります。ソースツリーからモジュールを直接インポートしてもよいのですが、この方法ではプロジェクトをパッケージングするメリットが失われてしまいます。

　editableインストールは、インポートするとソースツリーからモジュールを読み込む特別な方法でパッケージをインストールします。これにより、コードの変更が即座に変更され、パッケージングのメリットも生かすことができます（「**2.4.6　サイトパッケージ**」を参照）。このメカニズムは、Pythonパッケージの「ホットリロード」のようなものとみなせます。uv、pip、pipxでは、--editableオプション（-e）を指定することでeditableインストールできます。

```
$ uv pip install --editable .
$ py -m pip install --editable .
$ pipx install --editable .
```

　editableインストールを行うことで、変更したソースコードの動作確認にパッケージを再インストールする必要がなくなります。プロジェクトメタデータを変更したり、依存するサードパーティパッケージを追加したりした場合のみ、再インストールが必要です。

　editableインストールは、setuptoolsの開発モードをモデルにしています。既に知っているのであれば、長い間使っているかもしれません。しかしsetup.py developとは異なり、標準のビルドフックに依存しています。つまり、任意のバックエンドはeditableインストールの機能を提供できるようになります。

3.8　プロジェクトレイアウト

　シングルファイルモジュールと同じディレクトリにpyproject.tomlを配置するのは、魅力的でシンプルなアプローチです。しかし、残念ながら、このプロジェクトレイアウトには深刻なリスクが伴います。この節ではその理由を説明します。まずは、プロジェクトの一部を壊してみます。

```
def main():
    raise Exception("Boom!")
```

　パッケージを公開する前に、ローカルでビルドしたwheelで最後のスモークテストを実行します。

```
$ pipx run build
$ uv venv
$ uv pip install dist/*.whl
$ py -m random_wikipedia_article
Exception: Boom!
```

　バグを見つけたら修正します。問題のある行を削除した後、プログラムが期待通りに動作することを確認します。

```
$ py -m random_wikipedia_article
Cystiscus viaderi

Cystiscus viaderi is a species of very small sea snail, a marine
gastropod mollusk or micromollusk in the family Cystiscidae.
```

　問題なさそうです。それではリリースの準備をしましょう。まず、先ほどの修正と新しいバージョンのGitタグをコードリポジトリにプッシュします。次に、Twineを使ってPyPIにwheelをアップロードします。

```
$ pipx run twine upload dist/*
```

　しかしこの時、wheelを再ビルドしませんでした。そして先ほどのバグは、パブリックリリースに入ってしまいました。一体何が起きたのでしょうか。

　アプリケーションをpy -mで実行すれば、誤って別のPython環境からエントリポイントスクリプトを実行してしまうミスを防げます。しかし、sys.pathの先頭にカレントディレクトリも追加されます（「2.4.6　サイトパッケージ」参照）。そのため、テストしていたのは、公開しようとしていたwheelではなく、ソースツリーのモジュールだったのです。

　環境変数PYTHONSAFEPATHを設定するか、-Pオプションを付けてインタプリタを起動すると、モジュールの探索パスからカレントディレクトリが除外されるため、この問題を回避できます。しかしこれでは、自分はその問題を回避できても、他のコントリビュータは困った状態のまま、寒空の下に置き去りにすることになります。また、他のマシンで作業している場合にも同じ問題が発生します。

　環境変数PYTHONSAFEPATHの設定はせず、トップレベルディレクトリからモジュールを移動させてください。そうすれば、誤ってソースツリーからインポートしてしまうミスを防げます。例えば、Pythonで実装したコードはsrcディレクトリに配置します。この配置はPythonコミュニティでは**srcレイアウト**と呼ばれています。

　この時点で、シングルファイルモジュールをインポートパッケージに変換することにも意味があります。random_wikipedia_article.pyファイルをrandom_wikipedia_articleディレクトリと、その中に__init__.pyモジュールを配置する形に置き換えてパッケージングしてみましょう。

　コードをインポートパッケージ内に配置することは、シングルファイルモジュールと基本的には同

じですが、違いが1つあります。インポートパッケージ内に、特別なモジュール __main__.pyを追加しないと、`py -m random_wikipedia_article`のような形式で、アプリケーションを実行することはできません（**例3-3**）。

例3-3 __main__.py モジュール

```
from random_wikipedia_article import main

main()
```

__main__.pyモジュールには __init__.py内の`if __name__ == "__main__"`ブロックの内容を記述します。そして、そのブロックをモジュールから削除します。

これにより古典的な初期プロジェクトの構造ができます。

```
random-wikipedia-article
├── pyproject.toml
└── src
    └── random_wikipedia_article
        ├── __init__.py
        └── __main__.py
```

インポートパッケージにしておくと、プロジェクトの成長が容易になります。コードを別のモジュールに移動し、そこからインポートできます。例えば、WikipediaのAPIとやり取りするコードを`fetch()`関数に書き出します。次に`fetch()`関数をパッケージ内のモジュール`fetch.py`に移動します。__init__.pyから関数をインポートする方法は以下の通りです。

```
from random_wikipedia_article.fetch import fetch
```

最終的に、__init__.pyには、パブリックAPIの`import`文のみが含まれるようになります。

3.9 Ryeによるパッケージ管理

モダンなプログラミング言語には、ビルド、パッケージングなど、開発タスクのための単一のツールが付属しています。それを踏まえると、Pythonのコミュニティが役割の異なるパッケージングツールを複数持つことについて疑問に思うかもしれません。

Pythonは、何千人ものボランティアからなるコミュニティによって運営されている分散型のオープンソースプロジェクトであり、30年以上にわたる有機的成長の歴史を持っています。そのため、単一のパッケージングツールですべての需要を満たし定着させることは難しいのです[9]。

Pythonの強みはその豊かなエコシステムにあり、相互運用性標準はこの多様性を促進します。

---

[9] Pythonのパッケージングエコシステムもまた、「組織はコミュニケーション構造の複製であるシステムを設計する」という**コンウェイの法則**を見事に実証している（メルビン・コンウェイ、1967）。メルビン・コンウェイはアメリカのコンピュータ科学者であり、コルーチンの概念を開発したことでも知られている。

Python開発者であれば、1つの目的だけを行う小さなツールを連携させて使うことを選択できます。このアプローチは「1つのことをしっかりやる」（Do one thing, and do it well.）という Unix 哲学と結び付いています。

Python プロジェクトマネージャは、より統合されたワークフローを提供します。その先駆けとなったのは Poetry（「**5章　Poetry によるプロジェクト管理**」を参照）です。Poetry は、Python パッケージングの再発明を目指し、静的メタデータやクロスプラットフォームのロックファイルなどのアイデアを取り入れました。

Rye は、Rust で実装された Python のプロジェクトマネージャであり、異なる道を選びました。本書で既に説明した（そしてこれから説明する）広く使われている単一の目的のツールの上に、統一された開発体験を提供します。Rye は、アーミン・ローナッハー（Armin Ronacher）の個人プロジェクトとして開始され、2023年に最初のリリースが行われました。現在は Ruff や uv を手がける Astral 社が管理しています。Rye のインストール手順は、公式ドキュメント（https://rye.astral.sh）を確認してください。

Rye を使うには、まず rye init で新しいプロジェクトを初期化します。プロジェクト名を指定しない場合、Rye はカレントディレクトリ名を使用します。エントリポイントスクリプトを追加するには、--script オプションを使います。

```
$ rye init random-wikipedia-article --script
```

Rye は random-wikipedia-article ディレクトリ内に Git リポジトリを初期化し、pyproject.toml ファイルを配置します。そしてプロジェクトの説明を記載する README.md、デフォルトの Python バージョンを指定する .python-version ファイル、仮想環境である .venv ディレクトリを作成します。Rye は、主要なビルドバックエンドに対応しており、デフォルトは hatchling です。

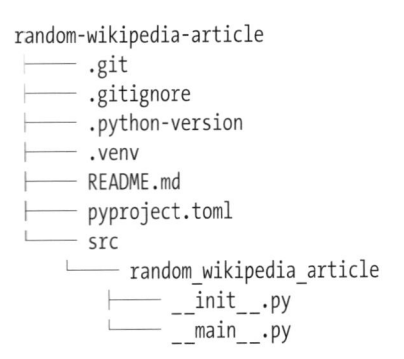

```
random-wikipedia-article
├── .git
├── .gitignore
├── .python-version
├── .venv
├── README.md
├── pyproject.toml
└── src
    └── random_wikipedia_article
        ├── __init__.py
        └── __main__.py
```

Rye コマンドの大半は、Python の世界でデファクトスタンダードとなったツール、または将来標準になる可能性があるツールのフロントエンドです。例えば、rye build コマンドは build を使ってパッケージを作成します。rye publish コマンドは Twine を使って作成したパッケージをアップロー

ドします。rye syncコマンドはuvを使ってeditableインストールします。

```
$ rye build
$ rye publish -r testpypi --repository-url https://test.pypi.org/legacy/
$ rye sync
```

rye syncには、さらに多くの機能があります。RyeはPython Standalone Buildsプロジェクトを使用して、プライベートにPythonのインストール環境を管理します（「**1.10　挑戦的な新しい世界：HatchとRye**」を参照）。rye syncは、初回実行時にPythonの各バージョンを取得します。このコマンドはプロジェクト依存関係のロックファイルも生成し、そのファイルと環境を同期します（「**4章　依存関係の管理**」を参照）。

3.10　wheelとsdist

「**3.5　buildを使ったパッケージの作成**」では、buildによってプロジェクト用のパッケージが2つ作成されました。

- random_wikipedia_article-0.1.tar.gz
- random_wikipedia_article-0.1-py2.py3-none-any.whl

このパッケージは「wheel」と「sdist」と呼ばれます。wheelは.whl拡張子を持つZIPアーカイブです。wheelは主にビルトディストリビューションで、インストーラがそのまま環境に展開します。対照的に、sdistはソースディストリビューションです。sdistはパッケージングメタデータを含むソースコードの圧縮されたアーカイブです。sdistはインストール可能なwheelを生成するためのビルドステップが追加で必要となります。

 「wheel」という名前は、円筒形のホールチーズを指しています。PyPIはもともと、モンティ・パイソンのスケッチ[*10]に登場するチーズをまったく取り扱っていないチーズショップにちなんで「Cheese Shop」という名前でした（現在では、PyPIは1日にペタバイト超のパッケージを提供しています）。

Pythonのようなインタプリタ言語がソース配布とビルドディストリビューションを区別することは、奇妙に思えるかもしれません。しかし、Pythonモジュールをコンパイル言語で書くこともできます。つまり、特定のプラットフォーム向けのwheelが利用できない場合にもソース配布が重要な代替手段となります。

パッケージの作成者は、sdistとwheelの両方をビルドし、リリースとして公開することが推奨されます。これによりユーザは、環境が対応している場合（ピュアPythonの場合は、常に対応しています）、wheelを取得してインストールし、対応していない場合にはsdistを取得してローカルで

[*10] 訳注：『空飛ぶモンティ・パイソン』第3シリーズ第7話『サラダの日々』の『チーズショップ』スケッチ。スケッチに関するWikipediaの記事も存在して、登場するチーズのリストもある。

wheelをビルドするという選択をすることができます（**図3-3参照**）。

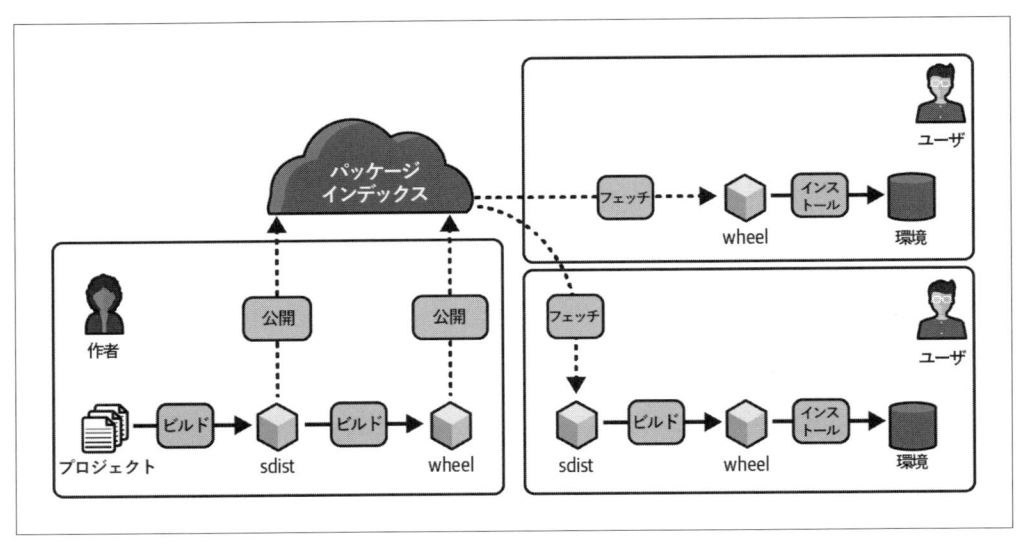

図3-3　wheelとsdist

　sdistを利用する場合、パッケージのユーザには注意点があります。まず、ビルドステップには任意のコード実行が実行される可能性があるため、セキュリティ上の懸念があります[*11]。次に、特にレガシーなsetup.pyベースのsdist経由のインストールと、wheel経由のインストールを比較すると、sdist経由のほうが遅くなります。最後に、必要なビルドツールチェーンがユーザのシステム内にない場合、拡張モジュールのビルドエラーが発生する可能性があります。

　一般的に、ピュアPythonパッケージは、リリースに対してsdistとwheelが一対一で対応します。一方、バイナリ拡張モジュールは、複数のプラットフォームと環境向けにさまざまなwheelが提供されます。

　拡張モジュールの作成者であれば、cibuildwheelプロジェクトをチェックしてみてください。cibuildwheelは複数のプラットフォームに対するwheelのビルドとテストを自動化します。GitHub Actionsをはじめ、さまざまな継続的インテグレーション（CI）のシステムもサポートしています。

wheelの互換性タグ

　インストーラは環境に適したwheelを選択します。選択する際は各wheelのファイル名に埋め込まれた3つの「互換性タグ」を参照します。

[*11] 人気のあるパッケージと名前に似せて、攻撃者が悪意のあるパッケージをアップロードし誤ってインストールさせることを狙う「タイポスクワッティング（typosquatting）」や、非公開の企業リポジトリのパッケージと同じ名前の悪意のあるパッケージを公開サーバ上にアップロードする「依存関係かく乱攻撃（dependency confusion attack）」などの攻撃手法があることを考慮することが特に重要である。

Python タグ

対象の Python 実装。

ABI タグ

Python のターゲット**アプリケーションバイナリインタフェース**（ABI）は、バイナリの拡張モジュールがインタプリタとやり取りするために使用できるシンボルのセットの定義である。

プラットフォームタグ

対象プラットフォーム（プロセッサアーキテクチャを含む）。

ピュア Python の wheel は通常、どの Python 実装とも互換性があります。また、特定の ABI を必要とせず、プラットフォーム間で互換性があります。そのような広範な互換性を表現するために、wheel はタグ py3-none-any を使用します。

バイナリ拡張モジュールを含む wheel は、より厳格な互換性要件があります。例えば、次に挙げる wheel ファイルの互換性タグを見てください。

```
numpy-1.24.0-cp311-cp311-macosx_10_9_x86_64.whl
```
科学計算用の基本的なライブラリ NumPy の wheel は、特定の Python 実装とバージョン（CPython 3.11）、オペレーティングシステムリリース（macOS 10.9 以上）、プロセッサアーキテクチャ（x86-64）を対象とする。

```
cryptography-38.0.4-cp36-abi3-manylinux_2_28_x86_64.whl
```
暗号化ライブラリの 1 つであり、暗号アルゴリズムへのインタフェースを提供する cryptography の wheel は、バイナリ配布のビルドマトリックスを縮小する方法を 2 つ示している。Stable ABI は、Python のフィーチャーリリース間で持続することが保証されている、制限されたシンボルのセットである（abi3）。manylinux タグは、特定の C 標準ライブラリ実装（glibc 2.28 以上）における多数の Linux ディストリビューションでの互換性を表している。

興味があれば、unzip ユーティリティを使って wheel を解凍してみてください。インストーラが site-packages ディレクトリに配置するファイルを確認できます。Linux または macOS シェルで以下のコマンドを実行してください。できれば空のディレクトリ内で行うのが望ましいでしょう。Windows の場合は、Windows Subsystem for Linux（WSL）を使用して同じ手順を実行できます。

```
$ py -m pip download attrs
$ unzip *.whl
$ ls -1
attr
attrs
```

```
attrs-23.2.0.dist-info
attrs-23.2.0-py3-none-any.whl

$ head -n4 attrs-23.2.0.dist-info/METADATA
Metadata-Version: 2.1
Name: attrs
Version: 23.2.0
Summary: Classes Without Boilerplate
```

インポートパッケージ（今回は attr と attrs）の他に、wheel には管理用のファイルがある .dist-info ディレクトリがあります。このディレクトリにある METADATA ファイルには、インストーラや他のパッケージングツールに対し、パッケージの説明を行うための標準化された属性のセットである**コアメタデータ**が含まれています。これにより、標準ライブラリを使用して実行時にインストールされたパッケージのコアメタデータにアクセスできます。

```
$ uv pip install attrs
$ py
>>> from importlib.metadata import metadata
>>> metadata("attrs")["Version"]
23.2.0
>>> metadata("attrs")["Summary"]
Classes Without Boilerplate
```

次の節では、pyproject.toml の project テーブルを使って、自分のパッケージにコアメタデータを埋め込む方法を見ていきます。

 コアメタデータ標準は、pyproject.toml よりも古くから存在します。プロジェクトメタデータのフィールドの大半は、コアメタデータフィールドに対応していますが、名称や構文がわずかに異なります。パッケージ作成者としては、この変換を無視してプロジェクトメタデータに集中しても問題ありません。

3.11 プロジェクトメタデータ

ビルドバックエンドは、pyproject.toml の project テーブルで定義した内容に基づいてコアメタデータフィールドを記述します。**表3-3**は、project テーブルで使用できるフィールドの概要です。

表3-3 project テーブル

フィールド	型	説明
name	文字列	プロジェクト名
version	文字列	プロジェクトのバージョン
description	文字列	プロジェクトの短い説明
keywords	文字列の配列	プロジェクトのキーワードのリスト

readme	文字列またはテーブル	プロジェクトの詳細な説明が書かれたファイル
license	テーブル	このプロジェクトの使用を規定するライセンス
authors	テーブルの配列	作成者のリスト
maintainers	テーブルの配列	メンテナのリスト
classifiers	文字列の配列	プロジェクトを説明するクラス分類子のリスト
urls	文字列のテーブル	プロジェクトのURL
dependencies	文字列の配列	依存するサードパーティパッケージのリスト
optional-dependencies	文字列の配列のテーブル	名前付きのオプションのサードパーティパッケージのリスト（エクストラ）
scripts	文字列のテーブル	エントリポイントスクリプト
gui-scripts	文字列のテーブル	グラフィカルユーザインタフェースを提供するエントリポイントスクリプト
entry-points	文字列のテーブルのテーブル	エントリポイントグループ
requires-python	文字列	このプロジェクトに必要なPythonのバージョン
dynamic	文字列の配列	ダイナミックフィールドのリスト

project.nameとproject.versionは必須フィールドです。プロジェクト名はプロジェクトを一意に識別します。プロジェクトバージョンはプロジェクトのライフサイクル中の**リリース**を識別します。そして名前とバージョン以外に、任意で提供できるフィールドがいくつかあります。例えば、作成者やライセンス、プロジェクトの簡単な説明文やプロジェクトが使用するサードパーティパッケージなどです（**例3-4**参照）。

例3-4　プロジェクトメタデータを指定した**pyproject.toml**

```
[project]
name = "random-wikipedia-article"
version = "0.1"
description = "Display extracts from random Wikipedia articles"
keywords = ["wikipedia"]
readme = "README.md"  # プロジェクトにREADME.mdファイルがある場合のみ
license = { text = "MIT" }
authors = [{ name = "Your Name", email = "you@example.com" }]
classifiers = ["Topic :: Games/Entertainment :: Fortune Cookies"]
urls = { Homepage = "https://yourname.dev/projects/random-wikipedia-article" }
requires-python = ">=3.8"
dependencies = ["httpx>=0.27.0", "rich>=13.7.1"]
```

以下の節では、さまざまなプロジェクトのメタデータフィールドについて詳しく説明します。

3.11.1　プロジェクト名

project.nameフィールドにはプロジェクトの公式名称を指定します。

```
[project]
name = "random-wikipedia-article"
```

　ユーザはこの名前を指定して pip でプロジェクトをインストールします。またこのフィールドは、PyPI上でのプロジェクトのURLも決定します。プロジェクトの名前には、任意のASCII文字と数字だけでなく、ピリオド、アンダースコア、ハイフンも使えます。パッケージツールは比較のためにプロジェクト名を正規化します。すべての文字は小文字に変換され、句読文字の連続は単一のハイフン（パッケージファイル名の場合はアンダースコア）に置き換えられます。例えば、Awesome.Package、awesome_package、awesome-package はすべて同じプロジェクトを指します。

　プロジェクト名は、ユーザがコードをインポートするために指定する import 名とは異なります。インポート名は、有効な Python 識別子でなければなりません。そのため、ハイフンやピリオドを含むことはできず、数字から始めることもできません。また、大文字と小文字を区別して、任意の Unicode 文字や数字を使うことができます。一般的には、1つのディストリビューションパッケージごとにインポートパッケージを1つ持ち、両方に同じ名前を使用することが推奨されます（または random-wikipedia-article を random_wikipedia_article にするような単純な変換を行う）。

3.11.2　プロジェクトのバージョニング

project.version フィールドは、リリース公開時点でのプロジェクトのバージョンを指定します。

```
[project]
version = "0.1"
```

　Python コミュニティには、バージョン番号の付け方の仕様があります。これにより、ツールがプロジェクトの最新リリースを選択するなど、意味のある決定が可能になります。基本的に、バージョン番号は数字がドットで区切られた数字列です。バージョンの数字はゼロにすることもできます。また、末尾のゼロは省略できます。例えば、1、1.0、1.0.0はすべて同じバージョンを指します。さらに、バージョンには特定の種類のサフィックスを付けることもできます（**表3-4**参照）。最も一般的なものはプレリリースを識別するものです。例えば、1.0.0a2は2番目のアルファリリース、1.0.0b3は3番目のベータリリース、1.0.0rc1は1番目のリリース候補です。アルファ、ベータ、リリース候補の順番で、最終リリースの前に公開されます。また、Python バージョンは追加コンポーネントや別の記法も使用できます。詳しい仕様は PEP 440（https://oreil.ly/Dcc_F）を参照してください。

表3-4　バージョン識別子

リリースタイプ	説明	例
ファイナルリリース	安定版、公式スナップショット（デフォルト）	`1.0.0, 2017.5.25`
プレリリース	ファイナルリリースのためのテスト版	`1.0.0a1, 1.0.0b1, 1.0.0rc1`
デベロップメントリリース	ナイトリービルドのような定期的な内部スナップショット	`1.0.0.dev1`
ポストリリース	コード以外の小さなミスを修正したバージョン	`1.0.0.post1`

　Pythonのバージョン指定は意図的に寛容になっており、広く採用されている標準はバージョン番号に意味を付加しています。セマンティックバージョニング（https://semver.org）はメジャー . マイナー . パッチというスキームを使用します。この場合、パッチはバグフィックスのリリース、マイナーは互換性のあるフィーチャーリリース、メジャーは後方互換性を破壊する変更を含むリリースを指します。カレンダーバージョニング（https://calver.org）は年 . 月 . 日や年 . 月 . シーケンス、年 . 四半期 . シーケンスのような日付ベースのバージョンを使用します。

3.11.3　ダイナミックフィールド

　pyproject.toml標準は、プロジェクトがメタデータを静的に定義することを推奨しています。ビルドバックエンドは、パッケージのビルド時にフィールドを計算するのではなく、静的メタデータを使用します。これは他のツールがフィールドにアクセスできるため、パッケージングエコシステムにメリットをもたらします。また認知的負担も軽減できます。ビルドバックエンドは同じ構成ファイルを使用し、フィールドを簡単かつ透過的に設定します。

　しかし、ビルドバックエンドがフィールドを動的に埋める方が役に立つこともあります。例えば、次の節では、PythonモジュールやGitタグからパッケージバージョンを決定する方法を紹介します。これにより、pyproject.tomlに重複して記載する必要がなくなります。

　このため、プロジェクトのメタデータ標準は「ダイナミックフィールド」という逃げ道を提供します。dynamicキーにフィールド名を記載すれば、プロジェクトはバックエンド固有のメカニズムを使用してフィールドを動的に設定することが許されます。

```
[project]
dynamic = ["version", "readme"]
```

プロジェクトバージョンの一元管理

　多くのプロジェクトはバージョンをPythonモジュールの先頭に宣言します。例えば、次のようになります。

```
__version__ = "0.1"
```

　複数箇所で頻繁に変更される項目を更新するのは面倒であり、間違いも発生しやすくなります。したがって、一部のビルドバックエンドは、project.versionでバージョン番号を繰り返す代わりに、コードからバージョン番号を抽出することを許可します。このメカニズムはビルドバックエンド特有なので、toolテーブルで設定します。例えば、**例3-5**ではHatchでの設定方法を示しています。

例3-5　Python モジュールからプロジェクトのバージョンを取得する

```
[project]
name = "random-wikipedia-article"
dynamic = ["version"] ❶

[tool.hatch.version]
"src/random_wikipedia_article/__init__.py" ❷

[build-system]
requires = ["hatchling"]
build-backend = "hatchling.build"
```

❶ バージョンフィールドを動的に設定する。

❷ Hatchに __version__ 属性の場所を伝える。

　また、逆の方法で重複を避けることもできます。pyproject.tomlにバージョンを静的に宣言し、ランタイム時にインストールされたメタデータから読み取る方法です。**例3-6**を確認してください。

例3-6　既にインストールされたメタデータからバージョンを読み取る

```
from importlib.metadata import version

__version__ = version("random-wikipedia-article")
```

　ただし、すべてのプロジェクトにこのボイラープレートを追加しないでください。プログラムの起動時に環境からメタデータを読み取るのは避けた方がよいでしょう。サードパーティライブラリのclickは、ユーザが--versionなどのコマンドラインオプションを指定したときに、オンデマンドでメタデータを検索します。__getattr__()関数をモジュールに実装すれば、バージョンをオンデマンドで読み取ることが可能です（**例3-7**）[12]。

例3-7　インストールされたメタデータから必要な時にバージョンを読み取る

```
def __getattr__(name):
    if name != "__version__":
        msg = f"module {__name__} has no attribute {name}"
```

---

[12]　この巧妙な技法は、レビュワーの Hynek Schlawack によるものだ。

```
        raise AttributeError(msg)

    from importlib.metadata import version

    return version("random-wikipedia-article")
```

残念ながら、バージョンをまだ完全に一元管理できていません。多くの場合、バージョン管理システム（VCS）で`git tag v1.0.0`のようなコマンドでリリースにタグを付けています（タグを付けていない場合、付けるべきです。リリースにバグがあった場合、そのバージョンタグがバグを引き起こしたコミットを見つける手助けをします）。

幸い、ビルドバックエンドの大半には、GitやMercurialなどのバージョン管理システムからバージョン番号を読み取るプラグインが付属しています。この技術は、setuptools-scmプラグインが先駆けとなって実装されました。Hatchの場合、setuptools-scmのラッパーであるhatch-vcsプラグインを使用できます。

例3-8　バージョン管理システムからプロジェクトのバージョンを読み取る

```
[project]
name = "random-wikipedia-article"
dynamic = ["version"]

[tool.hatch.version]
source = "vcs"

[build-system]
requires = ["hatchling", "hatch-vcs"]
build-backend = "hatchling.build"
```

このプロジェクトをリポジトリからビルドし、タグ**v1.0.0**をチェックアウトしている場合、Hatchはメタデータにバージョン**1.0.0**を使用します。タグが存在しないコミットをチェックアウトした場合、Hatchは代わりに**0.1.dev1+g6b80314**のような開発バージョン番号を生成します[13]。つまり、パッケージビルド時にプロジェクトバージョンをGitから読み取り、ランタイムではパッケージメタデータから読み取ります。

3.11.4　エントリポイントスクリプト

エントリポイントスクリプトは、環境からインタプリタを起動し、モジュールをインポートした上で関数を呼び出す小さな実行可能ファイルです（「**2.1.1.3　エントリポイントスクリプト**」参照）。例えばpipのようなインストーラは、パッケージをインストールする際にエントリポイントを動的に生成します。

---

[13]　ちなみに、+g6b80314サフィックスは**ローカルバージョン識別子**で、git describe コマンドの出力を使用する。

　project.scripts テーブルでは、エントリポイントスクリプトを宣言できます。スクリプトの名前をキーとして指定し、スクリプトが呼び出すモジュールと関数を値として指定します。形式は「パッケージ.モジュール:関数」のようにします。

```
[project.scripts]
random-wikipedia-article = "random_wikipedia_article:main"
```

　この宣言により、ユーザは指定された名前でプログラムを呼び出せます。

```
$ random-wikipedia-article
```

　project.gui-scripts テーブルは、project.scripts テーブルと同じ形式を使用します。アプリケーションがグラフィカルユーザインタフェース（GUI）を持つ場合に使用します。

```
[project.gui-scripts]
random-wikipedia-article-gui = "random_wikipedia_article:gui_main"
```

3.11.5　エントリポイント

　エントリポイントスクリプトは、より一般的なメカニズムであるエントリポイントの一種です。エントリポイントを使うと、パブリック名の下でパッケージ内の Python オブジェクトを登録できます。Python 環境にはエントリポイントのレジストリがあり、どのパッケージも標準ライブラリの関数 importlib.metadata.entry_points を使用してこのレジストリを照会し、モジュールを発見・インポートできます。アプリケーションは、このメカニズムをうまく利用してサードパーティプラグインをサポートします。

　project.entry-points テーブルには、これらの一般的なエントリポイントが含まれています。これらはエントリポイントスクリプトと同じ構文を使用します。ただし、**エントリポイントグループ**と呼ばれるサブテーブルにグループ化されています。別のアプリケーション用にプラグインを書きたい場合は、指定されたエントリポイントグループにモジュールやオブジェクトを登録します。

```
[project.entry-points.some_application]
my-plugin = "my_plugin"
```

　また、ドット表記でサブモジュールやモジュール内のオブジェクトを登録することもできます。形式は「*<module>*:*<object>*」です。

```
[project.entry-points.some_application]
my-plugin = "my_plugin.submodule:plugin"
```

　例を使ってどのように動作するか確認しましょう。ランダムな Wikipedia 記事は楽しいおみくじのようなものですが、Wikipedia ビューアの開発者や類似アプリの開発者に役立つ**テストフィクス**

チャ^{*14} としても機能します。このアプリをpytestテストフレームワークのプラグインに変更しましょう（pytestを使ったことがない場合でも心配いりません。**「6章　pytestによるテスト」**でテストについて詳しく説明します）。

pytestはサードパーティのプラグインでテストフィクスチャや他の機能で拡張できます。プラグイン用にpytest11というエントリポイントグループを定義します。このグループにモジュールを登録することで、pytest用のプラグインを提供できます。プロジェクトの依存関係にpytestも追加します。

```
[project]
dependencies = ["pytest"]

[project.entry-points.pytest11]
random-wikipedia-article = "random_wikipedia_article"
```

次に、ランダムなWikipediaの記事を返すテストフィクスチャでpytestを拡張します。このコードを手元のパッケージの__init__.pyに置きます。

例3-9　ランダムなWikipedia記事を使用したテストフィクスチャ

```
import json
import urllib.request

import pytest

API_URL = "https://en.wikipedia.org/api/rest_v1/page/random/summary"

@pytest.fixture
def random_wikipedia_article():
    with urllib.request.urlopen(API_URL) as response:
        return json.load(response)
```

Wikipediaビューアの開発者は、pytestに続けてプラグインをインストールできます。テスト関数は、引数としてテストフィクスチャを参照することでこのフィクスチャを使用します（**例3-10**参照）。pytestは、関数の引数がテストフィクスチャであることを認識し、そのフィクスチャの返り値でテスト関数を呼び出します。

例3-10　ランダムな記事のフィクスチャを使用するテスト関数

```
# test_wikipedia_viewer.py
def test_wikipedia_viewer(random_wikipedia_article):
    print(random_wikipedia_article["extract"]) ❶
    assert False ❷
```

＊14　**テストフィクスチャ**はコードに対して繰り返しテストを実行するために必要なオブジェクトを設定するもの。

❶ 実際のテストでは、print() の代わりにビューーアを実行する。

❷ テストを失敗させて、完全な出力を確認できるようにする。

プロジェクトディレクトリ内のアクティブな仮想環境で試してみましょう。

```
$ uv pip install .
$ py -m pytest
=============================== test session starts ===============================
platform darwin -- Python 3.12.2, pytest-8.1.1, pluggy-1.4.0
rootdir: ...
plugins: random-wikipedia-article-0.1
collected 1 item

test_wikipedia_viewer.py F                                                  [100%]

==================================== FAILURES ====================================
_____ test_wikipedia_viewer _____

    def test_wikipedia_viewer(random_wikipedia_article):
        print(random_wikipedia_article["extract"])
>       assert False
E       assert False

test_wikipedia_viewer.py:4: AssertionError
------------------------------ Captured stdout call ------------------------------
Halgerda stricklandi is a species of sea slug, a dorid nudibranch, a shell-less
marine gastropod mollusk in the family Discodorididae.
=========================== short test summary info ===========================
FAILED test_wikipedia_viewer.py::test_wikipedia_viewer - assert False
============================== 1 failed in 1.10s ==============================
```

3.11.6 作成者とメンテナ

project.authors と project.maintainers フィールドには、プロジェクトの作成者とメンテナを指定します。このリストの各項目は name と email キーを持つテーブルです。これらのキーのいずれか、または両方を指定できます。

```
[project]
authors = [{ name = "Your Name", email = "you@example.com" }]
maintainers = [
  { name = "Alice", email = "alice@example.com" },
  { name = "Bob", email = "bob@example.com" },
]
```

フィールドの意味は、解釈によって異なります。新しいプロジェクトを始める際は、authors には自分の名前を入れ、maintainers フィールドは省略することをお勧めします。長期間にわたるオープ

ンソースプロジェクトでは、通常、authorsに元の作成者を記載し、現在のプロジェクトのメンテナ
はmaintainersに記載します。

3.11.7　プロジェクトの説明とREADME

project.descriptionフィールドには、文字列として短い説明を設定します。このフィールドは、
PyPIのプロジェクトページのサブタイトルとして表示されます。また、一部のパッケージツールで
は、人間が読みやすい説明付きのパッケージリストを表示する際にもこのフィールドを使用します。

```
[project]
description = "Display extracts from random Wikipedia articles"
```

project.readmeフィールドは通常、プロジェクトの詳細が書かれたREADMEファイル
への相対パスを指定する文字列です。一般的には、Markdown形式の説明にはREADME.md、
reStructuredText形式の説明にはREADME.rstが使われます。READMEファイルの内容は、PyPI上
のプロジェクトページに表示されます。

```
[project]
readme = "README.md"
```

文字列の代わりに、fileとcontent-typeキーを持つテーブルを指定することもできます。

```
[project]
readme = { file = "README", content-type = "text/plain" }
```

pyproject.tomlのtextキーに、長い説明を埋め込むこともできます。

```
[project.readme]
content-type = "text/markdown"
text = """
# random-wikipedia-article

Display extracts from random Wikipedia articles
"""
```

READMEは簡単には書けません。プロジェクトの説明は、PyPIやGitHubのようなリポジトリの
ホスティングサービス、Read the Docs（https://about.readthedocs.com/）のような公式ドキュメ
ントサービスなど、複数の場所に表示されることがあります。もっと柔軟性が欲しい場合は、フィー
ルドを動的に宣言し、hatch-fancy-pypi-readmeのようなプラグインを使って、複数の断片からプロ
ジェクトの説明をまとめることもできます。

3.11.8　キーワードとクラス分類子

project.keywordsフィールドには、PyPIでプロジェクトの検索に使用する文字列のリストを設定

します。

```
[project]
keywords = ["wikipedia"]
```

project.classifiers フィールドには、プロジェクトを標準的な方法で分類するクラス分類子のリストを設定します。

```
[project]
classifiers = [
    "Development Status :: 3 - Alpha",
    "Environment :: Console",
    "Topic :: Games/Entertainment :: Fortune Cookies",
]
```

PyPI は Python プロジェクト向けの公式クラス分類子（https://oreil.ly/6-XGL）を管理しています。これらは **Trove クラス分類子**と呼ばれ、二重コロンで区切られた階層的なラベルで構成されています（**表3-5**）。Trove プロジェクトは、エリック・S・レイモンドによって始められたもので、オープンソースソフトウェアリポジトリ初期に設計されました。

表3-5 Trove クラス分類子

Classifier グループ	説明	例
Development Status	リリースの成熟度	Development Status :: 5 - Production/Stable
Environment	プロジェクトが実行される環境	Environment :: No Input/Output (Daemon)
Operating System	サポートするオペレーティングシステム	Operating System :: OS Independent
Framework	プロジェクトで使用されているフレームワーク	Framework :: Flask
Audience	プロジェクトが対象とするユーザの種類	Intended Audience :: Developers
License	プロジェクトが配布される際のライセンス	License :: OSI Approved :: MIT License
Natural Language	プロジェクトでサポートされている自然言語	Natural Language :: English
Programming Language	プロジェクトが書かれているプログラミング言語	Programming Language :: Python :: 3.12
Topic	プロジェクトに関連するさまざまなトピック	Topic :: Utilities

クラス分類子は完全に任意ですが、開発ステータスとサポートされるオペレーティングシステムを示すことを勧めます。これらは他のメタデータフィールドではカバーされていません。もっと多くのクラス分類子を指定したい場合、各クラス分類子グループから少なくとも1つを提供してください。

3.11.9　プロジェクトURL

project.urlsテーブルにより、ユーザがプロジェクトのホームページ、ソースコード、ドキュメント、課題追跡システムなどの関連URLへアクセスできるようになります。PyPIのプロジェクトページは、これらのリンクに提供されたキーを表示テキストとして使用します。一般的な名称やURLにはアイコンも表示されます。

```
[project.urls]
Homepage = "https://yourname.dev/projects/random-wikipedia-article"
Source = "https://github.com/yourname/random-wikipedia-article"
Issues = "https://github.com/yourname/random-wikipedia-article/issues"
Documentation = "https://readthedocs.io/random-wikipedia-article"
```

3.11.10　ライセンス

project.licenseフィールドは、プロジェクトのライセンスを指定するためのテーブルです。textキーの下に直接記述するか、fileキーの下にファイルへの参照を設定できます。また、対応するTroveクラス分類子をライセンスに追加することもできます。

```
[project]
license = { text = "MIT" }
classifiers = ["License :: OSI Approved :: MIT License"]
```

textキーには「MIT」や「Apache-2.0」といったSPDXライセンス識別子（https://oreil.ly/XNMEP）を使うとよいでしょう。Software Package Data Exchange（SPDX）は、Linux Foundationが支援するオープンスタンダードで、ライセンスなどのソフトウェア部品表情報を伝えます。

 現在、PEP 639が議論されています。PEP 639は、licenseフィールドをSPDX構文に基づく文字列に変更します。また、パッケージに同梱されるライセンスファイル用にlicense-filesキーを追加する提案です。詳しくはPEP 639（https://oreil.ly/BydcA）を参照してください。

プロジェクトにどのオープンソースライセンスを使用すべきか迷っている場合、choosealicense.com（https://choosealicense.com）が参考になります。独自のプロジェクトには、通常「プロプライエタリ」と指定します。また、クラス分類子にPrivate :: Do Not Uploadを追加することで、誤ってアップロードすることを回避できます。

```
[project]
license = { text = "proprietary" }
classifiers = [
    "License :: Other/Proprietary License",
    "Private :: Do Not Upload",
]
```

3.11.11　要求されるPythonのバージョン

project.requires-pythonフィールドを使って、プロジェクトがサポートするPythonのバージョンを指定します[15]。

```
[project]
requires-python = ">=3.8"
```

一般的には>=3.xのように、文字列形式でサポートするPythonのバージョンの下限を指定します。このフィールドの構文はより一般的で、プロジェクトの依存関係のバージョン指定子と同じルールに従います（「**4章　依存関係の管理**」参照）。

Noxやtoxを使うと、複数のPythonバージョンでチェックを簡単に実行できます。これにより、現実に即したフィールドを確保しやすくなります。基本的には、まだセキュリティアップデートが提供されている最も古いPythonバージョンを下限とすることを勧めます。現行および過去のPythonバージョンのサポート終了日については、Python Developer Guide（https://oreil.ly/n3ztQ）で確認できます。

Pythonのバージョンをより厳密に制限する主な理由は3つあります。第一に、コードが新しい言語機能に依存することがあります。例えば、構造的パターンマッチングはPython 3.10で導入されました。第二に、コードが標準ライブラリの新しい機能に依存することがあります。公式ドキュメントの「バージョン3.xで変更されました」という注釈に注意してください。第三に、コードがPythonの要件が厳しいサードパーティのパッケージに依存することがあるためです。

パッケージによっては、Pythonバージョンに対して上限を宣言します。例えば「>=3.8,<4」のようにします。上限の設定は推奨されません。上限が設定されたパッケージに依存する場合、自分のパッケージでも同じ上限を宣言することが求められるかもしれません。依存関係ソルバは環境内でPythonバージョンをダウングレードできません。失敗するか、さらに悪い場合には、Pythonの制約が緩い古いバージョンにパッケージをダウングレードします。ただし、将来のPython 4は、Python 2から3への移行で見られたような破壊的変更が行われる可能性は低いでしょう。

> Pythonバージョンの上限は、パッケージがそれ以上のバージョンと互換性がないと確信している場合を除き、指定しないでください。新しいバージョンがリリースされると、上限はエコシステムに混乱を引き起こすことがあります。

3.11.12　必須の依存関係とオプショナルな依存関係

まだ説明していなかったフィールド、project.dependenciesとproject.optional-dependenciesは、プロジェクトが依存するサードパーティのパッケージの一覧を表示します。これらのフィールドと依

---

[15] 例えば、Troveクラス分類子を追加することもできる。バックエンドの中にはクラス分類子を自動で補完するものもある。Poetryには、Pythonバージョンとプロジェクトライセンスについて、この機能を持っている。

存関係の詳細については、次の章で詳しく見ていきます。

3.12 　まとめ

　パッケージングにより、Pythonプロジェクトのリリースを公開できます。ソースディストリビューション（sdist）やビルドディストリビューション（wheel）を使用します。これらのディストリビューションは、Pythonモジュールとプロジェクトメタデータを含んでいます。また、エンドユーザが自分の環境に簡単にインストールできるようにアーカイブ形式となっています。標準のpyproject.tomlファイルは、Pythonプロジェクトのビルドシステムおよびプロジェクトメタデータを定義します。build、pip、uvなどのビルドフロントエンドは、ビルドシステム情報を使用して、ビルドバックエンドを分離された環境でインストールして実行します。ビルドバックエンドはソースツリーからsdistとwheelを組み立て、プロジェクトメタデータを埋め込みます。Twineのようなツールを使用して、パッケージをPyPIやプライベートリポジトリにアップロードできます。PythonプロジェクトマネージャのRyeは、これらのツールを使ったより統合されたワークフローを提供します。

4章
依存関係の管理

Pythonプログラマは、サードパーティ製のライブラリとツールの豊かなエコシステムから恩恵を受けています。一方で、巨人の肩（サードパーティ製ライブラリ）の上に立つということは代償も伴います。一般的に、プロジェクトで依存しているパッケージもまた、多くのパッケージに依存しています。プロジェクトが存続する限り、メンテナは進化するエコシステムに適応するためにバグを修正して、機能を追加して、リリースを続けるでしょう。

長期間にわたってソフトウェアを保守する際に依存関係の管理は大きな課題となります。セキュリティの脆弱性に素早く対応するためだけだとしても、プロジェクトを最新の状態に保つ必要があります。過去のリリースに対するセキュリティアップデートを配布するような、余力のあるオープンソースプロジェクトはほとんどありません。そのため、常に依存関係の更新を続けることになります。この作業を可能な限り摩擦のない、自動化された信頼できるものにできれば、大きな見返りがあります。

Pythonプロジェクトの**依存関係**とは、その環境にインストールする必要があるサードパーティパッケージです[*1]。ほとんどの場合、そのパッケージがインポートするモジュールを配布しているため、パッケージへの依存が発生します。また、プロジェクトがパッケージを**必要とする**（requires）とも言います。

プロジェクトでは、テストスイートの実行やドキュメントの作成といった開発者のタスクをこなすためにサードパーティのツールを使用します。これらのパッケージは**開発依存パッケージ**と呼ばれます。コードを実行するだけであれば、開発依存パッケージは不要です。関連するものとして、「3章　Pythonパッケージ」のビルド依存関係があります。

依存関係は、親戚関係のようなものです。あるパッケージに依存している場合、そのパッケージの依存関係とも、依存関係があります。これは**間接依存関係**と呼ばれます。つまり、依存関係はプロジェクトをルートとする木構造とみなせます。

この章では、効果的に依存関係を管理する方法を説明します。次の節から、プロジェクトのメタ

[*1] 広義のプロジェクトの依存関係は、インタプリタ、標準ライブラリ、サードパーティパッケージ、システムライブラリを含む、ユーザがそのコードを実行するために必要なすべてのソフトウェアパッケージから構成される。CondaやAPT、DNF、Homebrewのような配布用パッケージマネージャは、この広義の依存関係の概念をサポートする。

データの一部としてpyproject.tomlで依存関係を指定する方法を学びます。その後、開発依存関係とrequirementsファイルについて説明します。最後に、信頼性の高いデプロイと再現性のあるテストの実行のため、依存関係のバージョンを正確にロックする方法について説明します。

4.1　アプリケーションに依存関係を追加する

例として、**例3-1**のrandom-wikipedia-articleをhttpx（https://oreil.ly/4IJmF）を使って拡張してみましょう。httpxは、高機能なHTTPクライアントライブラリです。同期リクエストと非同期リクエストの両方をサポートします。また、新しい（そしてはるかに効率的な）プロトコルバージョンであるHTTP/2をサポートしています。そして、Richを使ってプログラムの出力を改善します。Rich（https://oreil.ly/1UKRb）は、ターミナル上でリッチテキストや美しいテキストフォーマットを行うライブラリです。

4.1.1　httpxでAPIを利用する

Wikipediaは、開発者にUser-Agentヘッダに連絡先を設定するよう要求しています（https://foundation.wikimedia.org/wiki/Policy:User-Agent_policy）。これはWikipedia APIを使いこなした人たちにお祝いのお便りを送るためではありません。クライアントが不注意でサーバをハックしてしまった際に、連絡を取るための手段として使うためです。

例4-1は、httpxを使ってWikipedia APIにUser-Agentヘッダ付きのリクエストを送る方法を示しています。標準ライブラリurllib.requestでも同様にUser-Agentヘッダを付けてリクエストを送信できますが、httpxは高度な機能を使わなくてもより直感的で明示的かつ柔軟なAPIでリクエストを送信できます。

例4-1　httpxを使ってWikipedia APIを利用する

```
import textwrap
import httpx

API_URL = "https://en.wikipedia.org/api/rest_v1/page/random/summary"
USER_AGENT = "random-wikipedia-article/0.1 (Contact: you@example.com)"

def main():
    headers = {"User-Agent": USER_AGENT}

    with httpx.Client(headers=headers) as client:   ❶
        response = client.get(API_URL, follow_redirects=True)   ❷
        response.raise_for_status()   ❸
        data = response.json()   ❹

    print(data["title"], end="\n\n")
    print(textwrap.fill(data["extract"]))
```

❶ クライアントをインスタンス化する時に、User-Agentヘッダのように、リクエスト単位で送信するヘッダを指定する。また、クライアントをコンテキストマネージャとして使うことで、withブロックから離れる際にネットワーク接続が確実に閉じられる。

❷ Wikipedia APIに対してHTTP GETリクエストを2回送信する。1回目のリクエストはrandomエンドポイントに送られ、実際の記事へのリダイレクトが返される。2回目のリクエストは、そのリダイレクト先に送信される。

❸ raise_for_status()メソッドは、レスポンスのステータスコードがエラーを示す場合に例外を送出する。

❹ json()メソッドはWikipedia APIのレスポンスボディをJSONとしてパースする。

4.1.2 Richによるコンソール出力

また、random-wikipedia-articleのコンソール出力を改善しましょう。例4-2は、コンソール出力用ライブラリのRichを使って、記事のタイトルを太字で表示するようにしています。これはRichの書式オプションのほんの一部に過ぎません。モダンなターミナルは驚くほど高機能です。Richを使用すると、その機能を簡単に活用できます。詳細は、公式ドキュメント（https://oreil.ly/1UKRb）を参照してください。

例4-2 Richを使ってコンソール出力を強化する

```
import httpx
from rich.console import Console

def main():
    ...
    console = Console(width=72, highlight=False) ❶
    console.print(data["title"], style="bold", end="\n\n") ❷
    console.print(data["extract"])
```

❶ Consoleオブジェクトには、コンソール出力機能を備えたprint()メソッドがある。コンソールの幅を72文字に設定して、先ほどのtextwrap.fill()の呼び出しと置き換える。また、データやコードではなく文章をフォーマットするため、highlight引数にFalseを渡して自動シンタックスハイライトを無効にする。

❷ style引数に"bold"を渡してタイトルを太字にする。

4.2 プロジェクトの依存関係の指定

仮想環境を作成していない場合は、プロジェクト用の仮想環境を作成して有効化します。そして、カレントディレクトリでeditableインストールします。

```
$ uv venv  # 仮想環境を作成していない場合に実行
$ uv pip install --editable .
```

httpxとRichを仮想環境に手動でインストールしたくなるかもしれませんが、インストールする場合はpyproject.tomlにプロジェクトの依存関係にパッケージの指定を追加します。こうすれば、プロジェクトをインストールするたびに依存関係のパッケージを一緒にインストールするようになります。

```
[project]
name = "random-wikipedia-article"
version = "0.1"
dependencies = ["httpx", "rich"]
...
```

プロジェクトを再インストールすると、プロジェクトの依存関係も必要に応じてインストールされます。

```
$ uv pip install --editable .
```

projectテーブルのdependenciesフィールドの各エントリに依存関係を指定します。依存関係はパッケージ名、バージョン指定子、エクストラ（extras）、環境マーカーなどを指定します。以下の節で詳しく説明します。

4.2.1 バージョン指定子

バージョン指定子は、許容できるバージョンの範囲を指定します。新しい依存関係を追加する際は、そのパッケージの現在のバージョンを下限値として指定するとよいでしょう。また、そのパッケージの新しい機能に依存するようになったら下限を更新してください。

```
[project]
dependencies = ["httpx>=0.27.0", "rich>=13.7.1"]
```

デフォルトでインストーラは最新のバージョンを選択するのに、なぜ依存関係に下限を指定するのでしょうか。下限を設定する理由は3つあります。第一に、通常、ライブラリは他のパッケージと一緒にインストールされます。そして、そのパッケージには独自のバージョン制約があるかもしれません。第二に、ライブラリではなくアプリケーションであっても、常に単独でインストールされるわけではありません。例えば、Linuxディストリビューションは、システム環境用としてアプリケーションをパッケージングするかもしれません。第三に、下限を指定すれば、依存関係ツリーにおけるバージョンの競合を検出できます。例えば、あるパッケージでは最近のリリースを必要とするものの、別の依存関係では古いリリースでしか動作しない場合などです。

憶測でバージョンの上限を指定しないでください。新しいリリースがプロジェクトと互換性がない

と確信できる場合を除いて、上限を制限するべきではありません。バージョンの上限問題については、下の「**Pythonのバージョン上限**」を参照してください。

　依存関係の破綻に対する解決策として、**ロックファイル**は、上限を指定するよりもずっと優れています。サービスをデプロイしたり自動テストを実行する時、既に実績のある良好な依存関係のバージョンを要求します（「**4.4　依存関係をロックする**」を参照）。

　問題のあるバージョンのリリースを取り込んだことでプロジェクトが壊れてしまったら、バグフィックスリリースを発行して問題のある特定のバージョンを除外してください。

```
[project]
dependencies = ["awesome>=1.2,!=1.3.1"]
```

　依存関係によって互換性が恒久的に壊れてしまう場合、最後の手段として上限を指定します。プロジェクトのコードが新しいバージョンに対応できるようになったら、バージョン上限を引き上げてください。

```
[project]
dependencies = ["awesome>=1.2,<2"]
```

> プロジェクトの途中に、後から特定のバージョンを除外する対応をすると、依存関係リゾルバは除外したバージョンよりも古いバージョンを選ぶことがあります。ロックファイルを使えばこの問題を防げます。

Pythonのバージョン上限

　日常的にバージョンの上限制約を使用している人もいます。セマンティックバージョニングのスキームに従うパッケージでは、メジャーバージョンの更新でパブリックAPIにおける互換性のない破壊的変更を示します。

　エンジニアとして、私たちは堅牢な製品を作るために安全性を重視します。メジャーリリースが意図せず更新されないようにすることは、一見すると、責任感のある人なら誰でもすることのように思えます。メジャーリリースがプロジェクトを壊さないとしても、そのリリースをテストしてから、採用する方が良いのではないでしょうか。

　残念なことに、バージョン上限は解決不可能な依存関係の衝突の原因となります[2]。Python環境は（特に、Node.jsの環境とは異なり）各パッケージの単一のバージョンしかインストールできません。依存関係に上限があると、下流のプロジェクトがセキュリティやバグの修正が受けられなくなってしまいます。上限バージョンを追加する前に、利益とコストをよく検討してください。

　何をもって破壊的変更とするかは、それほど明確ではありません。例えば、あるプロジェク

＊2　Henry Schreiner, "Should You Use Upper Bound Version Constraints?" (https://oreil.ly/IYXYy)，2021年12月9日

トが古いバージョンのPythonのサポートをやめるたびに、メジャーバージョンを更新する必要
があるのでしょうか。

　明らかな破壊的変更であっても、プロジェクトで使用しているパブリックAPIに影響がある
場合にのみ、その変更がプロジェクトを壊すことになります。また、それとは対照的に、プロ
ジェクトを壊してしまうような変更は単なるバグであり、多くの場合バージョン番号で示されま
せん。結局、エラーを引き起こす悪いバージョンを発見するには、事後的に対処する自動テス
トに頼ることになります。

バージョン指定子は、**表4-1**に示す演算子をサポートしています。要するに、Pythonでおなじみ
の等式演算子や比較演算子がバージョン指定においても使えます。

表4-1　バージョン指定子の演算子

演算子	名前	説明
==	バージョンの一致	正規化後のバージョンは等しくなければならない。末尾のゼロは除去される。
!=	バージョンの除外	==演算子の逆。
<=, >=	包括的順序比較	辞書式順序の比較を行う。プレリリースは最終リリースに先行する。
<, >	排他的順序比較	包括的順序比較に似ているが、指定したバージョンは範囲に含まれない。
~=	互換性のある リリース	指定したバージョンx.yに対し>=x.y,==x.*と等価。
===	任意の等価比較	単純な文字列比較を行う。

バージョン指定子演算子について補足します。

- 演算子 == はワイルドカード (*) をサポートする。例えば1.2.*のように、特定のプレフィッ
  クスにマッチするバージョンを指定できる。
- 演算子 === は、単純な文字列の比較を行う。これは非標準的なバージョンに対する最後の手
  段として使うと良い。
- 演算子~=は、同じプレフィックスから始まり、指定したバージョンの値以上であるこ
  とを意味する。これにより互換性のあるリリースを対象にできる。例えば~=1.2.3は
  >=1.2.3,==1.2.*と等価である。また~=1.2は>=1.2,==1.*と等価である。

バージョン指定子はデフォルトでプレリリースを除外するので、プレリリースを明示的に除外する
必要はありません。ただし、そのプレリリースが既にインストールされている場合、依存関係の指定
を満たすリリースが他にない場合、>=1.0.0rc1のようにバージョン指定子で明示的に指定した場合
はプレリリースも有効な候補となります。

4.2.2　エクストラ

httpxで新しいHTTP/2プロトコルを使いたい場合、HTTPクライアントをインスタンス化する

コードに少し変更を加えます。

```
def main():
    headers = {"User-Agent": USER_AGENT}
    with httpx.Client(headers=headers, http2=True) as client:
        ...
```

　httpxは、HTTP/2のための実装を、h2という別のパッケージに移譲しています。しかし、h2はデフォルトではインストールされません。このようにすることで、新しいプロトコルを必要としないユーザは、より小さい依存関係ツリーで済みます。h2が必要になった場合はhttpx[http2]という構文でオプションのh2モジュールを有効にします。

```
[project]
dependencies = ["httpx[http2]>=0.27.0", "rich>=13.7.1"]
```

　オプショナルな依存関係は**エクストラ**と呼ばれています。エクストラは複数指定できます。例えば、httpx[http2,brotli]と指定すると、レスポンスを**Brotli圧縮**できるようになります。Brotli圧縮はGoogleで開発されたアルゴリズムで、Webサーバやコンテンツ配信ネットワークでは一般的です。

4.2.2.1　オプショナルな依存関係

　httpxの視点からこの状況を見ると、h2とbrotliはオプショナルな依存関係なので、httpxはh2とbrotliをdependenciesではなくoptional-dependenciesで宣言します（**例4-3**を参照）。

例4-3　httpxのオプショナルな依存関係（簡略化したもの）

```
[project]
name = "httpx"

[project.optional-dependencies]
http2 = ["h2>=3,<5"]
brotli = ["brotli"]
```

　optional-dependenciesは TOMLのテーブルです。必要に応じて複数の依存関係のリストを保持できます。また、各エントリは依存関係の指定であり、dependenciesフィールドと同じルールを使用します。

　プロジェクトにオプショナルな依存関係が追加された場合、プロジェクトのコードでは、その依存関係をどのように使えばよいのでしょうか。まず、エクストラ付きのパッケージがインストールされているかは確認せず、オプションのパッケージをそのままインポートします。ユーザがエクストラ付きのパッケージを要求していない場合、インポートの際にImportErrorが送出されるため、それを捕捉できます。

```
try:
    import h2
except ImportError:
    h2 = None

# 事前にh2をインポートできているか確認
if h2 is not None:
    ...
```

これはPythonでよく使われるパターンで、「認可をとるより許しを請う方が容易」(EAFP)[*3]とい
う考え方です。これの対極である、Pythonic[*4]ではない考え方は「転ばぬ先の杖」(LBYL)[*5]と呼
ばれています。

4.2.3　環境マーカー

依存関係のメタデータとして**環境マーカー**を指定することもできます。環境マーカーについての
詳しい説明の前に、まずは例を示します。

例4-1のUser-Agentヘッダから、コードの中でバージョン番号を繰り返し記述する必要はないは
ずだと思ったのなら、まさにその通りです。79ページの**「プロジェクトバージョンの一元管理」**で説
明したように、環境のメタデータからパッケージのバージョンを取得できます。

例4-4はimportlib.metadata.metadata関数を使って、コアのメタデータのフィールドName、
Version、Author-emailといった情報からUser-Agentヘッダを作成しています。これらのフィールド
はプロジェクトのメタデータの名前、バージョン、作成者に対応しています[*6]。

例4-4　importlib.metadataを使用してUser-Agentヘッダを作成する

```
from importlib.metadata import metadata

USER_AGENT = "{Name}/{Version} (Contact: {Author-email})"

def build_user_agent():
    fields = metadata("random-wikipedia-article")  ❶
    return USER_AGENT.format_map(fields)  ❷

def main():
    headers = {"User-Agent": build_user_agent()}
    ...
```

❶ metadata()関数はパッケージのコアとなるメタデータフィールドを取得する。

❷ str.format_map()関数はマッピング内の各プレースホルダを検索し、引数で指定した辞書の値

[*3]　https://docs.python.org/ja/3/glossary.html#term-EAFP
[*4]　https://docs.python.org/ja/3/glossary.html#term-Pythonic
[*5]　https://docs.python.org/ja/3/glossary.html#term-LBYL
[*6]　簡単にするために、このコードは複数の著者を扱っていない。どの著者がヘッダに載るかは未定義だ。

で置き換える。

importlib.metadataライブラリはPython 3.8で導入されました。つまり、Python 3.8以降のバージョンでは利用可能ですが、Python 3.7以前のバージョンでは利用できません。古いバージョンのPythonをサポートする必要がある場合はどうすれば良いでしょうか。運が悪かったのでしょうか。

いいえ、そうとは言い切れません。古いインタプリタ向けに標準ライブラリに追加された機能を提供するバックポートパッケージがあります。例えば、importlib.metadataについては、PyPIにimportlib-metadataパッケージがあります。このバックポートパッケージは、ライブラリが導入された後にも何度か変更されており、依然として有用です。

バックポートパッケージは、特定のPythonバージョンを使う環境でのみ必要になります。この条件を、バージョン指定子として指定することもできます。

```
importlib-metadata; python_version < '3.8'
```

上記のように設定すれば、インストーラはPython 3.8より古いインタプリタが使われる場合のみバックポートパッケージをインストールします。

一般的に、環境マーカーは依存関係が適用されるために必要な環境の条件を表します。インストーラは、ターゲット環境のインタプリタでこの条件を評価します。

環境マーカーを使えば、特定のオペレーティングシステム、プロセッサアーキテクチャ、Pythonの実装、Pythonのバージョンに対する依存関係を指定できます。**表4-2**は、自由に使用できる環境マーカーの一覧であり、PEP 508[7][8]で定義されています。

表4-2　環境マーカー[9]

環境マーカー	標準ライブラリ	説明	例
os_name	os.name()	オペレーティングシステムファミリー	posix, nt
sys_platform	sys.platform()	プラットフォーム識別子	linux, darwin, win32
platform_system	platform.system()	プラットフォームシステム名	Linux, Darwin, Windows
platform_release	platform.release()	オペレーティングシステムリリース	23.2.0
platform_version	platform.version()	システムバージョン	Darwin Kernel Version 23.2.0: ...
platform_machine	platform.machine()	プロセッサアーキテクチャ	x86_64, arm64

---

[7]　https://peps.python.org/pep-0508/
[8]　訳注：https://packaging.python.org/ja/latest/specifications/dependency-specifiers/ も参照すること。
[9]　python_versionとimplementation_versionマーカーは変換を適用する。詳細はPEP 508を参照。

python_version	platform.python_ version_tuple()	x.y形式の Pythonフィーチャー バージョン	3.12
python_full_version	platform.python_version()	Pythonの フルバージョン	3.12.0, 3.13.0a4
platform_python_ implementation	platform.python_ implementation()	Pythonの実装	CPython, PyPy
implementation_name	sys.implementation.name	Pythonの実装名	cpython, pypy
implementation_version	sys.implementation.version	Pythonの実装の バージョン	3.12.0, 3.13.0a4

　例4-4に戻って、パッケージをPython 3.7に対応させるためのrequires-pythonとdependencies
フィールドを示します。

```
[project]
requires-python = ">=3.7"
dependencies = [
    "httpx[http2]>=0.24.1",
    "rich>=13.7.1",
    "importlib-metadata>=6.7.0; python_version < '3.8'",
]
```

　標準ライブラリのモジュール名はimportlib.metadataですが、このバックポートパッケージは、
importlib_metadataという名前でインポートできます。sys.version_infoでPythonのバージョンを
確認して分岐すれば、コード内で適切なモジュールをインポートできます。

```
if sys.version_info >= (3, 8):
    from importlib.metadata import metadata
else:
    from importlib_metadata import metadata
```

　誰かが「EAFP」と叫んでいるのが聞こえたでしょうか。Pythonのバージョンに依存してインポー
トの処理を分岐するのであれば、**「4.2.2.1　オプショナルな依存関係」**のテクニックよりも、「転ばぬ
先の杖」を採用し、Pythonのバージョンを明示的にチェックする方が良いでしょう。例えば、mypy
などの静的型チェッカを使えば可能です（**「10章　安全性とインスペクションのための型アノテー
ション」**参照）。ただし、EAFPによる手法は、各モジュールが利用可能かどうかを検出できないた
め、ツールがエラーを出力する可能性があります。

　環境マーカーはバージョン指定子と同じ等号演算子や比較演算子をサポートしています（**表4-1**参
照）。さらに、inとnot inを使用して、部分文字列をマッチさせることもできます。例えば、"arm"
in platform_versionという式は、platform.version()に"arm"という文字列が含まれているかどう
かを調べます。

また、ブール演算子andとorを使って複数の環境マーカーを組み合わせることもできます。今まで説明した機能を組み合わせた（やや）作為的な例を示します。

```
[project]
dependencies = ["""                                                     \
  awesome-package; python_full_version <= '3.8.1'                       \
    and (implementation_name == 'cpython' or implementation_name == 'pypy') \
    and sys_platform == 'darwin'                                        \
    and 'arm' in platform_version                                       \
"""]
```

また、この例ではTOMLの複数行文字列のサポートに依存しており、Pythonと同様にトリプルクォート（単一引用符もしくは二重引用符を3つ連続させる）を使用しています。依存関係は複数行にまたがって指定することはできないので、改行をバックスラッシュでエスケープしています。

4.3 開発依存パッケージ

開発依存パッケージとは、開発中に必要となるサードパーティのパッケージです。開発者であれば、プロジェクトのテストスイートを実行するフレームワークとしてpytestを使ったり、ドキュメントをビルドするためにSphinxドキュメントシステムを使ったり、プロジェクトのメンテナンスを補助するために多くのツールを使うことがあります。一方、ユーザは単にコードを実行する分には開発依存パッケージをインストールする必要はありません。

4.3.1 例：pytestを使ったテスト

具体的な例として、例4-4のbuild_user_agent()関数のテストを追加してみましょう。testsディレクトリを作成し、空の__init__.pyと、例4-5のコードを含むtest_random_wikipedia_article.pyモジュールの2つのファイルを作成します。

例4-5 作成したUser-Agentヘッダのテスト

```
from random_wikipedia_article import build_user_agent

def test_build_user_agent():
    assert "random-wikipedia-article" in build_user_agent()
```

例4-5は、組み込みのPythonの機能しか使わないので、インポートして手動でテストを実行するだけでよいでしょう。しかし、pytestはこのような小さなテストであっても、3つの便利な機能を追加します。第一に、pytestは名前がtestで始まるモジュールや関数を検出し、引数なしでpytestを呼び出すだけでテストを実行できます。第二に、pytestはテストの実行状態を表示して、最後にテスト結果の要約を表示します。第三に、pytestはテストのアサーションを書き換え、テストに失敗した場合に親切かつ有益なメッセージを表示します。

　それでは、実際にpytestを使ってテストを実行してみましょう。プロジェクトには仮想環境があり既にアクティベートされており、プロジェクトをeditableインストールしていると仮定します。その環境でpytestを使うために以下のコマンドを実行します。

```
$ uv pip install pytest
$ py -m pytest
========================= test session starts =========================
platform darwin -- Python 3.12.2, pytest-8.1.1, pluggy-1.4.0
rootdir: ...
plugins: anyio-4.3.0
collected 1 item

tests/test_random_wikipedia_article.py .                      [100%]

========================= 1 passed in 0.22s =========================
```

　今のところ、順調そうです。テストは既存の機能を壊すことなく、プロジェクトを進化させるのに役立ちます。build_user_agentのテスト実装は、その第一歩です。pytestのインストールと実行は、これらの長期的な利点に比べれば小さなインフラコストと言えます。

　ドキュメントジェネレータ、リンタ、コードフォーマッタ、型チェッカなど、依存する開発要素が増えるにつれて、プロジェクトの環境構築は難しくなります。テストスイートも、pytest以外のものが必要になるかもしれません。例えば、pytest用のプラグイン、コードカバレッジを測定するツール、単にコードを実行するのに役立つパッケージなどです。

　また、これらのパッケージは互換性のあるバージョンも必要です。例えば、テストスイートには最新バージョンのpytestが必要かもしれませんが、ドキュメントは新しいSphinxのリリースではビルドできないかもしれません。プロジェクトは微妙に異なる要件を持つことがあります。これにプロジェクトで作業する開発者の人数を掛け合わせると、開発依存関係を追跡する方法が必要になることは明らかです。

　執筆時点では、Pythonにプロジェクトの開発依存関係を宣言する標準的な方法はありません。ただし、大半のPythonプロジェクトマネージャが[tool]テーブルで開発依存関係をサポートしているし、ドラフトPEP[*10]も存在します。プロジェクトマネージャ以外ではこれらのギャップを埋めるために、オプショナルな依存関係とrequirementsファイルというアプローチを使います。

4.3.2　オプショナルな依存関係

　「4.2.2　エクストラ」で説明したように、optional-dependenciesテーブルにはエクストラという名前のオプショナルな依存関係のグループが含まれています。このテーブルには開発用の依存関係を追跡するのに適した特徴が3つあります。第一に、ここで指定したパッケージはデフォルトではイ

ンストールされないので、ユーザがPythonの環境を必要のないパッケージで汚染することがありません。第二に、パッケージをtestsやdocsのような意味のある名前でグループ化できます。第三に、optional-dependenciesテーブルはバージョンの制約や環境マーカーを含む、依存関係を柔軟に指定することができます。

一方、開発依存関係とオプショナルな依存関係の間には、インピーダンスミスマッチ[*11]があります。オプショナルな依存関係は、パッケージメタデータによりユーザに公開されます。それとは対照的に、ユーザが開発依存パッケージをインストールすることは意図していません。開発依存パッケージはユーザ向けの機能には不要だからです。

さらに、プロジェクト自体がなければ、エクストラをインストールできません。対照的に、開発者ツールは必ずしもプロジェクトのインストールを必要とするわけではありません。例えば、リンタはソースコードのバグや改善点を解析しますが、リンタはプロジェクトを環境にインストールせずとも実行できます。肥大化した環境は、時間とスペースを無駄にするだけでなく、依存関係の解決を不必要に難しくします。例えば、多くのPythonプロジェクトにおいて、リンタであるFlake8がimportlib-metadataにバージョンの制限をかけた際、重要な依存関係をアップグレードできなくなりました。

まとめると、エクストラは開発依存関係に広く使われている、パッケージング標準でサポートされている唯一の方法です。特にpre-commitでリンタを管理する場合（「**9章　Ruffとpre-commitによるリント**」を参照）は実用的な選択です。**例4-6**に、エクストラを使ってテストとドキュメントに必要なパッケージを指定する例を示します。

例4-6　エクストラを使って開発依存関係を指定する

```
[project.optional-dependencies]
tests = ["pytest>=7.4.4", "pytest-sugar>=1.0.0"] ❶
docs = ["sphinx>=5.3.0"] ❷
```

❶ pytest-sugarプラグインは、pytestの出力をプログレスバーで表示するように拡張し、テストが失敗した場合には即座に表示する。

❷ Sphinxは、ドキュメントジェネレータで、公式のPythonドキュメントやオープンソースプロジェクトで採用されている。

これでtestsエクストラを使用して、テスト用の依存関係をインストールできます。

```
$ uv pip install -e ".[tests]"
$ py -m pytest
```

また、devエクストラを定義して、開発用の依存関係を指定することもできます。devエクストラを定義すれば、プロジェクトとプロジェクトが使用するすべてのツールを一度にインストールして開

[*11] https://ja.wikipedia.org/wiki/インピーダンスミスマッチ

発環境をセットアップできます。

```
$ uv pip install -e ".[dev]"
```

devエクストラを定義する際にはすべてのパッケージを繰り返し指定する必要はありません。**例4-7**に示すように、他のエクストラパッケージを参照できます。

例4-7　devエクストラで開発依存関係を指定する

```
[project.optional-dependencies]
tests = ["pytest>=7.4.4", "pytest-sugar>=1.0.0"]
docs = ["sphinx>=5.3.0"]
dev = ["random-wikipedia-article[tests,docs]"]
```

devエクストラは、エクストラ自体に依存する（testsとdocsエクストラを持つ）ので、このスタイルのエクストラの宣言は**再帰的オプション依存関係**とも呼ばれます。

4.3.3　requirementsファイル

requirementsファイルはプレーンテキスト形式で、各行に依存関係の指定があります（**例4-8**）。さらに、オプションとして先頭に-eを付けてeditableインストールをすることもできます。また、別のrequirementsファイルをインクルードするための-rや、PyPI以外のパッケージインデックスを使用するための--index-urlといったグローバルオプションも追加できます。Pythonスタイルのコメント（先頭の#文字）と、行の継続（行末の\文字）もサポートしています。

例4-8　シンプルなrequirements.txtファイル

```
pytest>=7.4.4
pytest-sugar>=1.0.0
sphinx>=5.3.0
```

requirementsファイル内に記述されたpytest-sugarプラグインを、pipやuvを使用してインストールできます。

```
$ uv pip install -r requirements.txt
```

requirementsファイルの名前は、慣例としてrequirements.txtが使われます。しかし、複数のrequirementsファイルに分けることも一般的です。開発依存関係用のdev-requirements.txtや、requirementsディレクトリを作成し、その配下に依存関係グループごとにrequirementsファイルを作ることもあります（**例4-9**）。

例4-9　requirements ファイルを使って開発依存関係を指定する

```
# requirements/tests.txt
-e . ❶
pytest>=7.4.4
pytest-sugar>=1.0.0

# requirements/docs.txt
sphinx>=5.3.0 ❷

# requirements/dev.txt
-r tests.txt ❸
-r docs.txt
```

❶ tests.txt ファイルは、テストスイートがアプリケーションモジュールをインポートする必要が
　あるため、プロジェクトを editable インストールしている。

❷ docs.txt ファイルは、プロジェクトをインストールしない。これは静的なファイルのみから、ド
　キュメントをビルドすることを想定しているためだ。Sphinx の拡張機能である autodoc を使っ
　て、コードの docstring から API のドキュメントを生成する場合は docs.txt でもプロジェクトを
　インストールする必要がある。

❸ dev.txt ファイルには、他の requirements ファイルも含まれている。

 他の requirements ファイルを -r を使ってインクルードする場合、そのパスはインクルードするファ
イルから見た相対パスとなります。対照的に、依存ファイルへのパスはカレントディレクトリ（通
常はプロジェクトディレクトリ）からの相対パスで評価されます。

　仮想環境を作成してアクティベートし、以下のコマンドを実行して開発依存関係のパッケージを
インストールし、テストスイートを実行します。

```
$ uv pip install -r requirements/dev.txt
$ py -m pytest
```

　requirements ファイルはプロジェクトのメタデータの一部ではありません。バージョン管理システムを使って他の開発者と共有しますが、ユーザからは見えません。開発依存関係にとっては、これはまさに好ましい状態です。さらに requirements ファイルは、プロジェクトを暗黙のうちに依存関係に含めません。これにより、プロジェクトのインストールを必要としないすべてのタスクの時間を節約できます。

　requirements ファイルには欠点もあります。requirements ファイルの各行は、本質的に pip install への引数です。「pip の動作に従う」というのが Python のパッケージングの基本方針ではありますが、コミュニティ標準がそれに置き代わることが増えています。またもう1つの欠点として、pyproject.toml 内のテーブルと比べて、これらのファイルがプロジェクト内で乱雑になることが挙

げられます。

　このように、Pythonプロジェクトマネージャでは、プロジェクトのメタデータの外側の
pyproject.tomlで開発依存関係を宣言することができます。Rye、Hatch、PDM、Poetryはすべて
この機能を備えています。Poetryの依存関係グループについては、**「5章　Poetryによるプロジェク
ト管理」** を参照してください。

4.4　依存関係をロックする

　ローカル環境やCIで依存関係をインストールしてテストスイートやその他のチェックも実行しま
した。すべて成功して、コードをデプロイする準備ができました。しかし、チェックを実行した時と
同じバージョンのパッケージを、本番環境にインストールするにはどうすればいいでしょうか。

　開発用と本番用で異なるパッケージを使うと思わぬ結果を招きます。検証時とはバージョンが異
なるので、コードと互換性がなかったり、バグやセキュリティの脆弱性があったり、攻撃者に乗っ取
られたパッケージを使ってしまうことになるかもしれません。これらのシナリオは、プロジェクトが
直接使用しているパッケージだけではなく、依存関係ツリーに含まれるすべてのパッケージに起こり
えることです。

 > **サプライチェーン攻撃**は、サードパーティの依存関係を標的としてシステムに侵入します。例えば
> 2022年には、「JuiceLedger」と名付けられた脅威アクターが、フィッシングキャンペーンで公式の
> PyPIプロジェクトを侵害した後、悪意のあるパッケージをアップロードしました[*12]。

　同じ依存関係の指定であっても、環境によって異なるバージョンのパッケージをインストールして
しまう原因はたくさんあります。その大半は以下のようなカテゴリに分類できます。

　まず、利用可能なパッケージが上流で変更された場合、異なるパッケージがインストールされる
可能性があります。

- デプロイする前に新しいバージョンがリリースされた。
- 新しい配布物は、既存のリリースに対してアップロードされることがある。例えば、新しい
  Pythonのリリースが出た後で、メンテナが追加のwheelをアップロードすることがある。
- メンテナはリリースや配布物を削除したり、ヤンクしたりする。ヤンクとはソフトな削除を
  意味し、明示的に要求しない限り、依存関係の解決からファイルを隠す。

　次に、開発環境と本番環境が一致しない場合、異なるパッケージがインストールされます。

- 環境マーカーは、ターゲットとなるインタプリタによって評価した結果が異なる（**「4.2.3　環
  境マーカー」** を参照）。例えば、本番環境ではimportlib-metadataのようなバックポートが必

＊12　Dan Goodin, "Actors Behind PyPI Supply Chain Attack Have Been Active Since Late 2021" (https://oreil.ly/llfh2)。2022
年9月2日

要な古いバージョンのPythonを使っているかもしれない。

- wheelの互換性タグは、インストーラが同じパッケージで異なるwheelを選択する原因となりうる（74ページの「**wheelの互換性タグ**」を参照）。例えば、Appleシリコンを搭載したMacで開発していて、本番環境ではx86-64アーキテクチャのLinuxを使用している場合には、このような状況が発生する。
- リリースにターゲット環境用のwheelが含まれていない場合、インストーラはその場でsdistからwheelをビルドする。拡張モジュール用のwheelは、Pythonの新しいバージョンがリリースされた時、遅れてからパッケージのwheelが準備されることが頻繁にある。
- 環境間で使用するインストーラ（またはインストーラのバージョン）が異なる場合、それぞれのインストーラで依存関係の解決方法が異なるかもしれない。例えば、uvは依存関係の解決にPubGrubアルゴリズム[13]を使用し、pipはPythonパッケージ用のバックトラックリゾルバresolvelibを使用する。
- 異なるパッケージインデックスからインストールしたり、ローカルキャッシュからインストールしたりする可能性がある。

アプリケーションに必要なパッケージの正確な一覧を定義して、かつ定義したパッケージ構成を忠実に再現できる方法が必要です。このプロセスは、プロジェクトの**依存関係をロックする**または**依存関係をピンする**と呼ばれます。

これまで、信頼性と再現性のあるデプロイを実現するため、依存関係をロックすることについて説明してきました。依存関係のロックは、アプリケーションとライブラリの両方において、また開発中にも有益です。ロックファイルをチームやコントリビュータと共有することで同じ依存関係ツリーを作りやすくなり、テストスイートを実行したり、ドキュメントを作成したり、その他のタスクを実行したりする際に、開発者全員が同じ依存関係を使用できます。必須のチェックにロックファイルを使うことで、ローカルではパスしたのにCIではチェックに失敗するような事態を回避できます。これらの利点を享受するために、ロックファイルには開発依存関係も含める必要があります。

執筆時点では、Pythonにはロックファイルのパッケージング標準がありません[14][15]。そのため、Poetry、PDM、PipenvのようなPythonプロジェクトマネージャは、独自のロックファイル形式を実装しています。

これから、requirementsファイルを使用して依存関係をロックする方法であるrequirementsファイルのフリーズとコンパイルを紹介します。また、「**5章　Poetryによるプロジェクト管理**」ではPoetryのロックファイルについて説明します。

---

* 13　Natalie Weizenbaum, "PubGrub: Next-Generation Version Solving"（https://oreil.ly/NSC3t）。2018年4月2日

* 14　Brett Cannon, "Lock Files, Again (But This Time w/ Sdists!)"（https://oreil.ly/HYLsY）。2024年2月22日

* 15　訳注：https://peps.python.org/pep-0751/ で、ロックファイルのパッケージング標準についての提案が作られ議論されている（翻訳時点ではドラフト）。

> **プロジェクトメタデータで依存関係をロックする**
>
> 　例えば、以下のようにpyproject.tomlでhttpxとrichのバージョンの制約を狭めることで、依存関係をロックすることはできるのでしょうか。
>
> ```
> [project]
> dependencies = ["httpx[http2]==0.27.0", "rich==13.7.1"]
> ```
>
> 　このアプローチには主に2つの問題があります。
>
> 　第一に、直接使用している依存関係だけをロックしています。例えば、random-wikipedia-articleはHTTP/2で通信するためにh2を使っていますが、依存関係の指定からh2が抜けています。
>
> 　第二に、トップレベルの依存関係の、互換性のあるバージョンの範囲という貴重な情報を失っています。バージョンの制約は、依存関係リゾルバの検索空間を決定します。制約を厳しくすると、リゾルバはパッケージのアップグレードや、新しい環境での依存関係の解決をサポートできなくなります。
>
> 　つまり、依存関係をdependenciesテーブルの外に記録する方法が必要なのです。

4.4.1　pipとuvによる依存関係のフリーズ

　requirementsファイルは、依存関係をロックするために広く使われています。requirementsファイルを使えば依存関係の情報をプロジェクトのメタデータから切り離せます。また、pipとuvは既存の環境からrequirementsファイルを生成できます。

```
$ uv pip install .
$ uv pip freeze
anyio==4.3.0
certifi==2024.2.2
h11==0.14.0
h2==4.1.0
hpack==4.0.0
httpcore==1.0.4
httpx==0.27.0
hyperframe==6.0.1
idna==3.6
markdown-it-py==3.0.0
mdurl==0.1.2
pygments==2.17.2
random-wikipedia-article @ file:///Users/user/random-wikipedia-article
rich==13.7.1
sniffio==1.3.1
```

　環境にインストールされているパッケージとそのバージョンを取得する操作は**フリーズ**と呼ばれ

ます。この一覧をrequirements.txtに保存し、そのファイルをバージョン管理システムに登録します。そして、ファイルのURLをカレントディレクトリを意味するドットに置き換えます。そうすれば、プロジェクトのディレクトリ内にいる限り、どこでもrequirementsファイルを使用できます。

プロジェクトを本番環境にデプロイする際には、次のようにプロジェクトとその依存関係をrequirementsファイルからインストールします。

```
$ uv pip install -r requirements.txt
```

開発環境で新しいバージョンのインタプリタを使っているならば、requirementsファイルにimportlib-metadataがありません。その状態まま本番環境で古いバージョンのインタプリタを動かしている場合、デプロイは失敗します。この事実から得られる教訓は、本番環境と同じ環境で依存関係をロックする必要があるということです。

 本番環境と同じPythonのバージョン、Pythonの実装、オペレーティングシステム、プロセッサアーキテクチャで依存関係をロックします。複数の環境にデプロイする場合は、その環境専用のrequirementsファイルを生成してください。

依存関係をフリーズするには制限がいくつかあります。第一に、requirementsファイルを更新するたびに依存関係をインストールする必要があります。第二に、パッケージを一時的にインストールした後に環境を最初から作成しないと、requirementsファイルをうっかり汚してしまいます[*16]。第三に、フリーズではパッケージのハッシュ値を記録できません。パッケージのハッシュ値については次の節で扱います。

4.4.2　pip-toolsとuvでrequirementsをコンパイルする

pip-toolsにより、上記のような制限を意識せずに依存関係をロックできます。パッケージをインストールせずにpyproject.tomlから直接requirementsファイルをコンパイルできます。pip-toolsの内部ではpipとその依存関係リゾルバを利用しています。

pip-toolsでよく使われるコマンドは2つあります。pip-compileは依存関係の定義からrequirementsファイルを作成します。pip-syncはrequirementsファイルを使って既存の環境に適用します。なお、uvによって、pip-compileをuv pip compile、pip-syncをuv pip syncに置換できます。

プロジェクトのターゲット環境と同じ環境でpip-compileを実行します。pipxを使用する場合は、ターゲットとなるPythonのバージョンを指定します。

```
$ pipx run --python=3.12 --spec=pip-tools pip-compile
```

[*16]　パッケージをアンインストールするだけでは十分ではない。インストールには依存関係ツリーに対する副作用がある。例えば、他のパッケージのアップグレードやダウングレード、依存関係の追加などだ。

　デフォルトでは、`pip-compile`は`pyproject.toml`を読み込み、`requirements.txt`に書き出します。別の出力先を指定するには`--output-file`オプションを使います。なお、ターミナル出力をオフにする`--quiet`オプションを指定しない限り、標準エラーにも出力します。

　uvでは、入力ファイルと出力ファイルを明示的に指定する必要があります。

```
$ uv pip compile --python-version=3.12 pyproject.toml -o requirements.txt
```

　pip-toolsとuvは各依存パッケージの依存関係を示すためにファイルに注釈を追加します。pip freezeとの違いとして、pip-toolsとuvでコンパイルされたrequirementsファイルには、自分の作成したプロジェクトは含まれていません。そのため、requirementsファイルを適用した後、別途インストールする必要があります。

　requirementsファイルは依存関係ごとにパッケージのハッシュ値を指定できます。ハッシュ値はデプロイに新たなセキュリティ層を追加します。つまり、本番環境では検証済みのパッケージの配布物のみをインストールできるようになります。また、`--generate-hashes`オプションを指定すると、各パッケージのSHA-256ハッシュ値がrequirementsファイルに記載されます。例えば、以下はhttpxのsdistファイルとwheelのハッシュ値です。

```
httpx==0.27.0 \
--hash=sha256:71d5465162c13681bff01ad59b2cc68dd838ea1f10e51574bac27103f00c91a5 \
--hash=sha256:a0cb88a46f32dc874e04ee956e4c2764aba2aa228f650b06788ba6bda2962ab5
```

　パッケージハッシュがあれば、インストールがより決定論的で再現可能なものになります。パッケージハッシュは、本番環境に投入されるすべてのパッケージの選別を必要とする組織においても重要なツールとなります。パッケージの完全性を検証することで、脅威アクター（中間者）がパッケージのダウンロードを傍受し、悪意のあるコードが含まれるパッケージを提供する中間者攻撃を防げます。

　ただし、パッケージハッシュにはハッシュ値のないパッケージのインストールをpipが拒否してしまうという副作用もあります。つまり、すべてのパッケージがハッシュ値を持っているか、ハッシュ値を持っていないかのどちらかです。結果として、ハッシュはrequirementsファイルに記載されていないファイルのインストールを防ぎます。

　pipまたはuvを使って、ターゲット環境にrequirementsファイルに記述されたパッケージをインストールし、その後プロジェクト自体をインストールします。またオプションを指定することでインストール時の挙動を変更できます。例えば`--no-deps`を指定すると、requirementsファイルにリストされているパッケージのみをインストールします。また`--no-cache`オプションを指定すると、インストーラがダウンロードやローカルでビルドしたパッケージを再利用しません。

```
$ uv pip install -r requirements.txt
$ uv pip install --no-deps --no-cache .
```

依存関係は定期的に更新すべきです。本番稼動している成熟したアプリケーションであれば、週1回でも良いでしょう。活発な開発中のプロジェクトは、依存関係のパッケージがリリースされた直後か、または毎日が適切かもしれません。DependabotやRenovateのようなツールを使えば、依存関係の更新を自動化したり、リポジトリに更新するためのプルリクエストを作成できます。

依存関係のアップグレードを定期的に行わないと、時間的なプレッシャーによりビッグバンアップグレードを余儀なくされるかもしれません。たった1つのセキュリティの脆弱性が原因で、Python自体と同様に、複数のパッケージのメジャーリリースにプロジェクトを追従しなければならなくなるかもしれません。

依存関係を一度にまとめてアップグレードすることも、1つずつアップグレードすることもできます。すべての依存パッケージを最新バージョンにアップグレードするには--upgradeオプションを使います。

ここでは、Richを最新バージョンにアップグレードする例を示します。

```
$ uv pip compile -p 3.12 pyproject.toml -o requirements.txt -P rich
```

ここまで、ターゲット環境をゼロから作成しました。また、pip-syncを使用して、ターゲット環境と更新されたrequirementsファイルを同期させることもできます。ただし、ターゲット環境にはpip-toolsをインストールしないでください。プロジェクトの依存関係と衝突する可能性があるからです。その代わりに、pip-compileと同じようにpipxを使います。pip-syncの--python-executableオプションを使用して、ターゲットとなるインタプリタを指定します。

```
$ py -m venv .venv
$ pipx run --spec=pip-tools pip-sync --python-executable=.venv/bin/python
```

このコマンドを実行するとプロジェクト自体が削除されます。同期後に再インストールしてください。

```
$ .venv/bin/python -m pip install --no-deps --no-cache .
```

uvは.venvという環境をデフォルトで使うので、コマンドを簡略化できます。

```
$ uv pip sync requirements.txt
$ uv pip install --no-deps --no-cache .
```

「**4.3 開発依存パッケージ**」において、開発依存関係を宣言する方法としてエクストラとrequirementsファイルを紹介しました。pip-toolsとuvは両方を入力として扱えます。例えば、開発の依存関係をdevエクストラで追跡する場合、dev-requirements.txtファイルを次のように生成します。

```
$ uv pip compile --extra=dev pyproject.toml -o dev-requirements.txt
```

より細かいエクストラがある場合でもプロセスは同じです。混乱しないように、requirements
ファイルをrequirementsディレクトリに格納するとよいでしょう。

エクストラの代わりにrequirementsファイルで開発依存関係を指定する場合、requirementsファ
イルは順番にコンパイルされます。慣習により、入力用requirementsファイルは.in拡張子を使用
し、出力用requirementsファイルは.txt拡張子を使用します（**例4-10**を参照）。

例4-10　開発依存関係のrequirementsファイル

```
# requirements/tests.in
pytest>=7.4.4
pytest-sugar>=1.0.0

# requirements/docs.in
sphinx>=5.3.0

# requirements/dev.in
-r tests.in
-r docs.in
```

例4-9とは異なり、入力となるrequirementsファイルにはプロジェクト自体を指定しません。プ
ロジェクトを指定すると、出力するrequirementsファイルにはプロジェクトへのパスが含まれるこ
とになります。その代わりに、pyproject.tomlを入力するrequirementsファイルと一緒に渡して、
依存関係全体をロックします。

```
$ uv pip compile requirements/tests.in pyproject.toml -o requirements/tests.txt
$ uv pip compile requirements/docs.in -o requirements/docs.txt
$ uv pip compile requirements/dev.in pyproject.toml -o requirements/dev.txt
```

出力用requirementsをインストールした後、忘れずにプロジェクトをインストールしてください。

なぜ、わざわざdev.txtをコンパイルするのでしょうか。docs.txtとtests.txtを含めるだけでは
不十分なのでしょうか。別々にロックされたrequirementsファイルを重複してインストールすると、
競合が発生する可能性があります。それを防ぐには、依存関係リゾルバに依存関係の全体像を渡す
必要があります。入力用requirementsファイルをすべてツールに渡せば、一貫性のある依存関係ツ
リーを構築できます。

この章で取り上げたpip-compile（またはuv pip compile）の主なコマンドラインオプションを**表
4-3**にまとめます。

表4-3 pip-compileの主なコマンドラインオプション

オプション	説明
--generate-hashes	すべてのパッケージのSHA-256ハッシュを含める
--output-file	出力ファイル
--quiet	依存関係を標準エラーに出力しない
--upgrade	すべての依存関係を最新バージョンにアップグレードする
--upgrade-package=<*package*>	指定したパッケージを最新バージョンにアップグレードする
--extra=<*extra*>	pyproject.tomlに指定された*extras*の依存関係をインクルードする

4.5 まとめ

この章では、pyproject.tomlを使ってプロジェクトの依存関係を宣言する方法と、エクストラまたはrequirementsファイルを使って開発依存関係を宣言する方法を学びました。また、pip-toolsとuvを使用して、信頼性の高いデプロイと再現可能なチェックのために依存関係をロックする方法を学びました。次の章では、依存関係グループとロックファイルを使って、プロジェクトマネージャPoetryが依存関係の管理にどのように役立つかを説明します。

5章
Poetryによる
プロジェクト管理

　4章までは、本番品質のPythonパッケージを公開するためのビルド方法について解説しました。プロジェクト用のpyproject.tomlを作成し、uv、pip、pip-toolsを使って仮想環境を作成して、依存関係をインストールして、buildとTwineでパッケージをビルドして公開してきました。

　プロジェクトのメタデータとビルドバックエンドを標準化することで、pyproject.tomlはsetuptoolsの独占状態を打破し（116ページの「**Pythonプロジェクトマネージャの進化**」を参照）、パッケージングエコシステムに多様性をもたらしました。Pythonパッケージの定義も簡単になりました。標準化された単一のファイルと優れたツールのサポートによって、従来のsetup.pyのボイラープレートと膨大な設定ファイルを置換できるようになりました。

　しかし、依然として問題は残っています。

　pyproject.tomlベースのプロジェクトで作業を始める前に、パッケージングに関するワークフロー、設定ファイル、関連ツールを調査する必要があります。また、利用可能なビルドバックエンド（**表3-2**）から、どれを採用するか選ばなければなりません。ただし、Pythonパッケージにおける重要な要素、例えばソースコードのレイアウトをどうするか、どのファイルがパッケージとして配布物に含まれるべきかなどは規定されていません。

　依存関係や環境の管理も、もっと簡単になるかもしれません。依存関係を指定したファイルを作成し、pip-toolsでコンパイルする必要があります。そして、典型的な開発者システム上のPython環境を追跡するのは難しいでしょう。

　Pythonのプロジェクトマネージャの**Poetry**は、pyproject.tomlにおける標準が成立する以前から、今まで説明してきた問題に取り組んでいました。ユーザフレンドリーなコマンドラインインタフェースにより、パッケージング、依存関係、環境に関するタスクの大半を実行できます。Poetryには標準に準拠した独自のビルドバックエンドであるpoetry.coreがありますが、この事実を知らなくてもPoetryは問題なく使えます。また、厳密な依存関係リゾルバが付属しており、デフォルトではすべての依存関係を裏でロックします。

　Poetryがパッケージングの詳細を抽象化するのであれば、パッケージング標準や低レベルの技術について学ぶ理由は何でしょうか。Poetryは新しい領域に踏み込みましたが、パッケージング標準

によって定義された枠組みの中で動作します。つまり、依存関係の仕様や仮想環境のようなメカニズムが、Poetryの中心的な機能を支えています。パッケージング標準があるので、Poetryはパッケージリポジトリや他のビルドバックエンドやパッケージインストーラとも連携できるようになっています。

設定ミスやバグが原因でパッケージが間違った環境に入ってしまった場合など、Poetryで何かしらの問題が発生した状況では、基礎となるメカニズムを理解しておけば問題を解決できるでしょう。最後に、筆者の過去数十年の経験から言うと、ツールは移り変わりますが、標準やアルゴリズムは使い続けられるものです。

Python プロジェクトマネージャの進化

10年前、Pythonのパッケージングはsetuptools、virtualenv、pipという3つのツールによって行われていました。当時は誰しもがsetuptoolsでPythonパッケージを作成し、virtualenvで仮想環境をセットアップし、pipでそこにパッケージをインストールしていました。2016年頃（pyproject.tomlファイルが標準になった年）、この状況に変化が訪れました。

2015年、トーマス・クレイヴァはパッケージ作成とPyPI公開を代替するビルドツールのFlitの開発を始めました。2016年、pipメンテナチームのドナルド・スタッフトは、ロックファイルの仕様を含む、requirementsファイルの代替案であるPipfileの開発を始めました。2017年、ドナルドの取り組みがケネス・ライツのPipenvにつながりました。Pipenvによって、Pythonアプリケーションの依存関係と環境を管理し、再現可能な方法でデプロイできるようになりました。ただし、Pipenvは意図的にアプリケーションをパッケージングせず、GitリポジトリにPythonモジュールをまとめるだけでした。

2018年、セバスチャン・ユースタスはPoetryの開発を始めました。Poetryはパッケージング、依存関係、環境に対する統一されたアプローチを提供する最初のツールであり、すぐに広く採用されるようになりました。また、2017年にオフェク・レヴによってHatchが開始され、2019年にフロスト・ミンによってPDMが開始されました。これらのツールも、Poetryと同様に包括的なアプローチを提供します。特にHatchは、ツールやライブラリ開発者の間で人気が高まってきています。2023年、アーミン・ローナッハーによってRyeが開始されました。これはRustで書かれたプロジェクトマネージャです。さらに、HatchとRyeはPython Standalone Buildsプロジェクトを利用して、Python自体のインストールも管理します。

Poetry、Hatch、PDM、Ryeは、Pythonのパッケージ、環境、依存関係を管理する統合されたワークフローを提供します。そのため、これらはPythonのプロジェクトマネージャとして知られるようになりました。Astralのuvにも注目です[*1]。

[*1]　訳注：プロジェクトマネージャとしてのuvについてはhttps://docs.astral.sh/uv/guides/projects/ やhttps://docs.astral.sh/uv/concepts/projects/ を参照。

5.1　Poetryのインストール

Poetry を pipx を使って他のシステムから依存関係を隔離した状態でグローバルにインストールします。

```
$ pipx install poetry
```

Poetry を 1 回インストールすれば、複数の Python のバージョンで動作します。しかし、Poetry は独自のインタプリタをデフォルトの Python として使用します。そのため、最新の安定した Python リリースに Poetry をインストールする価値もあります。Python の新しいリリースをインストールする際は、次のように Poetry を再インストールしてください。

```
$ pipx reinstall --python=3.12 poetry
```

pipx が新しい Python バージョンを既に使用している場合、--python オプションを省略できます（「**2.2.5　pipx の構成**」を参照）。

Poetry のプレリリースが入手可能であれば、安定版と並行してインストールできます。

```
$ pipx install poetry --suffix=@preview --pip-args=--pre
```

ここでは --suffix オプションでコマンド名を変更して、poetry@preview というコマンドで起動できるようにしました。pip-args オプションは、pip にオプションを渡すためのもので、プレリリースを組み込むための --pre を指定しています。

> Poetry には公式インストーラ（https://oreil.ly/wYjFf）も付属しており、ダウンロードして Python で実行することもできます。pipx ほど柔軟ではありませんが、手軽な代替手段になります。
>
> ```
> $ curl -sSL https://install.python-poetry.org | python3 -
> ```

そして、定期的に Poetry をアップグレードして改善やバグフィックスを取り込みましょう。

```
$ pipx upgrade poetry
```

Poetry がインストールされているかを確認するには、ターミナルで poetry と入力します。Poetry はバージョンと使用方法、使用可能なサブコマンドのリストをターミナルに表示します。

```
$ poetry
```

Poetry のインストールに成功したら、シェルのタブ補完を有効にするとよいでしょう。poetry help completions コマンドを使えば、シェルごとにタブ補完を有効にする方法を確認できます。例えば、以下のコマンドは Bash でタブ補完を有効にするものです。

```
$ poetry completions bash >> ~/.bash_completion
$ echo ". ~/.bash_completion" >> ~/.bashrc
```

設定の変更後、シェルを再起動して変更を有効にします。

5.2　プロジェクトの作成

新しいプロジェクトを Poetry で作成するには poetry new コマンドを使います。前章の random-wikipedia-article プロジェクトを例に、新しいプロジェクトを保存したい親ディレクトリで次のコマンドを実行します。

```
$ poetry new --src random-wikipedia-article
```

このコマンドを実行すると、Poetry は random-wikipedia-article という名前のプロジェクトを以下のようなディレクトリ構成で作成します。

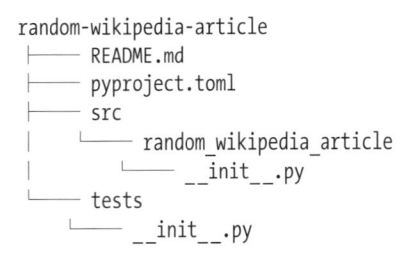

```
random-wikipedia-article
├── README.md
├── pyproject.toml
├── src
│   └── random_wikipedia_article
│       └── __init__.py
└── tests
    └── __init__.py
```

インポートパッケージは、--src オプションを有効にすると、プロジェクトディレクトリの直下ではなく、src ディレクトリに配置されます。

---

src レイアウト

数年前まで、パッケージの作成者はインポートするパッケージをプロジェクトディレクトリに直接置いていました。最近では、src、tests、docs ディレクトリを配置したプロジェクトレイアウトが一般的になってきています。

インポートするパッケージを src ディレクトリ配下に配置するレイアウトには実用的な利点があります。開発中にカレントディレクトリが sys.path の先頭に挿入されることがよくあります。src レイアウトではない場合、プロジェクト環境にインストールしたパッケージではなく、プロジェクトのソースコードからインポートしてしまうかもしれません。そのため、最悪の場合、公開したいリリースの問題をテストで発見できない可能性があります。

一方、プロジェクト内のソースコードそのものを実行したい場合は editable インストールを利用します。src レイアウトにおいて、パッケージングツールは src ディレクトリを sys.path に追加することで editable インストールを実現します。この方法は関係のない Python ファイルがインポートされてしまう問題を回避できます。

生成された`pyproject.toml`を調べてみましょう。（**例5-1**）。

例5-1　Poetry で生成した`pyproject.toml`

```
[tool.poetry]
name = "random-wikipedia-article"
version = "0.1.0"
description = ""
authors = ["Your Name <you@example.com>"]
readme = "README.md"
packages = [{include = "random_wikipedia_article", from = "src"}]

[tool.poetry.dependencies]
python = "^3.12"

[build-system]
requires = ["poetry-core"]
build-backend = "poetry.core.masonry.api"
```

Poetryは、build-systemテーブルのbuild-backendフィールドに標準的なビルドバックエンドである poetry.coreを設定します。つまり、誰でも pip や uvを使えばプロジェクトをソースからインストールできます。同様に、buildなどの標準的なビルドフロントエンドを使用してパッケージを作成することもできます。

```
$ pipx run build
* Creating isolated environment: venv+pip...
* Installing packages in isolated environment:
  - poetry-core
* Getting build dependencies for sdist...
* Building sdist...
* Building wheel from sdist
* Creating isolated environment: venv+pip...
* Installing packages in isolated environment:
  - poetry-core
* Getting build dependencies for wheel...
* Building wheel...
Successfully built random_wikipedia_article-0.1.0.tar.gz
 and random_wikipedia_article-0.1.0-py3-none-any.whl
```

5.2.1　プロジェクトメタデータ

プロジェクトのメタデータが見慣れたprojectテーブルではなくtool.poetryテーブルに配置されています（「**3.11　プロジェクトメタデータ**」参照）。Poetryは次のメジャーリリースでプロジェクトメタデータの標準であるPEP 621をサポートする予定です[*2]。tool.poetryテーブルにあるメタデータを調べればわかるように、ほとんどのフィールドは同じ名前で、同じような構文と意味になってい

[*2] Sébastien Eustace, "Support for PEP 621"（https://oreil.ly/AI1tQ）

ます。

例5-2は、プロジェクトのメタデータの例です。**例3-4**との違いがわかりやすいようにフォントを一部変更しています（後ほど、コマンドラインインタフェースを使って依存関係を追加します）。

例5-2 *Poetry*のメタデータ

```
[tool.poetry]
name = "random-wikipedia-article"
version = "0.1.0"
description = "Display extracts from random Wikipedia articles"
keywords = ["wikipedia"]
license = "MIT" ❶
classifiers = [
    "License :: OSI Approved :: MIT License",
    "Development Status :: 3 - Alpha",
    "Environment :: Console",
    "Topic :: Games/Entertainment :: Fortune Cookies",
]
authors = ["Your Name <you@example.com>"] ❷
readme = "README.md" ❸
homepage = "https://yourname.dev/projects/random-wikipedia-article" ❹
repository = "https://github.com/yourname/random-wikipedia-article"
documentation = "https://readthedocs.io/random-wikipedia-article"
packages = [{include = "random_wikipedia_article", from = "src"}]

[tool.poetry.dependencies]
python = ">=3.10" ❺

[tool.poetry.urls]
Issues = "https://github.com/yourname/random-wikipedia-article/issues"

[tool.poetry.scripts]
random-wikipedia-article = "random_wikipedia_article:main"
```

❶ license フィールドはテーブルではなく、SPDX 識別子を持つ文字列。

❷ authors フィールドには、テーブルではなく "name <email>" という形式の文字列を設定する。なお、Poetry は Git 上で設定された名前と E メールをデフォルト値とする。

❸ readme フィールドはファイルパスを文字列で指定する。README.md や CHANGELOG.md のように、複数のファイルを文字列の配列として指定することもできる。複数のファイルが指定された場合は空行を挟んでファイルを連結する。

❹ ホームページ、リポジトリ、ドキュメントなど、プロジェクトの URL を設定するための専用フィールドがある。その他の URL については汎用的な urls テーブルもある。

❺ dependencies の python フィールドでは、互換性のある Python のバージョンを宣言できる。このプロジェクトでは、Python 3.10 以降が必要。

表5-1 tool.poetryのメタデータ

フィールド	型	説明	projectのフィールド
name	文字列	プロジェクト名	name
version	文字列	プロジェクトのバージョン	version
description	文字列	プロジェクトの短い説明	description
keywords	文字列の配列	プロジェクトのキーワードのリスト	keywords
readme	文字列または文字列の配列	プロジェクトの説明を記述したファイルまたはファイルのリスト	readme
license	文字列	SPDXライセンス識別子または"Proprietary"	license
authors	文字列の配列	作成者のリスト	authors
maintainers	文字列の配列	メンテナのリスト	maintainers
classifiers	文字列の配列	プロジェクトのクラス分類子のリスト	classifiers
homepage	文字列	プロジェクトのホームページのURL	urls
repository	文字列	プロジェクトのリポジトリのURL	urls
documentation	文字列	プロジェクトのドキュメントのURL	urls
urls	文字列のテーブル	プロジェクトのURL	urls
dependencies	文字列のテーブルまたはテーブル	依存するサードパーティパッケージ	dependencies
extras	テーブルのテーブル	オプショナルで依存するサードパーティパッケージ	optional-dependencies
groups	テーブルのテーブル	依存関係グループ	なし
scripts	文字列のテーブルまたはテーブル	エントリポイントスクリプト	scripts
plugins	文字列のテーブルのテーブル	エントリポイントグループ	entry-points

　プロジェクトのフィールドによっては、tool.poetryの項目に対応するprojectの項目が存在しない場合もあります。その場合、次のような対応をとってください。

- requires-pythonフィールドがない場合はpythonキーを使って依存関係テーブルで必要なPythonのバージョンを指定する。
- GUIスクリプト専用のフィールドがない場合はplugins.gui_scriptsを使う。
- dynamicフィールドがない場合は、すべてのメタデータはPoetry固有のものなのでdynamicフィールドを宣言してもあまり意味がない。

　次に進む前に、pyproject.tomlファイルが有効かどうか確認してみましょう。PoetryにはTOMLファイルに対してスキーマを満たしているかを検証する便利なコマンドがあります。

```
$ poetry check
All set!
```

5.2.2　パッケージコンテンツ

Poetry では配布物に同梱するファイルやディレクトリを指定できます。ただし、この機能は pyproject.toml の標準にはまだありません（**表5-2**参照）。

表5-2　tool.poetry のパッケージコンテンツフィールド

フィールド	型	説明
packages	テーブルの配列	配布物に含めるモジュールのパターン
include	文字列またはテーブルの配列	配布物に含めるファイルのパターン
exclude	文字列またはテーブルの配列	配布物から除外するファイルのパターン

packages 配下にある各テーブルにはファイルまたはディレクトリを指定する include キーがあります。また、名前とパスにはそれぞれワイルドカード * と ** が使えます。from キーで src などのサブディレクトリのモジュールをインクルードし、format キーでモジュールを特定の配布形式に制限します。

include フィールドと exclude フィールドでは、配布物に含めるファイルや、配布物から除外するファイルを指定します。Poetry は、.gitignore ファイルがあればそれを使って exclude フィールドの初期設定を行います。デフォルトでは、Poetry はこれらの追加ファイルをソースディストリビューションにのみ含めます。文字列の代わりに、path キーと format キーを持つテーブルを使って、ファイルを含める配布物の形式を指定できます。以下に、テストスイートをソースディストリビューションに含める方法を示します。

例5-3　ソースディストリビューションにテストスイートを含める

```
packages = [{include = "random_wikipedia_article", from = "src"}]
include = ["tests"]
```

5.2.3　ソースコード

例5-4のソースコードを新しいプロジェクトの __init__.py ファイルにコピーします。

例5-4　random-wikipedia-article のソースコード

```
import httpx
from rich.console import Console

from importlib.metadata import metadata

API_URL = "https://en.wikipedia.org/api/rest_v1/page/random/summary"
```

```
USER_AGENT = "{Name}/{Version} (Contact: {Author-email})"

def main():
    fields = metadata("random-wikipedia-article")
    headers = {"User-Agent": USER_AGENT.format_map(fields)}

    with httpx.Client(headers=headers, http2=True) as client:
        response = client.get(API_URL, follow_redirects=True)
        response.raise_for_status()
        data = response.json()

    console = Console(width=72, highlight=False)
    console.print(data["title"], style="bold", end="\n\n")
    console.print(data["extract"])
```

pyproject.tomlのscripts節でエントリポイントスクリプトを宣言したので、ユーザはrandom-wikipedia-articleとしてアプリケーションを起動できます。py -m random_wikipedia_articleでプログラムを起動できるようにしたい場合は**例3-3**で示したように、__init__.pyと同じディレクトリに__main__.pyモジュールを作成します。

5.3　依存関係の管理

random-wikipedia-articleの依存関係として、コンソール出力ライブラリのRichを追加しましょう。

```
$ poetry add rich
Using version ^13.7.1 for rich

Updating dependencies
Resolving dependencies... (0.2s)

Package operations: 4 installs, 0 updates, 0 removals

  - Installing mdurl (0.1.2)
  - Installing markdown-it-py (3.0.0)
  - Installing pygments (2.17.2)
  - Installing rich (13.7.1)

Writing lock file
```

このコマンドを実行した後にpyproject.tomlを確認するとPoetryがRichを依存関係テーブルに追加していることがわかります（**例5-5**）。

例5-5　Rich を追加した後の dependencies テーブル

```
[tool.poetry.dependencies]
python = ">=3.10"
rich = "^13.7.1"
```

　また、Poetry はパッケージをプロジェクト用の環境にインストールします。仮想環境 .venv が存在する場合、Poetry は .venv を使います。.venv がない場合、共有の場所に仮想環境を作成します（「**5.4　環境の管理**」を参照）。

5.3.1　キャレットの制約

　キャレット（^）は Node.js のパッケージマネージャである npm から借用した、バージョン指定子に対する Poetry 特有の拡張です。キャレット制約では、セマンティックバージョニング標準に従って、破壊的変更を含む可能性のあるものを除き、指定された最小バージョンのリリースを許可します。1.0.0 以降では、キャレット制約はパッチリリースとマイナーリリースを許可しますが、メジャーリリースは許可しません。1.0.0 以前では、パッチリリースだけが許可されます。0.* の場合は、マイナーリリースは破壊的変更を含むことが許可されます。

　キャレット制約はチルダ制約に似ています（「**4.2.1　バージョン指定子**」）が、後者は最後のバージョンセグメントが増えることだけを許可します。例えば、以下の制約は等価です。

```
rich = "^13.7.1"
rich = ">=13.7.1,<14"
```

　一方、チルダ制約は通常、マイナーリリースを除外します。以下の制約は等価です。

```
rich = "~13.7.1"
rich = ">=13.7.1,==13.7.*"
```

　キャレット制約はバージョンの上限を設定します。95 ページの「**Python のバージョン上限**」で説明したように、できる限り上限は避けるべきです。代わりに、下限だけ指定して Rich を追加してください。

```
$ poetry add "rich>=13.7.1"
```

　上記のコマンドを使用して、既存のキャレット制約から上限を削除することもできます[*3]。最初に依存関係を追加したときにエクストラまたは環境マーカーを指定した場合はそれらを再度指定する必要があります。

[*3]　このコマンドはロックファイルとプロジェクト環境を最新の状態に保つ。pyproject.toml の制約を編集する場合は、自分でこれを行う必要がある。ロックファイルとロック環境については 4 章を参照。

依存関係を抑制するべきか

Poetryがデフォルトで依存関係に上限を設定するのは残念です。ライブラリの場合、Node.jsと同様に、依存関係のバージョン制約の対象がパッケージに限定されないため、下流のユーザがライブラリの修正や改善を受け取れません。また、オープンソースプロジェクトの大半は、過去のリリースに修正を反映するリソースがありません。アプリケーションの場合はロックファイルが信頼性の高いデプロイを実現するためのより良い方法となります。

Python自体も状況は似たようなものですが、状況はさらに悪化しています。デフォルトでPython 4を除外すれば、Pythonコアチームが最終的にPython 4をリリースした際にエコシステム全体に混乱をもたらすことになるでしょう。Python 4は非互換な変更という点を踏まえると、Python 3とは違うものになるでしょう。Poetryがデフォルトで課す制約は、依存パッケージにも同様の制約を導入しなければならないという意味で伝染性があります。そして、Pythonパッケージインストーラがこの制約を満たすことは不可能です。実際、Python環境を以前のバージョンのPythonにダウングレードできません。

可能な限り、キャレット制約を下限（>=）に置き換えてください。pyproject.tomlを編集した後、`poetry lock --no-update`コマンドを使ってロックファイルを再生成してください。

5.3.2　エクストラと環境マーカー

random-wikipedia-articleのもう1つの依存関係であるHTTPクライアントライブラリhttpxを追加しましょう。「4章　依存関係の管理」のように、HTTP/2サポートのためにhttp2エクストラを有効にします。

```
$ poetry add "httpx>=0.27.0" --extras=http2
```

Poetryはそれに応じてpyproject.tomlファイルを更新します。

```
[tool.poetry.dependencies]
python = ">=3.10"
rich = ">=13.7.1"
httpx = {version = ">=0.27.0", extras = ["http2"]}
```

このプロジェクトは比較的新しいPythonバージョンを必要とするので、importlib-metadataバックポートは不要です。Python 3.8より前のPythonバージョンをサポートする必要がある場合は、以下のようにimportlib-metadataを追加します。

```
$ poetry add "importlib-metadata>=6.7.0" --python="<3.8"
```

`poetry add`コマンドは`--python`オプションの他に、依存関係をWindowsなどの特定のオペレーティングシステムに制限するための`--platform`オプションもあります。`--platform`オプションには

標準の`sys.platform`属性で使用される形式のプラットフォーム識別子（`linux`、`darwin`、`win32`など）を指定します。その他の環境マーカーについては、pyproject.tomlを編集して、依存関係のTOMLテーブルの`markers`属性を使用してください。

```
[tool.poetry.dependencies]
awesome = {version = ">=1", markers = "implementation_name == 'pypy'"}
```

5.3.3　ロックファイル

Poetryは、poetry.lockファイルに依存関係の現在のバージョンとパッケージの生成物のSHA-256ハッシュを記録します。poetry.lockファイルを調べると、richとhttpxに対する指定や直接および間接的な依存関係があります。**例5-6**を調べると、Richの指定は、Richのロックエントリの簡略版となっています。

例5-6　poetry.lock内のRichの指定（簡略版）

```
[[package]]
name = "rich"
version = "13.7.1"
python-versions = ">=3.7.0"
dependencies = {markdown-it-py = ">=2.2.0", pygments = ">=2.13.0,<3.0.0"}
files = [
    {file = "rich-13.7.1-py3-none-any.whl", hash = "sha256:4edbae3..."},
    {file = "rich-13.7.1.tar.gz", hash = "sha256:9be308c..."},
]
```

ロックされた依存関係をターミナルに表示するにはpoetry showコマンドを使います。Richを追加した後の出力は次のようになります。

```
$ poetry show
markdown-it-py 3.0.0  Python port of markdown-it. Markdown parsing, done right!
mdurl          0.1.2  Markdown URL utilities
pygments       2.17.2 Pygments is a syntax highlighting package ...
rich           13.7.1 Render rich text, tables, progress bars, ...
```

依存関係をツリーとして表示し、その関係を可視化することもできます。

```
$ poetry show --tree
rich 13.7.1 Render rich text, tables, progress bars, ...
├── markdown-it-py >=2.2.0
│   └── mdurl >=0.1,<1.0
└── pygments >=2.13.0,<3.0.0
```

pyproject.tomlを手動で編集した場合、変更を反映させるためにロックファイルを忘れずに更新

してください。

```
$ poetry lock --no-update
Resolving dependencies... (0.1s)

Writing lock file   ロックファイルが更新される
```

--no-updateオプションがない場合、Poetryはロックされた依存関係を、制約の範囲で最新バージョンにアップグレードします。

poetry check --lockコマンドでpoetry.lockファイルがpyproject.tomlと整合しているかどうかを確認できます。

```
$ poetry check --lock
```

依存関係を事前に解決しておくと信頼性と再現性のある方法でアプリケーションをデプロイできます。また、チーム内の開発者間で基準を共有して、チェックをより決定論的なものにすることで、継続的インテグレーション（CI）における混乱を回避できます。これらの利点を享受するためには、poetry.lockをバージョン管理システムにコミットする必要があります。

Poetryのロックファイルは、オペレーティングシステムやPythonインタプリタに依存せず動作するように設計されています。環境に依存しない、あるいはユニバーサルなロックファイルは、さまざまな環境でコードを動作させたい場合や、世界中のコントリビュータを持つオープンソースのメンテナにとって有益です。

対照的に、コンパイルされたrequirementsファイルは瞬く間に扱いづらくなってしまいます。プロジェクトが4つのバージョンのPythonに対応し、Windows、macOS、Linuxをサポートする場合、12個のrequirementsファイルを管理する必要があります。プロセッサアーキテクチャやPythonの実装を追加すると、状況はもっと悪化します。

しかし、ユニバーサルロックファイルにはコストが伴います。Poetryはパッケージを環境にインストールする際に依存関係を解決しますが、そのロックファイルは、プロジェクトが特定の環境で必要とするすべてのパッケージを記録する、いわば縮小された世界です。一方、コンパイルされたrequirementsファイルは、環境の正確なイメージです。そのため、より監査しやすく、セキュアなデプロイに適しています。

5.3.4 依存関係の更新

poetry updateコマンドだけで、ロックファイル内のすべての依存関係を最新バージョンに更新できます。

```
$ poetry update
```

また、更新する特定の直接的または間接的な依存関係を指定することもできます。

```
$ poetry update rich
```

poetry updateコマンドは、pyproject.tomlのプロジェクトメタデータを変更せず、互換性のあるバージョンの範囲内の依存関係の更新だけを行います。バージョンの範囲を更新する必要がある場合、エクストラや環境マーカーなどで新しい制約を指定してpoetry addを実行してください。あるいは、pyproject.tomlを編集してpoetry lock --no-updateでロックファイルを更新してください。

プロジェクトに必要なくなったパッケージはpoetry removeで削除してください。

```
$ poetry remove <package>
```

5.4　環境の管理

Poetryのadd、update、removeコマンドはpyproject.tomlとpoetry.lockファイルの依存関係を更新するだけではありません。パッケージのインストール、更新、削除によってプロジェクトの環境をロックファイルと同期させます。また、Poetryは必要に応じてプロジェクトの仮想環境を作成します。

デフォルトでは、Poetryはすべてのプロジェクト環境を共通のフォルダに保存します。また、プロジェクト内の.venvディレクトリに環境を保持するようにPoetryを設定することもできます。

```
$ poetry config virtualenvs.in-project true
```

このように設定しておくと、pyやuvのようなエコシステム内の他のツールで環境を検出できるようになります。プロジェクト内にあるディレクトリの内容を調べる必要がある際に便利です。この設定をすると環境が1つに限定されますが、それが気になることはほとんどありません。Noxやtoxのようなツールは複数の環境でテストできるように作られています（「**8章　Noxによる自動化**」を参照）。

poetry env info --pathで現在の環境の場所を確認できます。新しくプロジェクト用の環境を作りたい場合は、以下のコマンドを使って既存の環境を削除し、指定されたPythonのバージョンを使って新しい環境を作ってください。

```
$ poetry env remove --all
$ poetry env use 3.12
```

poetry env use 3.12を再実行すれば、異なるインタプリタを使って環境を再作成できます。Pythonインタプリタには、3.12のようなバージョン番号だけでなく、pypy3のようなコマンドを渡すことができ、/usr/bin/python3のようにフルパスを渡すこともできます。

環境を使う前に、プロジェクトをインストールしてください。Poetryはeditableインストールを行うので、コードの変更は即座に環境に反映されます。

```
$ poetry install
```

プロジェクトの環境に入るには、poetry shellでシェルセッションを起動します。Poetryは、現在のシェルの起動スクリプトを使用して仮想環境を起動します。環境が有効化されると、シェルプロンプトからアプリケーションを実行できます。実行が済んだらシェルセッションを終了します。

```
$ poetry shell
(random-wikipedia-article-py3.12) $ random-wikipedia-article
(random-wikipedia-article-py3.12) $ exit
```

また、poetry runコマンドを使って、現在のシェルセッションでアプリケーションを実行することもできます。

```
$ poetry run random-wikipedia-article
```

このコマンドは、プロジェクト環境でPythonのインタラクティブシェルを開始する際も便利です。

```
$ poetry run python
>>> from random_wikipedia_article import main
>>> main()
```

poetry runでプログラムを実行すると、Poetryはシェルを起動せずに仮想環境を有効にします。内部的には、プログラムの環境変数PATHと環境変数VIRTUAL_ENVを環境に追加しています（「**2.1.3.2 アクティベーションスクリプト**」を参照）。

 Linux/macOSでは、PoetryプロジェクトのPythonセッションを開始するには、pyと入力するだけですが、pyコマンドを有効にするにはPython Launcher for Unixが必要で、プロジェクト内の環境を使うようにPoetryを設定する必要があります。

5.5 依存関係グループ

Poetryでは、依存関係グループに整理された開発依存関係を宣言できます。依存関係グループは、プロジェクトのメタデータの一部ではないので、エンドユーザには表示されません。「**4.3 開発依存パッケージ**」から依存関係グループを追加してみましょう。

```
$ poetry add --group=tests pytest pytest-sugar
$ poetry add --group=docs sphinx
```

Poetryはpyproject.tomlのgroupテーブルの下に依存関係グループを追加します。

```
[tool.poetry.group.tests.dependencies]
pytest = "^8.1.1"
pytest-sugar = "^1.0.0"
```

```
[tool.poetry.group.docs.dependencies]
sphinx = "^7.2.6"
```

依存関係グループは、デフォルトでプロジェクトの環境にインストールされます。以下のように
optionalキーでグループをオプションとして指定できます。

```
[tool.poetry.group.docs]
optional = true

[tool.poetry.group.docs.dependencies]
sphinx = "^7.2.6"
```

 依存関係グループをpoetry addで追加する際に--optionalフラグを指定しないでください。この
オプションはエクストラの後ろにあるオプショナルな依存関係を指定します。依存関係グループの
文脈では、有効な使い方はありません。

poetry installコマンドにはオプションがいくつかあり、プロジェクトの環境にインストールされ
る依存関係をより細かく制御できます（**表5-3**）。

表5-3　poetry installによる依存関係のインストールオプション

オプション	説明
--with=<*group*>	依存関係グループを指定する。
--without=<*group*>	依存関係グループを除外する。
--only=<*group*>	他のすべての依存関係グループを除外する。
--no-root	プロジェクト自体を除外する。
--only-root	すべての依存関係を除外する。
--sync	インストールされる予定がない場合、環境からパッケージを削除する。

　1つのグループまたは複数のグループ（カンマ区切り）を指定できます。mainは特別なグループで、
tool.poetry.dependencies テーブルにリストされているパッケージを参照します。--only=mainオプ
ションを使用すると開発依存パッケージをすべて除外できます。同様に、--without=mainオプション
ンを使用すると、開発依存パッケージのみに制限できます。

5.6　パッケージリポジトリ

　Poetryを使えばPyPIなどのパッケージリポジトリにパッケージをアップロードできます。また、
プロジェクトにパッケージを追加するリポジトリを設定することもできます。この節では、パッケー
ジリポジトリとやり取りする作成者側とユーザ側の両方について説明します。

 この節を進める際にサンプルプロジェクトをPyPIにアップロードしないでください。代わりに TestPyPIリポジトリを使ってください。TestPyPIはテスト、学習、実験のための場所として用意されています。

5.6.1 パッケージリポジトリにパッケージを公開する

次のように、PoetryにAPIトークンを追加します。ただし、「3.6 Twineを用いたパッケージの アップロード」で説明したように、PyPIにパッケージをアップロードするには、事前にリポジトリと 認証するためのアカウントとAPIトークンが必要です。

```
$ poetry config pypi-token.pypi <token>
```

buildのような標準的なツールや、Poetryのコマンドラインインタフェースを使って、プロジェクトのパッケージを作成します。

```
$ poetry build
Building random-wikipedia-article (0.1.0)
  - Building sdist
  - Built random_wikipedia_article-0.1.0.tar.gz
  - Building wheel
  - Built random_wikipedia_article-0.1.0-py3-none-any.whl
```

buildと同様、Poetryではdistディレクトリに生成したパッケージを配置し、poetry publishで distにあるパッケージを公開します。

```
$ poetry publish
```

buildとpublishを1つにまとめることもできます。

```
$ poetry publish --build
```

Pythonパッケージインデックスのテスト用のインスタンスのTestPyPIにサンプルプロジェクト をアップロードしてみましょう。PyPI以外のリポジトリにパッケージをアップロードしたい場合、 Poetryの設定にリポジトリの設定を追加する必要があります。

```
$ poetry config repositories.testpypi https://test.pypi.org/legacy/
```

まず、TestPyPIでアカウントとAPIトークンを作成します。次に、Poetryの設定を変更して、 TestPyPIにアップロードする際にそのトークンを使用するようにします。

```
$ poetry config pypi-token.testpypi <token>
```

これで、プロジェクトを公開する時にリポジトリを指定できるようになりました。自身のサンプル

プロジェクトで試してみてください。

```
$ poetry publish --repository=testpypi
Publishing random-wikipedia-article (0.1.0) to TestPyPI
 - Uploading random_wikipedia_article-0.1.0-py3-none-any.whl 100%
 - Uploading random_wikipedia_article-0.1.0.tar.gz 100%
```

パッケージリポジトリの中には、ユーザ名とパスワードによるHTTP Basic認証を使用するものがあります。このような場合は次のように認証情報を設定できます。

```
$ poetry config http-basic.<repo> <username>
```

このコマンドはパスワードの入力を促し、パスワードを受け取るとシステムキーリングに、なければディスク上のauth.tomlファイルに保存します。

また、環境変数を使ってリポジトリを設定することもできます（<REPO>をPYPIのように大文字のリポジトリ名に置き換えてください）。

```
$ export POETRY_REPOSITORIES_<REPO>_URL=<url>
$ export POETRY_PYPI_TOKEN_<REPO>=<token>
$ export POETRY_HTTP_BASIC_<REPO>_USERNAME=<username>
$ export POETRY_HTTP_BASIC_<REPO>_PASSWORD=<password>
```

Poetryは、相互TLSで保護されたリポジトリや、カスタム認証局を使用したリポジトリもサポートしています。詳細は公式ドキュメント（https://oreil.ly/21oFD）を参照してください。

5.6.2　パッケージソースからのパッケージの取得

PyPI以外のリポジトリにパッケージをアップロードする方法について説明しました。また、Poetryはユーザ側でもPyPI以外のリポジトリをサポートしているため、そこからパッケージをインストールすることもできます。アップロードするリポジトリはユーザ設定であり、Poetryの設定に格納されるのに対し、パッケージソースはプロジェクト設定であり、pyproject.tomlに格納されます。

poetry source add コマンドを使ってパッケージソースを追加します。

```
$ poetry source add <repo> <url> --priority=supplemental
```

パッケージがPyPIで見つからなかった場合、追加ソースを検索します。PyPIを無効にしたい場合、プライマリソースを設定してください（デフォルトの優先順位）。

```
$ poetry source add <repo> <url>
```

パッケージソースの認証情報はリポジトリの場合と同じように設定します。

```
$ poetry config http-basic.<repo> <username>
```

これで代替ソースからパッケージを追加できます。

```
$ poetry add httpx --source=<repo>
```

poetry source show コマンドで、プロジェクトのパッケージソースの一覧が表示されます。

```
$ poetry source show
```

 補足ソースからパッケージを追加する場合はソースを指定しないと、Poetry はパッケージを検索するときにすべてのソースを検索してしまいます。内部パッケージと同じ名前の悪意のあるパッケージを PyPI にアップロードするという攻撃手法があります（依存関係かく乱攻撃）。

5.7　プラグインによる Poetry の拡張

Poetry にはプラグインシステムがあり、機能を拡張することができます。Poetry の環境にプラグインを注入するには pipx を使ってください。

```
$ pipx inject poetry <plugin>
```

<plugin> は PyPI にあるプラグインの名前に置き換えてください。

プラグインがプロジェクトのビルド段階に影響する場合は、pyproject.toml のビルド依存関係にも追加してください。具体例として Dynamic Versioning Plugin を参照してください。

pipx は、デフォルトではプラグインパッケージを対象から除外し、アプリケーションをアップグレードします。プラグインもアップグレードするには、--include-injected オプションを使用します。

```
$ pipx upgrade --include-injected poetry
```

プラグインが不要になったら、利用したパッケージを削除してください。

```
$ pipx uninject poetry <plugin>
```

どのプラグインをインストールしているかわからなくなったら、poetry self show plugins コマンドで一覧表示できます。

```
$ poetry self show plugins
```

この節では、Poetry の便利なプラグインを3つ紹介します。

poetry-plugin-export
　　requirements ファイルと constraints ファイルを生成する。

poetry-plugin-bundle
　　プロジェクトを仮想環境にデプロイする。

poetry-dynamic-versioning
　　VCSからプロジェクトのバージョンを設定する。

5.7.1　Export Pluginでrequirementsファイルを生成する

　Poetryのロックファイルにより、チームの全員、そしてすべてのデプロイ環境に同じ依存関係を共有できます。しかし、何らかの状況でPoetryを使用できない場合はどうしますか。例えば、Pythonインタプリタと同梱のpipしかないシステムにプロジェクトをデプロイする必要がある場合などです。

　ロックファイルをサポートするパッケージングツールは、ツールごとに独自の形式でロックファイルを実装しています[*4]。こうしたロックファイル形式はpipではサポートされていませんが、requirementsファイルを使うという方法があります。

　requirementsファイルがあれば正確なバージョンでパッケージをインストールしたり、生成物のハッシュ値が一致することを要求したり、環境マーカーを使ってパッケージを特定のPythonバージョンやプラットフォームに制限したりできます。Poetry以外の環境との相互に運用するには、poetry.lockからrequirementsファイルが生成できたら良さそうです。実は、exportプラグインを使えばよいのです。

　pipxでexportプラグインをインストールします。

```
$ pipx inject poetry poetry-plugin-export
```

　exportプラグインはpoetry exportコマンドを強化して、--formatオプションで出力形式を指定できるようにします。出力先のファイルを指定するには--outputオプションを使用します。

```
$ poetry export --format=requirements.txt --output=requirements.txt
```

　requirementsファイルをターゲットシステムにエクスポートし、pipを使用して依存関係をインストールします。

```
$ python3 -m pip install -r requirements.txt
```

　requirementsファイルへのエクスポートはデプロイ以外にも便利です。ツールの大半はデファクトスタンダードであるrequirementsファイルを使用して動作します。Safety（https://oreil.ly/_nekX）のようなツールを使えば、requirementsファイルをスキャンして既知の脆弱性がある依存関係を検知できます。

---

*4　Poetryのpoetry.lockとそれに密接に関連するPDMロックファイルフォーマット以外に、PipenvのPipfile.lockとConda環境用のconda-lockなどの形式がある。

5.7.2　Bundle Plugin による環境のデプロイ

前の節は、Poetryを使わずにプロジェクトをシステムにデプロイする方法を説明しました。Poetryが使えるのであれば、poetry installを使ってデプロイできるのかと疑問に思うかもしれません。poetry installでもデプロイできるのですが、Poetryはeditableインストールを行うため、ソースツリーからアプリケーションを実行することになります。しかし、これは本番環境では受け入れられないかもしれません。editableインストールすると、別の場所への仮想環境の移動が制限されます。

bundleプラグインを使うと、プロジェクトとロックされた依存関係を、選択した仮想環境にデプロイできます。環境を作成して、ロックファイルから依存関係をインストールし、プロジェクトのwheelをビルドしてインストールします。

bundleプラグインのインストールにはpipxを使います。

```
$ pipx inject poetry poetry-plugin-bundle
```

インストールが完了すると、新しくpoetry bundleサブコマンドが表示されるようになります。それを使ってプロジェクトをappディレクトリの仮想環境にバンドルしてみましょう。--pythonオプションで環境用のインタプリタを指定し、--only=mainオプションで開発用の依存関係を除外します。

```
$ poetry bundle venv --python=/usr/bin/python3 --only=main app

  - Bundled random-wikipedia-article (0.1.0) into app
```

アプリケーションのエントリポイントスクリプトを実行して、環境をテストします[5]。

```
$ app/bin/random-wikipedia-article
```

bundleプラグインでは本番用の最小のDockerイメージを作成できます。Dockerはマルチステージビルドをサポート[6]しており、第1段階では本格的なビルド環境でアプリケーションをビルドし、第2段階ではビルドの生成物を最小限の実行環境にコピーします。これにより、ファイルサイズの小さいイメージを本番環境に展開できるのでデプロイを高速化し、本番環境の肥大化と潜在的な脆弱性を削減できます。

例5-7では、第1段階でPoetryとバンドルプラグインをインストールし、Poetryプロジェクトをコピーし、自己完結型の仮想環境にバンドルします。第2段階では、仮想環境を最小限のPythonイメージにコピーします。

例5-7　Poetryを使用するマルチステージのDockerfile

```
FROM debian:12-slim AS builder ❶
RUN apt-get update && \
```

---

[5]　Windowsの場合は、binをScriptsに置き換えること。

[6]　訳注：Docker Engine 17.05にてマルチステージビルドをサポートした。https://docs.docker.com/engine/release-notes/17.05/

```
    apt-get install --no-install-suggests --no-install-recommends --yes pipx
ENV PATH="/root/.local/bin:${PATH}"
RUN pipx install poetry
RUN pipx inject poetry poetry-plugin-bundle
WORKDIR /src
COPY . .
RUN poetry bundle venv --python=/usr/bin/python3 --only=main /venv

FROM gcr.io/distroless/python3-debian12 ❷
COPY --from=builder /venv /venv ❸
ENTRYPOINT ["/venv/bin/random-wikipedia-article"] ❹
```

❶ 1行目のFROMディレクティブは、プロジェクトのビルドとインストールを行うビルドステージである。ベースイメージはDebianの安定リリースの軽量版である。

❷ 2番目のFROMディレクティブは、本番環境にデプロイするイメージ。ベースイメージはDebianの安定リリースのdistroless Pythonイメージである。distroless Pythonイメージは、オペレーティングシステムの機能を除いたPythonイメージである。

❸ COPYディレクティブは、ビルドステージから仮想環境をコピーできる。

❹ ENTRYPOINTディレクティブにより、ユーザがイメージとdocker runを起動した際、エントリポイントスクリプトを実行できる。

Dockerがインストールされていれば、実際に試せます。まず、プロジェクトにDockerfileを作成し、**例5-7**の内容をコピーします。次に、DockerイメージをビルドしてDockerコンテナを起動します。

```
$ docker build -t random-wikipedia-article .
$ docker run --rm -ti random-wikipedia-article
```

ターミナルにrandom-wikipedia-articleの出力が表示されるはずです。

5.7.3　ダイナミックバージョニングプラグイン

ダイナミックバージョニングプラグインは、Gitタグからプロジェクトのメタデータにバージョンを設定します。バージョンを1か所で管理すればプロジェクトの更新手順を削減できます（79ページの「プロジェクトバージョンの一元管理」を参照）。ダイナミックバージョニングプラグインは、バージョン管理システムのタグから標準準拠のバージョン文字列を生成するPythonライブラリDunamaiをベースにしています。

pipxでダイナミックバージョニングプラグインをインストールし有効にします。

```
$ pipx inject poetry "poetry-dynamic-versioning[plugin]"
$ poetry dynamic-versioning enable
```

次に、pyproject.tomlのtoolセクションでプラグインを有効にします。

```
[tool.poetry-dynamic-versioning]
enable = true
```

Poetryプラグインをグローバルにインストールしていることを忘れないようにしましょう。明示的に有効にするので、関係のないPoetryプロジェクトで誤ってバージョンを上書きしてしまう事態を防止できます。

pipやbuildなどのビルドフロントエンドは、プロジェクトをビルドする際にプラグインを必要とします。プラグインを有効にするとpyproject.tomlのビルド用の依存関係にもプラグインが追加されます。プラグインは独自のビルドバックエンドを提供し、Poetryによって提供されるものをラップします。

```
[build-system]
requires = ["poetry-core>=1.0.0", "poetry-dynamic-versioning>=1.0.0,<2.0.0"]
build-backend = "poetry_dynamic_versioning.backend"
```

Poetryでは依然としてversionフィールドが必要です。未使用であることを示すために、このフィールドを"0.0.0"に設定してください。

```
[tool.poetry]
version = "0.0.0"
```

これで、Gitタグを追加すればプロジェクトのバージョンが設定できるようになりました。

```
$ git tag v1.0.0
$ poetry build
Building random-wikipedia-article (1.0.0)
  - Building sdist
  - Built random_wikipedia_article-1.0.0.tar.gz
  - Building wheel
  - Built random_wikipedia_article-1.0.0-py3-none-any.whl
```

ダイナミックバージョニングプラグインはPythonモジュールの__version__属性も書き換えます。大半の場合はそのまま使えますが、__version__属性を使う場合はsrcレイアウトを宣言する必要があります。

```
[tool.poetry-dynamic-versioning]
enable = true
substitution.folders = [{path = "src"}]
```

アプリケーションに--versionオプションを追加してみましょう。パッケージの__init__.pyに、以下の行を追加します。

```
import argparse

__version__ = "0.0.0"

def main():
    parser = argparse.ArgumentParser(prog="random-wikipedia-article")
    parser.add_argument(
        "--version", action="version", version=f"%(prog)s {__version__}"
    )
    parser.parse_args()
    ...
```

先に進む前に、Git タグを追加せず変更をコミットします。それでは、プロジェクトを新規インストールして --version オプションを試してみましょう。

```
$ uv venv
$ uv pip install .
$ py -m random_wikipedia_article --version
random-wikipedia-article 1.0.0.post1.dev0+51c266e
```

上記の出力結果からわかるように、プラグインはビルド中に __version__ 属性を書き換えています。コミットにタグを付けなかったので、Dunamai はバージョンを 1.0.0 の開発版ポストリリースであるという情報を付加し、ローカルバージョン識別子を使ってコミットハッシュを追加しました。

5.8 まとめ

Poetry の使用により、パッケージング、依存関係、環境の管理を統一的なワークフローで実行できます。また、Poetry プロジェクトは標準的なツールと相互に運用できます。具体的には build でビルドして Twine で PyPI にアップロードできます。しかし、Poetry のコマンドラインインタフェースには、タスクをこなすのに便利なショートカットもあります。

Poetry では、ロックファイルにパッケージの正確なパッケージ一覧を記録して、決定論的なデプロイとチェックができます。また、開発依存関係も追跡できます。開発依存関係を依存関係グループに整理して個別にまたは一緒にインストールできます。そして、Poetry はプラグインで拡張できます。例えば、プロジェクトを仮想環境にデプロイしたり、Git からバージョン番号を取得できます。

再現可能なアプリケーションのデプロイが必要な場合、複数のオペレーティングシステムで開発している場合、標準的なツールでは作業が煩雑だと感じている場合には Poetry を試してみると良いでしょう。

テスト、静的解析、自動化

6章
pytestによるテスト

　初めてプログラムを書いた日のことを思い出してください。このような経験はないでしょうか。目の前にある問題を解決するアイデアがあり、かなりの時間を費やしてそのアイデアを最後まで実装したのに、いざ実行してみると、がっかりするようなエラーメッセージで画面が埋め尽くされたとか。あるいは、出力された結果が微妙に間違っていたとか。

　このような経験を経て、私たちは教訓を得ました。まず、プログラムはシンプルに始めて、シンプルに保ち続けることです。そして、早い段階から繰り返しテストすることです。最初の段階では、プログラムを手動で実行して、期待通りに動くことを確認するだけでもよいでしょう。その後に、プログラムを小さく分割すれば、分割した部品単位で自動的にテストできます。また、小さく分割すればプログラムも読みやすくなり、作業しやすくなります。

　本章では、テストがどのように早期に、かつ一貫して価値を生み出すのかについて説明します。優れたテストは実際に動かせるコードの仕様書となり、チームや会社の制度的な構造に埋没しがちなコードの知識を明らかにします。そして、テストがあればコードの変更に対して即座にフィードバックが得られるので、開発スピードが向上します。

　Pythonコミュニティでは、シンプルで読みやすいpytest（https://oreil.ly/HiVnu）がデファクトスタンダードになりつつあります。関数やアサーションなどのPythonの基本的な言語機能を使うので、フレームワークであることを意識せずにテストを書けます。その一方で、pytestはシンプルでありながらも、テストフィクスチャとパラメタライズテストなど強力で表現力に富む機能も備えています。また、pytestは拡張可能であり、豊富なプラグインのエコシステムもあります。

当初、PyPyの開発者たちは独自の標準ライブラリstdの開発を行っていました。このstdは後にpyに改名され、そのテストモジュールpy.testは、PyPyから独立したプロジェクトpytestになりました。

6.1 テストを書く

「**3章　Python パッケージ**」で使った例を**例6-1**として再び取り上げます。プログラムは限りなくシンプルですが、そのテストの書き方はそれほど明確ではありません。main()関数には引数や返り値がなく、標準出力への書き込みなどの副作用しか存在しません。このような関数をどのようにテストすればよいでしょうか。

例6-1　random-wikipedia-articleのmain()関数

```python
def main():
    with urllib.request.urlopen(API_URL) as response:
        data = json.load(response)

    print(data["title"], end="\n\n")
    print(textwrap.fill(data["extract"]))
```

プログラムをサブプロセスで実行して、出力が空でない状態で完了することを検証する**エンドツーエンドテスト**を書いてみましょう。エンドツーエンドテストとは、エンドユーザと同じ方法でプログラム全体を実行してテストする手法です。具体的には、**例6-2**のようにします。

例6-2　random-wikipedia-articleのテスト

```python
import subprocess
import sys

def test_output():
    args = [sys.executable, "-m", "random_wikipedia_article"]
    process = subprocess.run(args, capture_output=True, check=True)
    assert process.stdout
```

 pytestにおけるテストとは、名前がtestから始まる関数を指します。組み込みのassert文を使って期待する動作をするかどうかをチェックします。内部的な動きとして、pytestはテストが失敗した場合、エラーを報告するために言語構造を書き換えます。

例6-2にあるコードをtestsディレクトリのtest_main.pyファイルにコピーします。testsディレクトリに空の__init__.pyを追加して、テストスイートをモジュールにします。このような構造とすることで、テスト対象のモジュールとテストスイートを同じ構造にでき[1]、かつ、テスト用ユーティリティ関数もインポートできるようになります。

この時点で、プロジェクトは以下のような構造になるはずです。

---

[1] 大規模なパッケージでは、gizmo.foo.registryやgizmo.bar.registryのように同じ名前を持つモジュールが存在する可能性がある。pytestのデフォルトのインポートモード（https://oreil.ly/vAPIj）では、テストモジュールは一意な完全修飾名を持つ必要があるため、test_registryモジュールをtests.fooとtests.barパッケージにそれぞれ配置しなければならない。

```
random-wikipedia-article
├── pyproject.toml
├── src
│   └── random_wikipedia_article
│       ├── __init__.py
│       └── __main__.py
└── tests
    ├── __init__.py
    └── test_main.py
```

6.2 テストの依存関係

　テストをする際にプロジェクトとその依存関係をインポートできるようにするには、プロジェクト環境にpytestをインストールする必要があります。例えば、次のようにtestsエクストラを追加します。

```
[project.optional-dependencies]
tests = ["pytest>=8.1.1"]
```

これでプロジェクト環境にpytestをインストールできます。

```
$ uv pip install -e ".[tests]"
```

または、requirementsファイルをコンパイルして環境と同期することもできます。

```
$ uv pip compile --extra=tests pyproject.toml -o dev-requirements.txt
$ uv pip sync dev-requirements.txt
$ uv pip install -e . --no-deps
```

Poetryを使っている場合は、poetry addでpytestを追加することも可能です。

```
$ poetry add --group=tests "pytest>=8.1.1"
```

　本章の後半でテストの依存関係を更新するように求められた場合は、上記の手順を参照してください。

　最後に、テストを実行してみましょう。Windowsの場合は、以下のコマンドを実行する前に仮想環境をアクティベートしてください。

```
$ py -m pytest
========================= test session starts =========================
platform darwin -- Python 3.12.2, pytest-8.1.1, pluggy-1.4.0
rootdir: ...
collected 1 item

tests/test_main.py .                                            [100%]
========================= 1 passed in 0.01s =========================
```

Poetryプロジェクトでもpy -m pytestでテストしてください。poetry run pytestよりも短く、安全です。プロジェクト環境にpytestをインストールし忘れた場合、Poetryはグローバル環境にフォールバックします。それでもPoetry経由で実行する場合は、poetry run python -m pytestとしましょう。

6.3 テストしやすい設計

詳細なテストを書くのはさらに難しいです。APIはランダムな記事を返すため、テストがどのようなタイトルと要約を期待するべきなのかがわかりません。また、テストするたびにWikipedia APIへHTTPリクエストが送信されます。つまり、ラウンドトリップタイムの分だけテストの実行速度が遅くなり、テストを実行するマシンがインターネットに接続されている時しかテストできません。

Pythonには、このような状況に対処するツールが多数あります。ツールの大半は、実行時に関数やオブジェクトを置換する**モンキーパッチ**の形態をとります。例えば、sys.stdoutを内部バッファに書き込むファイルオブジェクトに置換すれば、プログラムの出力を捕捉できます。また、urlopen()を任意のHTTPレスポンスを返す関数に置換することもできます。responsesやrespx、vcr.pyなどのライブラリは、HTTPの仕組みにモンキーパッチを当てる高レベルインタフェースを備えています。より汎用的な手法としては、標準ライブラリのunittest.mockやpytestのmonkeypatchフィクスチャを使う手法があります。

モンキーパッチはZope由来の用語で、実行時にコードを置換することを指します。当時、Zopeコミュニティの人々はこの手法を「ゲリラ (guerilla) パッチ」と呼んでいました。コミュニティはこれを「ゴリラ (gorilla) パッチ」と聞き間違え、より洗練されたコードを「モンキー (monkey) パッチ」と呼ぶようになりました。

確かに、上記のツールを使えば詳細なテストは書けますが、より問題の根本に着目するようにしましょう。ここで、改めて**例6-1**を観察してみましょう。main()関数は、アプリケーションのエントリポイント、外部APIとの通信、結果の表示、という複数の役割を担っています。つまり、関心の分離がなされていません。このため、機能単位でテストすることが難しくなっています。

random-wikipedia-articleは抽象化が2点ほど欠けています。まず、Wikipedia APIとの通信や標準出力への書き込みなどの他のシステムとのやり取りがカプセル化されていません。次に、Wikipediaの記事が単なるJSONオブジェクトとして扱われています。つまり、random-wikipedia-articleはArticleクラスを定義するといった、ドメインモデルの抽象化がされていないのです。

例6-3は、よりテストしやすいようにコードをリファクタリングしたものです。改良前よりもコード量は増えていますが、ロジックが明確になり、変更も容易になっています。優れたテストは、バグを発見するだけに留まらず、コードの設計をも改善します。

例6-3　テストをしやすくするためのリファクタリング

```python
import sys ❶
from dataclasses import dataclass

@dataclass
class Article:
    title: str = ""
    summary: str = ""

def fetch(url):
    with urllib.request.urlopen(url) as response:
        data = json.load(response)
    return Article(data["title"], data["extract"])

def show(article, file):
    summary = textwrap.fill(article.summary)
    file.write(f"{article.title}\n\n{summary}\n")

def main():
    article = fetch(API_URL)
    show(article, sys.stdout)
```

❶ 簡潔にするために、本章のコード例では初出時のみimport文を表示する。

　例6-3のリファクタリングでは、main()関数からfetch()関数とshow()関数を抽出しています。また、fetch()関数とshow()関数に共通する要素としてArticleクラスを定義しています。このリファクタリングで、プログラムの各部分を個別に、かつ再現性のある方法でテストできるようになったことに注目しましょう。

　show()関数は引数としてArticleインスタンスとファイルオブジェクトを受け取ります。main()ではファイルオブジェクトとしてsys.stdoutを渡していますが、テストでは出力をメモリに保存するためにio.StringIO()インスタンスを渡します。例6-4に示すテストは、実際にio.StringIO()を利用して出力の末尾が改行であるかを確認します。出力の末尾に必ず改行が入ることで、出力とシェルプロンプトが別の行になるようにしています。

例6-4　show()関数のテスト

```python
import io
from random_wikipedia_article import Article, show

def test_final_newline():
    article = Article("Lorem Ipsum", "Lorem ipsum dolor sit amet.")
    file = io.StringIO()
    show(article, file)
    assert file.getvalue().endswith("\n")
```

　関数のリファクタリングには利点がもう1つあります。それは、インタフェースの裏側にURLや記事、ファイルなどの実装の詳細を隠蔽できることです。つまり、実装を変更しても、テストが壊れにくくなります。例えば、**例6-5**のようにshow()関数の実装をRichで書き換えてみてください[2]。テストを変更する必要はありません。

例6-5　show()関数の実装を入れ替える

```python
from rich.console import Console

def show(article, file):
    console = Console(file=file, width=72, highlight=False)
    console.print(article.title, style="bold", end="\n\n")
    console.print(article.summary)
```

　実際、テストの本来の目的はこのような変更を加えた後でもプログラムが正常に動作することを担保するためです。一方で、モックやモンキーパッチは脆弱です。テストと実装の詳細を結び付けてしまうので、プログラムの変更が徐々に難しくなってしまうのです。

6.4　フィクスチャとパラメタライズテスト

show()関数でテストするべき項目として、以下の3点が挙げられます。

- タイトルと要約がすべて表示されること
- タイトルの後に空行があること
- 要約の1行の長さが72文字を超えないこと

　フィクスチャを使えば重複を取り除けます。**フィクスチャ**とは、@pytest.fixtureデコレータでデコレートされた関数です。

```python
@pytest.fixture
def file():
    return io.StringIO()
```

　テスト（およびフィクスチャ）は、フィクスチャと同じ名前の仮引数を含めることにより、そのフィクスチャを利用できます。pytestがテスト関数を呼び出す際に、その実引数としてフィクスチャ関数の返り値を渡します。フィクスチャを使って**例6-4**を書き換えてみましょう。

```python
def test_final_newline(file):
    article = Article("Lorem Ipsum", "Lorem ipsum dolor sit amet.")
    show(article, file)
    assert file.getvalue().endswith("\n")
```

 フィクスチャを使用するように書き換えた場合、テスト関数の仮引数に`file`を追加し忘れると、`'function' object has no attribute 'write'`というわかりにくいエラーが発生します。これは`file`という名前がスコープ内に存在するフィクスチャ関数を指すようになるからです。本書のレビュワーのHynekは、わかりにくいエラーではなく`NameError`例外を発生させるテクニックを推奨しています。その方法とは、`@pytest.fixture(name="file")`のように、フィクスチャに明示的に名前を付けるものです。こうすると、フィクスチャ関数の名前を`_file()`のように変更できるので、仮引数の名前と衝突しなくなります。

テストデータとして同じ記事を使い回してしまうと、エッジケースを見過ごす可能性があります。例えば、記事のタイトルが空の場合でもプログラムがクラッシュしないようにしたいと考えています。**例6-6**では`@pytest.mark.parametrize`デコレータ[*3]を使用して、複数パターンに対してテストしています。

例6-6　記事のパターンを考慮したテスト

```
articles = [
    Article(),
    Article("test"),
    Article("Lorem Ipsum", "Lorem ipsum dolor sit amet."),
    Article(
        "Lorem ipsum dolor sit amet, consectetur adipiscing elit",
        "Nulla mattis volutpat sapien, at dapibus ipsum accumsan eu."
    ),
]

@pytest.mark.parametrize("article", articles)
def test_final_newline(article, file):
    show(article, file)
    assert file.getvalue().endswith("\n")
```

テスト間で同じ方法でパラメタライズテストをする場合は、複数の値を持つフィクスチャである**パラメタライズフィクスチャ**を定義します（**例6-7**）。以下のコードを実行すると、pytestは`articles`の各記事に対して1回ずつテストします。

例6-7　パラメタライズフィクスチャで複数の記事に対してテストする

```
@pytest.fixture(params=articles)
def article(request):
    return request.param

def test_final_newline(article, file):
    show(article, file)
    assert file.getvalue().endswith("\n")
```

[*3] デコレータ名が**parameterize**ではなく**parametrize**であることに注意すること。

　パラメタライズフィクスチャの利点は何でしょうか。1つは、各テストに@pytest.mark.
parametrizeデコレータを付ける必要がなくなったことです。テストが複数のモジュールにまたがる
場合には、もう1つ利点があります。それはフィクスチャをconftest.pyに記述すれば、インポート
せずにフィクスチャをテストスイート全体で利用できることです。

　パラメタライズフィクスチャの構文はやや難解です。シンプルにするために、筆者の好みは以下
のようなヘルパ関数を定義することです。

```
def parametrized_fixture(*params):
    return pytest.fixture(params=params)(lambda request: request.param)
```

　このヘルパ関数を使えば、**例6-7**のフィクスチャを簡潔に記述できます。また、**例6-6**のarticles
変数をインライン化することもできます。

```
article = parametrized_fixture(Article(), Article("test"), ...)
```

---

unittestフレームワーク

　Pythonの標準ライブラリにはunittestテストフレームワークがあります。これはテスト駆動
開発の初期に登場したJavaのテストライブラリであるJUnitにインスパイアされたものです。本
節のテストをunittestで書き直して、pytestによるテストと比較してみましょう。

```
import unittest

class TestShow(unittest.TestCase):
    def setUp(self):
        self.article = Article("Lorem Ipsum", "Lorem ipsum dolor sit amet.")
        self.file = io.StringIO()

    def test_final_newline(self):
        show(self.article, self.file)
        self.assertEqual("\n", self.file.getvalue()[-1])
```

　unittestにおけるテストとは、unittest.TestCaseを継承したクラスの中で定義されるメソッ
ドで、メソッド名はtestから始まります。unittest.TestCaseのassert*メソッドを使って期待
する動きなどをチェックします。また、setUp()メソッドは、各テストを実行する前に「テスト
環境」を準備するためのメソッドです。つまり、各テストが使うテストオブジェクトをsetUp()
メソッド内で定義します。上記の例では、Articleインスタンスとshow()関数用の出力用ファイ
ルオブジェクトを定義しています。

　プロジェクトディレクトリからpy -m unittestコマンドでテストスイートを実行します。

```
$ py -m unittest
.
----------------------------------------------------------------------
Ran 1 test in 0.000s

OK
```

　pytestの代わりにunittestを使ってテストを書けば、サードパーティの依存関係を削減できます。他のプログラミング言語でJUnitスタイルのフレームワークの経験があるならば、unittestもすぐに慣れるでしょう。しかし、unittestの設計には問題があります。

- クラスベースなので、テストとテスト環境を密結合させている。pytestのフィクスチャほどテストオブジェクトの再利用が容易ではない。
- unittestは共有機能を提供するために継承を使う。つまり、テストはすべて単一の名前空間とインスタンスになる。
- テストをクラス内部に記述するので、関数ベースのpytestよりも読みにくい。
- assert*メソッドは表現力と柔軟性に欠ける。チェックする項目ごとに専用のメソッドが必要となる。例えば、assertEqualやassertInは存在するが、assertStartsWithは存在しない。

> 既にunittestで書かれたテストスイートがある場合、それをpytestスタイルに書き直す必要はありません。pytestもunittestのテスト構造を知っているからです。つまり、unittestのスタイルのままpytestをテストランナーとして使えますし、段階的にpytestのスタイルに書き換えることもできます。

6.5　フィクスチャの上級テクニック

　fetch()関数をテストする場合、ローカルにHTTPサーバを立てて、ラウンドトリップ形式でテストできます。つまり、Articleに関する情報から生成したフィクスチャと、fetch()関数を使ってHTTP経由で取得したArticleが一致するかどうかをチェックします。この動きを実装したのが**例6-8**です。

例6-8　fetch()関数のテスト（バージョン1）

```
def test_fetch(article):
    with serve(article) as url:
        assert article == fetch(url)
```

　次のserve()ヘルパ関数は、Articleインスタンスを受けて、その記事を取得するためのURLを返す関数です。より正確には、URLを**コンテキストマネージャ**でラップします。コンテキストマネー

ジャとは、端的には with ブロックで使用するためのオブジェクトです。コンテキストマネージャを
使うことで、with ブロックを抜けた際にサーバを自動的に停止できます。

```
from contextlib import contextmanager

@contextmanager
def serve(article):
    ... # サーバ起動
    yield f"http://localhost:{server.server_port}"
    ... # サーバ停止
```

serve()関数は、標準ライブラリの http.server モジュールを使えば実装できます（**例6-9**）。ただ
し、実装の詳細については意識する必要はありません。本章の後半で pytest-httpserver プラグイン
を紹介します。実際のプロジェクトでは pytest-httpserver を採用すべきでしょう。

例6-9　serve()関数の実装

```
import http.server
import json
import threading

@contextmanager
def serve(article):
    data = {"title": article.title, "extract": article.summary}
    body = json.dumps(data).encode()

    class Handler(http.server.BaseHTTPRequestHandler):  ❶
        def do_GET(self):
            self.send_response(200)
            self.send_header("Content-Type", "application/json")
            self.send_header("Content-Length", str(len(body)))
            self.end_headers()
            self.wfile.write(body)

    with http.server.HTTPServer(("localhost", 0), Handler) as server:  ❷  ❸
        thread = threading.Thread(target=server.serve_forever, daemon=True)  ❸
        thread.start()
        yield f"http://localhost:{server.server_port}"
        server.shutdown()
        thread.join()
```

❶ リクエストハンドラは、GET リクエストに対して Article に関する情報を UTF-8 エンコードさ
れた JSON 表現で返す。

❷ HTTP サーバはローカル接続のみを受け入れる。オペレーティングシステムはポート番号をラ
ンダムに割り当てる。

❸ HTTP サーバはバックグラウンドスレッドで実行される。サーバ停止後、制御がテストに戻る。

テストのたびにHTTPサーバを起動するのはコストがかかります。そもそも、HTTPサーバを
フィクスチャにする利点は存在するのでしょうか。確かに、このままでは利点はありません。ここ
で、テストセクション全体で一度だけフィクスチャを生成するように設定してみましょう。@pytest.
fixtureのscope引数に"session"を渡します。

```
@pytest.fixture(scope="session")
def httpserver():
    ...
```

テスト単位で都度HTTPサーバを起動して停止するよりは良さそうですが、テストが終了した際
にHTTPサーバを停止するにはどうすればよいでしょうか。今までに登場したフィクスチャは、テ
ストオブジェクトを準備してそれを返すだけでした。つまり、return文の後に続くコードは実行で
きません。しかし、yield文の後に続くコードは実行できます。つまり、フィクスチャを通常の関数
ではなくジェネレータ関数として定義すればよいのです。

ジェネレータフィクスチャは、テストオブジェクトを準備して、それをyieldし、最後にリソース
をクリーンアップするフィクスチャです。この動きはコンテキストマネージャと似ています。ジェネ
レータフィクスチャと通常のフィクスチャの使い方は同じです。pytestは、裏側で準備とクリーン
アップのフェーズを行い、yieldされた値をテスト関数の実引数として渡します。

例6-10では、ジェネレータフィクスチャでhttpserverを実装しています。

例6-10　httpserverフィクスチャ

```
@pytest.fixture(scope="session")
def httpserver():
    class Handler(http.server.BaseHTTPRequestHandler):
        def do_GET(self):
            article = self.server.article ❶
            data = {"title": article.title, "extract": article.summary}
            body = json.dumps(data).encode()
            ... # 以下同様

    with http.server.HTTPServer(("localhost", 0), Handler) as server:
        thread = threading.Thread(target=server.serve_forever, daemon=True)
        thread.start()
        yield server
        server.shutdown()
        thread.join()
```

❶ 例6-9とは異なり、スコープ内にarticleが存在しない。その代わり、リクエストハンドラはサー
バのarticle属性からそれにアクセスする（**例6-11**参照）。

まだ終わりではありません。serve()関数を定義する必要があります。serve()関数はhttpserver

フィクスチャに依存するようになったので、モジュールレベルでは単純に定義できません。とりあえ
ず、テスト関数内に移動します（**例6-11**）。

例6-11　fetch()関数のテスト（バージョン2）

```
def test_fetch(article, httpserver):
    def serve(article):
        httpserver.article = article ❶
        return f"http://localhost:{httpserver.server_port}"

    assert article == fetch(serve(article))
```

❶ サーバにArticleを保存して、リクエストハンドラがそれにアクセスできるようにする。

serve()関数はコンテキストマネージャを返さなくなり、単なるURLの文字列を返すようになりま
した。httpserverフィクスチャが準備からクリーンアップまですべて処理します。しかし、改善の
余地はまだあります。fetch()関数に関するテストを含め、関数がネストしているのでテストが乱雑
になっています。ここで、serve()を独自のフィクスチャ内で定義しましょう。フィクスチャは関数
を含む任意のオブジェクトを返せます（**例6-12**）。

例6-12　serveフィクスチャ

```
@pytest.fixture
def serve(httpserver): ❶
    def f(article): ❷
        httpserver.article = article
        return f"http://localhost:{httpserver.server_port}"
    return f
```

❶ 外側の関数はhttpserverに依存するserveフィクスチャを定義する。
❷ 内側の関数は、各テストで呼び出すserve関数。

このようにserveフィクスチャを定義すると、各テストは1行に収まります（**例6-13**）。また、セッ
ションごとにHTTPサーバが起動および停止するので、最初の実装よりも高速になります。

例6-13　fetch()関数のテスト（バージョン3）

```
def test_fetch(article, serve):
    assert article == fetch(serve(article))
```

テストは特定のHTTPクライアントライブラリに依存していません。例えば、**例6-14**では
fetch()関数をhttpx[*4]で書き換えています。モンキーパッチを使っていたのならば、テストは壊れ
ていたことでしょう。しかし、私たちのテストは問題ありません。

[*4] プロジェクトの依存関係にhttpx[http2]を忘れないようにすること。

例6-14　fetch()関数をhttpxで書き換える

```python
import httpx

from importlib.metadata import metadata

USER_AGENT = "{Name}/{Version} (Contact: {Author-email})"

def fetch(url):
    fields = metadata("random-wikipedia-article")
    headers = {"User-Agent": USER_AGENT.format_map(fields)}

    with httpx.Client(headers=headers, http2=True) as client:
        response = client.get(url, follow_redirects=True)
        response.raise_for_status()
        data = response.json()

    return Article(data["title"], data["extract"])
```

6.6　プラグインによるpytestの拡張

「3.11.5　エントリポイント」で説明した通り、誰でも pytest プラグインを作成して PyPI に公開できます[5]。既に、pytest の出力を強化して、プログレスバーを追加する pytest-sugar プラグインを扱いました。本節では、pytest プラグインを詳しく扱います。

6.6.1　pytest-httpserver プラグイン

pytest-httpserver（https://oreil.ly/E5eH5）プラグインには、**例6-10**よりも汎用性が高く、広く使われている httpserver フィクスチャがあります。

まず、テストの依存関係に pytest-httpserver を追加します。次に、私たちが実装した httpserver フィクスチャをテストモジュールから削除します。そして、serve フィクスチャを修正して、pytest-httpserver の httpserver フィクスチャを利用します（**例6-15**）。

例6-15　pytest-httpserverを使ってserveフィクスチャを修正する

```python
@pytest.fixture
def serve(httpserver):
    def f(article):
        json = {"title": article.title, "extract": article.summary}
        httpserver.expect_request("/").respond_with_json(json)
        return httpserver.url_for("/")
    return f
```

---

[5]　cookiecutter-pytest-plugin テンプレート（https://oreil.ly/fdwZ_）を使えば、独自の pytest プラグインを記述するための堅牢なプロジェクト構造を用意できる。

　例6-15では、"/"へのリクエストに対してArticleのJSON表現を返すようにHTTPサーバを設定しています。pytest-httpserverには豊富な機能があります。例えば、カスタムリクエストハンドラを追加するHTTPS通信などがあります。

6.6.2　pytest-xdistプラグイン

　テストの規模が大きくなるにつれて、テストの実行速度を向上させる方法が必要になるでしょう。簡単な方法があります。それは、CPUコアを活用する方法です。pytest-xdist（https://oreil.ly/BH58W）は各プロセッサにワーカプロセスを生成して、各プロセスにテストをランダムに分散します。テスト順序のランダム化は、テスト間の依存関係を検出するのにも便利です[6]。

　pytest-xdistをテストの依存関係に追加して、環境を更新します。ワーカプロセス数は--numprocessesまたは-nオプションで指定できます。システムの物理コアすべてを使う場合はautoを指定します。

```
$ py -m pytest -n auto
```

6.6.3　factory-boyとfaker

　「6.4　フィクスチャとパラメタライズテスト」では、テストの実行対象となるArticleをハードコーディングしました。しかし、ハードコーディングは止めましょう。テストのメンテナンスが難しくなります。

　ハードコーディングの代わりに、factory-boy（https://oreil.ly/0XqY0）ライブラリを使いましょう。factory-boyはテストオブジェクトのファクトリを生成します。番号順に生成するなど、予測可能な属性を持つテストオブジェクトをバッチ生成できます。あるいは、faker（https://oreil.ly/HjT4r）ライブラリで属性をランダムに設定することもできます。

　factory-boyをテストの依存関係に追加し、環境を更新します。factory-boyでランダムな記事を生成するファクトリを定義して、articleフィクスチャ用にArticleインスタンスを10個バッチ生成します（例6-16）。pytest-xdistの動作確認を行いたい場合は、生成するArticleの個数を増やして、-n autoオプションを付けてpytestを実行します。

例6-16　factory-boyとfakerを使ってバッチ生成

```
from factory import Factory, Faker

class ArticleFactory(Factory):
    class Meta:
        model = Article ❶

    title = Faker("sentence") ❷
```

---

[6]　訳注：テスト順序をランダム化する場合はpytest-randomlyプラグインを採用するとよい。

```
    summary = Faker("paragraph")

article = parametrized_fixture(*ArticleFactory.build_batch(10))  ❸
```

❶ Meta.model でテストオブジェクトのクラスを指定する。
❷ タイトルにはランダムなセンテンス、サマリにはランダムなパラグラフを指定する。
❸ build_batch メソッドでバッチ生成する。

　上記の例のようなシンプルなファクトリでは、エッジケースに対応しきれません。実際のアプリケーションを想定すると、空文字列、非常に長い文字列、制御文字などの特殊文字などもテストするべきです。設定した入力範囲を探索してテストできる優れたライブラリとして hypothesis（https://oreil.ly/mqv5H）があります[7]。

6.6.4　その他のプラグイン

　pytest プラグインには、テストを並行実行する、ランダムな順序で実行する、テスト結果の表示をカスタマイズする、フレームワークや他のツールとの統合など、さまざまな種類があります（**表6-1**）。また、プラグインの大半には便利なフィクスチャも用意されています。例えば、外部システムとの通信、テストダブル[8]の生成などがあります。

表6-1　主な pytest プラグイン

プラグイン名	カテゴリ	詳細	オプション
pytest-xdist	テスト実行	テストを CPU 単位に分散する	--numprocesses
pytest-sugar	結果表示	プログレスバーを表示する	
pytest-icdiff	結果表示	テスト失敗時に差分をカラー表示する	
anyio	フレームワーク	asyncio と trio を使用して非同期テストを行う	
pytest-httpserver	フェイクサーバ	定型化されたレスポンスを返す HTTP サーバを生成する	
pytest-factoryboy	フェイクデータ	ファクトリをフィクスチャに変換する	
pytest-datadir	ストレージ	テストスイートで静的データにアクセスする	
pytest-cov	カバレッジ	Coverage.py でカバレッジを測定する	--cov
xdoctest	ドキュメント	docstring テストを行う	--xdoctest
typeguard	型チェック	実行時に型チェックを行う	--typeguard-packages

各プラグインの説明は、PyPI の https://pypi.org/project/<プラグイン名>で読めます。また、各プロジェクトの Web サイトはナビゲーションバーの「Project links」にあります。

---

[7]　訳注：hypothesis については、Patrick Viafore『ロバスト Python』（オライリー・ジャパン）の「23章　プロパティベーステスト」が参考になる。
[8]　**テストダブル**とは、実際のオブジェクトの代わりにテストで使用されるさまざまな種類のオブジェクトの総称のこと。マーチン・ファウラーによる "Mocks Aren't Stubs"（https://oreil.ly/BGTot、2007年1月2日）が概要として優れている。

6.7　まとめ

本章では、pytestを使ってPythonプロジェクトをテストする方法を学びました。

- テストとは、コードを実行して、assert文で期待する動きをチェックする関数である。テスト名とそれを含むモジュール名にtest_を付けると、pytestが自動的にテストを見つける。
- フィクスチャは、テストオブジェクトの準備およびクリーンアップを行う関数またはジェネレータである。@pytest.fixtureデコレータを使って定義する。フィクスチャを使うには、フィクスチャと同じ名前をテストの仮引数に含める。
- pytestプラグインは、便利なフィクスチャだけでなく、テストの実行順序を変更する、レポートを強化するなど、その機能は多彩である。

　優れたソフトウェアの主な特徴は、変更が容易であることです。現実世界で使用されるコードは、進化する要件と絶えず変化する環境に適応しなければならないからです。テストを活用すれば、コードを変更しやすくなります。

- テストがあれば、単独でテストできるように疎結合を念頭に設計が行われる。相互依存が少なければ、変更の障壁も少なくなる。
- テストは、期待される動作を文書化しそれを強制する。その結果、コードベースを継続的にリファクタリングする自由と自信が得られる。
- テストがあれば、不具合を早期に発見できて、変更にかかるコストも削減できる。問題を早期に発見すればするほど、根本的な原因を突き止め、修正プログラムを開発するコストが安くなる。

　エンドツーエンドテストは、プログラムが設計通りに動作することを高い信頼性で保証してくれます。しかし、エンドツーエンドテストは遅く、不安定で、障害の原因を特定するのが苦手です。テストの大半はユニットテストにしましょう。また、テストしやすさのために、コードの依存関係を壊すモンキーパッチはなるべく避けてください。その代わりに、アプリケーションのコアをI/O、外部システム、およびサードパーティのフレームワークから切り離します。優れたソフトウェア設計と堅牢なテスト戦略により、テストスイートは非常に高速で変更に強いものになります。

　本章ではツールに焦点を当てていますが、優れたテスト手法にはもっと多くの要素が必要です。幸いなことに、このトピックについて素晴らしい文献があります。筆者のお気に入りを紹介します。

- Kent Beck, *Test-Driven Development*（Pearson, 2002）、邦訳『テスト駆動開発』（オーム社、2017年）
- Michael Feathers, *Working Effectively with Legacy Code*（Pearson, 2002）、邦訳『レガシーコード改善ガイド』（翔泳社、2009年）

- Harry Percival and Bob Gregory, *Architecture Patterns in Python*（O'Reilly Media, 2020）

pytestを使ったテストについて詳しく知りたい方は、Brianの本を読んでみてください。

- Brian Okken, *Python Testing with pytest, Second Edition*（The Pragmatic Bookshelf, 2022）、邦訳『テスト駆動Python 第2版』（翔泳社、2022年）

7章
Coverage.pyによる
カバレッジ測定

テストを通した際、自分が行ったコードの変更にどの程度自信を持っていますか。

テストをバグ検出の手段と捉えるならば、テストの感度と特異度について説明する必要があるでしょう。

テストスイートの**感度**とは、コードにバグが存在する場合にテストが失敗する確率を指します。コードに対するテストが存在しない場合や期待される動作のテストが存在しない場合、テストスイートの感度は低くなります。

テストスイートの**特異度**とは、コードにバグが存在しない場合にテストが成功する確率を指します。テストが断続的に失敗する場合やテストが脆い（コードの実装に強く依存する）場合、テストスイートの特異度は低くなります。テストスイートの特異度が低いと、テストに失敗しても誰も注意を払わなくなります。ただし、本章では特異度については扱いません。

テストスイートの感度を高める素晴らしい方法があります。それは、コードを修正する際に、実際にコードに手を付ける前に失敗するテストを作成する手法です。先にテストを作成することで、コードに期待されている動きを確実に検証できるようになります。

テストスイートの感度を高める方法は他にもあります。それは、実際に遭遇する可能性がありそうな入力や環境下でテストを行う方法です。空のリストや負数など、関数のエッジケースも考慮に入れてください。いわゆる「ハッピーパス」だけでなく、発生する可能性のある一般的なエラーケースも考慮に入れてテストしましょう。

コードカバレッジとは、テストスイートがコードをどの程度実行しているかを示す指標です。カバレッジが高くても、必ずしもテストスイートの感度が高いとは限りません。たとえ、テストスイートがコード全体を網羅していたとしても、バグが存在する可能性があります。ただし、カバレッジは感度の上限を意味します。例えば、コードカバレッジが80％である場合、コードの残り20％にバグが潜んでいても、そのバグがテスト失敗の原因になることはありません。また、カバレッジはツールで自動的に測定できる定量的な指標でもあります。カバレッジは感度の上限であること、ツールで自動的に測定できることから、カバレッジは感度の有用な代替指標となります。

簡単に言えば、カバレッジツールとは、テストスイートを実行する際に実行したコードの各行を記録するものです。テストが完了すると、コードベース全体に対して実行した行の割合を報告します。

カバレッジツールはテストカバレッジの測定だけのツールではありません。例えば、大規模なコードベースにおいて、APIがどのモジュールを使用しているのかを検出できます。また、コード例がプロジェクトを説明するものとしてどの程度機能しているのかを判断するツールとしても使えます。

本章では、PythonにおけるカバレッジツールであるCoverage.pyを用いてコードカバレッジを測定する方法について説明します。主に、インストール方法から設定、実行方法、コードや制御フローの欠落箇所を特定する方法について学びます。また、複数の環境やプロセスにまたがるコードカバレッジの測定方法についても説明します。最後に、コードカバレッジの目標と、その目標に到達するための方法について説明します。

Pythonにおいて、カバレッジはどのように測定するのでしょうか。Pythonインタプリタでは、sys.settrace()関数を使ってコールバック（トレース）関数を登録できます。コールバック関数を登録すると、インタプリタはコードが1行実行されるたびにコールバック関数を呼び出します。また、関数の入出力や例外発生などでもコールバック関数を呼び出します。カバレッジツールは、コールバック関数として、実行されたコード行をローカルデータベースに記録するトレース関数を登録します。

---

traceモジュール

Pythonの標準ライブラリには、traceモジュールにカバレッジツールが含まれています。それを使って、random-wikipedia-articleプロジェクトのテストカバレッジを測定してみましょう。以下に示すようにtraceを経由してテストスイートを実行します。

```
$ py -m trace --count --summary --missing -C coverage --module pytest
=========================== test session starts ===========================
platform darwin -- Python 3.12.2, pytest-8.1.1, pluggy-1.4.0
rootdir: ...
configfile: pyproject.toml
plugins: Faker-24.2.0, anyio-4.3.0, xdist-3.5.0, pytest_httpserver-1.0.10
collected 21 items

tests/test_main.py ....................                      [100%]

=========================== 21 passed in 3.75s ===========================
lines   cov%   module   (path)
   26    92%   random_wikipedia_article.__init__   (...)
   33   100%   tests.test_main   (...)
...
```

上記のコマンドは、traceを用いてコードの各行が何回実行されたのかを記録します。記録した結果はcoverageディレクトリの<module>.coverファイルに書き込まれ、実行されなかった

行は、>>>>>> という記号が先頭に追加されます。また、コンソールにはモジュールごとのカバレッジ率を含む要約が表示されます。

　要約には標準ライブラリやサードパーティモジュールのカバレッジが表示されます。しかし、この要約には__main__モジュールの結果がまったく表示されていません。また、__init__モジュールのカバレッジが92％しかないことが気になる場合はrandom_wikipedia_article.__init__.coverファイルを確認してみてください（欠落した行については後ほど説明するので、もうしばらくお付き合いください）。

　random-wikipedia-articleのような単純なスクリプトでも、標準ライブラリだけでカバレッジを測定するのは困難です。上の例で使ったtraceモジュールは、Pythonでどのようにカバレッジを測定するのかを説明するための一例に過ぎません。実際のプロジェクトでは、サードパーティパッケージであるCoverage.pyを使用するべきです。

7.1　Coverage.pyを使う

Coverage.py（https://oreil.ly/aiyTK）はPythonで広く使われる成熟したコードカバレッジツールです。PyPI（2003年）やsetuptools（2004年）よりも歴史は古く、2001年に最初のバージョンが実装され、現在に至るまで積極的にメンテナンスされています。つまり、Python 2.1の頃から使われているツールなのです。

　Coverage.pyをインストールするために、テスト依存関係にcoverage[toml]を追加します（詳しくは「**6.2　テストの依存関係**」を参照）。tomlエクストラを追加すると、Pythonのバージョンが古くてもpyproject.tomlからCoverage.pyに関する設定値を取り込めます。なお、Python 3.11以降では標準ライブラリにTOMLファイルをパースするtomllibモジュールがあります。

　カバレッジの測定はデータ収集とレポート生成の2段階に分かれています。まず、coverage runコマンドでテストの実行中にカバレッジデータを収集します。次に、coverage reportコマンドで収集したデータから集計レポートを生成します。coverage runやcoverage reportの設定はpyproject.tomlの[tool.coverage]セクションに記述します。

　Coverage.pyを使う際は、最初にカバレッジを測定したいモジュールを指定するところから始めましょう。適切に設定すれば、random-wikipedia-articleプロジェクトの__main__モジュールのように、実行中に一度も実行されなかったモジュールを検出できます。また、標準ライブラリについてはデフォルトで対象から外れるため、レポートが標準ライブラリのカバレッジで埋もれることもありません。以下のように、測定するモジュールとそのテストスイートを指定してください。

```
[tool.coverage.run]
source = ["random_wikipedia_article", "tests"]
```

 テストスイートのコードカバレッジを測定するのは奇妙かもしれませんが、常に測定するべきです。テストが実行されていない場合に警告を出力して、テスト内部に存在する到達不能なコードを特定できます。テストスイートも他のコードと同じように扱ってください[1]。

coverage run コマンドの後に Python スクリプトファイルやコマンドライン引数を渡せます。また、-m オプションでインポート可能なモジュールを直接渡せます。coverage run を使う際は -m を使いましょう。-m オプションを使えば現在の環境に存在する pytest を確実に指定できます。

```
$ py -m coverage run -m pytest
```

上記のコマンドを実行すると、カレントディレクトリに .coverage ファイルが作成されます。Coverage.py は .coverage に収集したデータを保存します。技術的な観点では、.coverage ファイルは単なる SQLite データベースです。標準ライブラリ sqlite3 が利用可能ならば、観察するのも面白いでしょう。

カバレッジレポートには、コード全体のカバレッジとソースファイル単位のカバレッジが表示されます。以下のように、show_missing を有効にするとカバレッジから漏れた文の行番号も表示されます。

```
[tool.coverage.report]
show_missing = true
```

coverage report を実行すると、ターミナルにレポートが表示されます。

```
$ py -m coverage report
Name                                      Stmts   Miss  Cover   Missing
------------------------------------------------------------------------
src/random_wikipedia_article/__init__.py     26      2    92%   37-38
src/random_wikipedia_article/__main__.py      2      2     0%   1-3
tests/__init__.py                             0      0   100%
tests/test_main.py                           33      0   100%
------------------------------------------------------------------------
TOTAL                                        61      4    93%
```

このレポートから、プロジェクト全体のカバレッジは 93 % であり、実行されなかった文が 4 つあることがわかります。また、テストスイートのカバレッジは 100 % であり、期待通りのカバレッジとなりました。

カバレッジから漏れた文を詳しく調べましょう。レポートの「Missing」列には、カバレッジから漏れた文の行番号の一覧が表示されています。エディタの機能で行番号を表示するか、cat コマンドの -n オプションを使って該当のコードを表示してみましょう。繰り返しになりますが、__main__ モジュール全体がカバレッジから漏れています。

---

[1] Ned Batchelder, "You Should Include Your Tests in Coverage"（https://oreil.ly/VAR1v）。2020 年 8 月 11 日

```
1  from random_wikipedia_article import main  # カバレッジ漏れ
2
3  main()                                      # カバレッジ漏れ
```

__init__.pyでカバレッジから漏れたのは、main()関数の本体に相当する部分です。

```
36  def main():
37      article = fetch(API_URL)    # カバレッジ漏れ
38      show(article, sys.stdout)  # カバレッジ漏れ
```

例6-2で実装したエンドツーエンドテストはプログラム全体を実行するので、main()関数はテストされているはずです。一旦、カバレッジの測定対象から `__main__` モジュールを外しましょう。

```
[tool.coverage.run]
omit = ["*/__main__.py"]
```

pyproject.tomlの設定を変更する方法以外にも、ソースコードに特別な形式のコメントを追加する方法もあります。

```
def main():  # pragma: no cover
    article = fetch(API_URL)
    show(article, sys.stdout)
```

姑息な手段ですが、この問題は「**7.5　サブプロセスにおける測定**」で対応するのでひとまず我慢してください。

`__main__` モジュールやmain()関数への応急処置を施した後に再びカバレッジ測定をすれば、カバレッジは100％となります。テストスイートで実行されていない行がないかを、必ず確認するようにしましょう。カバレッジ漏れがないように、カバレッジが100％を下回った際にCoverage.pyが失敗するように設定しましょう。

```
[tool.coverage.report]
fail_under = 100
```

7.2　分岐カバレッジ

Wikipediaの記事に要約が存在しない場合、random-wikipedia-articleは末尾に空行を表示します。要約が存在しないケースは、数は少ないもののあります。しかし、簡単な修正で要約がない場合にも対応できます。**例7-1**では、要約が空ではない場合のみ表示するようにshow()を修正します。

例7-1 要約が空ではない場合のみ表示する

```python
def show(article, file):
    console = Console(file=file, width=72, highlight=False)
    console.print(article.title, style="bold", end="\n\n")
    if article.summary:
        console.print(article.summary)
```

テストの修正前にもかかわらず、カバレッジは100％のままです。なぜでしょうか。

Coverage.pyはデフォルトで**文単位のカバレッジ**を測定します。つまり、テスト中にPythonインタプリタがモジュール内で実行した文の割合を測定します。上記の例において、記事の要約が空ではない場合は関数本体の文すべてが実行されます。

一方で、テストを実施しても関数に関するコードパスのうち1つしか実行していません。つまり、if文の本体をスキップするケースを実行していません。

Coverage.pyは**分岐カバレッジ**も測定できます。コード内に存在する分岐すべてを調べて、テスト中に通過した分岐の割合を測定します。文単位のカバレッジよりも正確であるため、常に有効にしましょう。

```toml
[tool.coverage.run]
branch = true
```

分岐カバレッジを有効にしてテストを再実行すると、33行目のif文から関数の最後へ直接移動していないことがわかります。

```
$ py -m coverage run -m pytest
$ py -m coverage report
Name                    Stmts   Miss Branch BrPart  Cover   Missing
--------------------------------------------------------------------
src/.../__init__.py        24      0      6      1    97%   33->exit
tests/__init__.py           0      0      0      0   100%
tests/test_main.py         33      0      6      0   100%
--------------------------------------------------------------------
TOTAL                      57      0     12      1    99%
Coverage failure: total of 99 is less than fail-under=100
```

例7-2では、記事の要約が存在しない場合に対するテストを追加しています。不足していたテストケースを追加することで、カバレッジが再び100％になります。

例7-2　記事の要約が存在しない場合のテストケースを追加する

```
article = parametrized_fixture(
    Article("test"), *ArticleFactory.build_batch(10)
)

def test_trailing_blank_lines(article, file):
    show(article, file)
    assert not file.getvalue().endswith("\n\n")
```

　実際にテストを実行してみてください。テストは失敗します。実は、**例7-2**にバグがあります。

　記事の要約が存在しない場合、空行2行が出力されます。1行目の空行は、タイトルと要約を区切るためのものです。2行目の空行は、空の要約を出力したものです。つまり、2つ目の空行しか考慮に入れていなかったのでバグが生じました。**例7-3**では、1つ目の空行への対応もできています。バグフィックスに貢献したCoverage.pyに感謝しましょう。

例7-3　末尾に空行が表示されないようにする

```
def show(article, file):
    console = Console(file=file, width=72, highlight=False)
    console.print(article.title, style="bold")
    if article.summary:
        console.print(f"\n{article.summary}")
```

7.3　複数の環境におけるテスト

　場合によっては、複数のPythonバージョンに対応する必要に迫られることがあるでしょう。Pythonのリリースは毎年行われますが[*2]、長期サポート（LTS）のLinuxディストリビューションに含まれるPythonには10年前のバージョンが存在することもあるでしょう。CPythonチームがサポートを終了した後も、Linuxディストリビュータがセキュリティパッチを提供し続けることもあります。

　random-wikipedia-articleを更新して、2023年6月にサポート終了となったPython 3.7に対応するようにしましょう。既存の設定ではPython 3.10以降が必要であり、すべての依存関係にバージョンの下限が存在すると仮定します。まず、pyproject.tomlを変更してPythonバージョンの下限を変更します。

```
[project]
requires-python = ">=3.7"
```

[*2]　訳注：1年単位のリリースになったのはPEP 602が採用されたPython 3.9以降である。Python 3.8以前は18ヶ月単位のリリースであった。また、Python 3.9以降は基本的に、リリース後最初の12ヶ月はフルサポート、次の36ヶ月はセキュリティサポートが行われる。

次に、依存関係がPythonのバージョンと互換性があるかを確認します。uvを使用してPython 3.7向けのrequirementsファイルを生成します。

```
$ uv venv -p 3.7
$ uv pip compile --extra=tests pyproject.toml -o py37-dev-requirements.txt
  × No solution found when resolving dependencies: ...
```

上記のエラーは、サードパーティモジュールのhttpxが、バージョンの下限では既にPython 3.7のサポートを終了していることを意味します。httpxのバージョン指定を削除して、もう一度実行してみてください。他のパッケージでも同様のエラーが発生して、その都度バージョン指定を削除すると、最終的に依存関係の解決に成功します。成功した際のバージョンを使ってバージョンの下限を再設定してください。

Python 3.7向けにバックポートされたimportlib-metadataも必要になります（詳しくは「**4.2.3 環境マーカー**」を参照）。[project.dependencies]に以下の記述を追加してください。

```
importlib-metadata>=6.7.0; python_version < '3.8'
```

Python 3.7に対応するように__init__.pyも修正します。

```
if sys.version_info >= (3, 8):
    from importlib.metadata import metadata
else:
    from importlib_metadata import metadata
```

再びrequirementsファイルを生成します。以上で環境の更新が完了しました。

```
$ uv pip sync py37-dev-requirements.txt
$ uv pip install -e . --no-deps
```

7.4 並列カバレッジ

Python 3.7でCoverage.pyを再び実行すると、__init__.pyにおけるif文の最初の分岐が欠落することがわかります。これは、Pythonのバージョンによる分岐において、else節が必ず選ばれることからも当然の結果です。

このような文をカバレッジ測定の対象から外したいと考えるかもしれませんが、外すべきではありません。バックポートなどのサードパーティモジュールの依存関係も、コードが壊れる要因となるからです。測定の対象から外す代わりに、複数のバージョンでカバレッジを測定しましょう。

最初に、requirementsファイルを使って環境を元のPython 3.12に戻します。

```
$ uv venv -p 3.12
$ uv pip sync dev-requirements.txt
$ uv pip install -e . --no-deps
```

デフォルトでは、coverage runは既存のカバレッジデータを上書きします。上書きする代わりに、--appendオプションを使ってデータを追加するようにもできます。--appendオプションを有効にした状態でcoverage runを実行して、カバレッジを確認してください。

```
$ py -m coverage run --append -m pytest
$ py -m coverage report
```

カバレッジデータを単一のファイルで管理すると、誤ってデータを消してしまう恐れがあります。--appendオプションの指定を忘れると、最初からやり直す必要があります。デフォルトで--appendを有効にすることもできますが、これもまたエラーの原因となります。定期的にcoverage eraseを行わないと、古いデータが残ってしまいます。

　複数の環境でカバレッジを測定する場合、より良い方法があります。parallelオプション[3]を有効にすると、実行するたびに別のファイルにカバレッジデータを記録できます。

```
[tool.coverage.run]
parallel = true
```

parallelモードでも、カバレッジレポートは単一のデータファイルから生成されます。つまり、coverage combineコマンドでデータファイルを集約する必要があります。今までのカバレッジ測定は2段階に分かれていましたが、parallelモードでは3段階に分かれます。最初にcoverage run、次にcoverage combine、そしてcoverage reportです。

　それでは、以上の事柄をまとめていきましょう。まず、環境ごとにテストを行います。以下はPython 3.7の具体例です。

```
$ uv venv -p 3.7
$ uv pip sync py37-dev-requirements.txt
$ uv pip install -e . --no-deps
$ py -m coverage run -m pytest
```

.coverage.*という名前を持つファイルが複数生成されたはずです。これらをcoverage combineで単一のファイルに集約します。

```
$ py -m coverage combine
Combined data file .coverage.somehost.26719.001909
Combined data file .coverage.somehost.26766.146311
```

最後に、coverage reportでカバレッジレポートを生成します。

```
$ py -m coverage report
```

---

[3] parallel（並列）という名前に反して、並列実行とは何ら関係がない。

環境ごとにテストを実行して、データを集約して、レポートを生成する、これは面倒ですね。「**8章　Noxによる自動化**」ではテストを自動化する方法を学びます。3文字のコマンド1つでこの手順を自動化できます。

7.5　サブプロセスにおける測定

「**7.1　Coverage.pyを使う**」の最後では、main()関数と __main__ モジュールをカバレッジの対象から除外しました。しかし、エンドツーエンドではいずれのコードも確実に実行されていました。本節では、# pragmaコメントとomit設定を削除して、この問題を解決しましょう。

Coverage.pyがトレース関数をコールバック関数として登録して、実行された行を記録する仕組みについて考えてみましょう。察しがいい方は既に気付いているかもしれません。エンドツーエンドテストでは、別のプロセスでプログラムを実行します。そのプロセスのインタプリタでは、Coverage.pyがトレース関数を登録していません。つまり、別のプロセスで実行した行は一切記録されていません。

Coverage.pyには現在のプロセスでトレースを有効にするパブリックAPIであるcoverage.process_startup()関数も用意されています。アプリケーションの起動時にcoverage.process_startup()関数を呼び出すことも可能ですが、もっとよい方法があるはずです。コードカバレッジのためにアプリケーション本体を修正する必要はないでしょう。

そのより良い方法とは、インタプリタの起動時に関数を呼び出すための.pthファイルを用意する方法です。これはあまり有名ではないPythonの機能を活用しています（「**2.4.6　サイトパッケージ**」を参照）。Pythonのインタプリタは.pthファイルに書かれたimport文で始まる行を実行します。

site-packagesディレクトリに以下のようなcoverage.pthファイルを追加します。

```
import coverage; coverage.process_startup()
```

Linux/macOSにおいて、site-packagesディレクトリはlib/python3.xにあります。WindowsではLibにあります。

さらに、環境変数COVERAGE_PROCESS_STARTを設定します。Linux/macOSでは次のようにします。

```
$ export COVERAGE_PROCESS_START=pyproject.toml
```

Windowsでは次のようにします。

```
> $env:COVERAGE_PROCESS_START = 'pyproject.toml'
```

テストを再実行し、データファイルを結合して、カバレッジレポートを表示しましょう。上記の通りに設定すれば、プログラムは再び完全なカバレッジとなります。

 サブプロセスのカバレッジ測定は、parallelモードでのみ機能します。parallelモードを使用しないと、メインプロセスとサブプロセスが同じデータファイルを使用するため、メインプロセスがサブプロセスのカバレッジデータを上書きしてしまいます。

---

pytest-covプラグイン

pytestのプラグインpytest-covを導入すると、pytestを実行する際に自動でCoverage.pyによるカバレッジ測定ができます。pytest-covをテストの依存関係に追加して、--covオプションを付けてpytestを実行するだけです。Coverage.pyに関する設定はpyproject.tomlで行います。また、--cov-*インラインオプションで設定することもできます。

pytest-covプラグインはサブプロセスのカバレッジ測定も含めて、すべての機能をすぐに使えるようにバックグラウンドで動作することを念頭に置いています。この性質はpytestとCoverage.pyの間に間接的なレイヤを介することで実現しています。pytest-covの代わりにCoverage.pyを直接実行すれば、より細かい制御が可能です。

7.6　カバレッジが目指すもの

カバレッジが100％未満であることは、バグを検出できないテストが存在することを意味します。新規プロジェクトにおいては、カバレッジ100％以外に意味のある目標はありません。

それを踏まえた上で、コードすべてをテストする必要はありません。例えば、ほとんど発生しないような状況をデバッグするためのログ出力を考えてみましょう。そのような文をテストで再現するのは難しいかもしれませんし、そのログ出力はリスクが低く、些細なコードでしょう。そのようなコードのためにテストを書いても、コードの信頼度が大幅に向上するわけではありません。

```
if rare_condition:
    print("got rare condition")  # pragma: no cover
```

しかし、テストが面倒だからという理由だけでカバレッジの測定対象から除外しないでください。新しいライブラリやシステムのテストの準備は、時間がかかることがあります。しかし、そのようなテストが、本番環境で気付かれずに問題を引き起こすようなバグを検出することもよくあります。

レガシーなプロジェクトでは最小限のテストカバレッジしかないことも多いでしょう。一般的なルールとして、そのようなプロジェクトでのカバレッジは**単調増加**していくべきです。つまり、コード変更によってカバレッジが低下することがあってはなりません。

テストを行うためにはコードをリファクタリングする必要がありますが、テストなしでリファクタリングを行うのは危険すぎるというジレンマに陥ることがよくあります。最小限で安全なリファクタリングでテストしやすいコードを目指しましょう。大半の場合、テスト対象のコードの依存関係を断ち切ることで実現できます[4]。

---

[4]　Martin Fowler, "Legacy Seam" (https://oreil.ly/-K78B)．2024年1月4日

　例えば、本番環境のデータベースへの接続も行う関数をテストしているとします。リファクタリングとして、関数の引数にデータベースの接続情報を渡せるオプション引数を追加します。そうすることで、テストではインメモリデータベースへの接続情報を渡せるようになります。

　最後に、本章で使用したCoverage.pyの設定を要約した**例7-4**を示します。

例7-4　本章で使用したCoverage.pyの設定

```
[tool.coverage.run]
source = ["random_wikipedia_article", "tests"]
branch = true
parallel = true
omit = ["*/__main__.py"]   # 可能ならばomitは避けたい

[tool.coverage.report]
show_missing = true
fail_under = 100
```

7.7　まとめ

　Coverage.pyを使えば、テストスイートがプロジェクトをどの程度網羅しているかを測定できます。カバレッジレポートを使えば、テストされていない文を発見できます。分岐カバレッジを使えば、カバレッジをソースコードの文ではなく、プログラムの制御フローで捉えます。並列カバレッジを使えば、複数の環境でカバレッジを測定できます。レポートを作成する前に、データファイルを結合する必要があります。サブプロセスでカバレッジを測定するには、.pthファイルと環境変数の設定が必要です。

　テストカバレッジを効果的に測定するには、適切な設定とツールが必要です。次章では、Noxを使ってこれらのステップを自動化する方法を学びます。自信を持ってコードを変更できるようになるでしょう。

8章
Noxによる自動化

Pythonプロジェクトを保守するには、タスクを数多くこなす必要があります。特に、コードの品質チェックは重要です。

- テストでコードの欠陥率を下げる（「6章　pytestによるテスト」）
- カバレッジでテストされていない箇所を特定する（「7章　Coverage.pyによるカバレッジ測定」）
- リンタでコードの改善点を見つけ出す（「9章　Ruffとpre-commitによるリント」）
- コードフォーマッタでコードを読みやすくする（「9章　Ruffとpre-commitによるリント」）
- 型チェッカでコードの型を検証する（「10章　安全性とインスペクションのための型アノテーション」）

他にもまだあります。

- パッケージを作成して配布する（「3章　Pythonパッケージ」）
- プロジェクトの依存関係を管理する（「4章　依存関係の管理」）
- デプロイ（「5章　Poetryによるプロジェクト管理」の例5-7）
- プロジェクトのドキュメントを生成する

タスクの自動化には利点があります。コーディングに集中している間、その背後をチェックツールが守ります。開発から本番までのプロセスの品質をツールが保証します。ヒューマンエラーを排除して各プロセスをコード化することで、他の人がレビューや改善をできるようにします。

タスクの自動化を行うと、タスクの各ステップを何度でも繰り返せて、かつ何度でも同じ結果を再現できます。また、そのタスクは開発者のローカルマシンとCIサーバでそれぞれ同じように実行されます。そして、異なるPythonバージョン、オペレーティングシステム、プラットフォームで実行されます。

本章では、Pythonのタスク自動化フレームワークであるNoxについて学びます。Noxは、開発

チーム、コントリビュータ、CIランナーがタスクを実行するためのエントリポイントとして機能します。

　Noxの各セッションはPythonで記述します。つまり、Noxのセッションは、専用の独立した環境でコマンドを実行するPython関数です。設定ファイルの記述言語としてPythonを使うので、Noxには優れたシンプルさ、移植性、および表現力があります。

8.1　最初のステップ

　Noxはpipxでインストールします。--python引数でPythonの最新バージョンを指定します。デフォルトでNoxは環境を作成する際に--python引数で指定したバージョンを使用します。pipxはnoxコマンドをグローバルに利用可能にしつつ、その依存関係をグローバルなPythonインストールから分離します（「**2.2　pipxによるアプリケーションのインストール**」参照）。

```
$ pipx install --python=3.12 nox
```

　Noxをインストールしたら、pyproject.tomlと同じディレクトリにnoxfile.pyファイルを作成します。**例8-1**はテストを実行するためのnoxfile.pyの例です。ここでは、pytest以外のテストに関する依存関係を持たない単純なPythonプロジェクトを想定しています。

例8-1　テストを実行するセッション

```
import nox

@nox.session
def tests(session):
    session.install(".", "pytest")
    session.run("pytest")
```

　セッションはNoxで中心となる概念です。環境とその環境内で実行するコマンドで構成され、@nox.sessionデコレータを付けた関数で定義します。セッション関数は引数としてセッションオブジェクトを受け取ります。セッションオブジェクトを利用して、パッケージのインストール（session.install）やコマンド実行（session.run）を行います。

　前章のプロジェクトを使ってセッションの概念を学びましょう。テストの依存関係をsession.installの引数に追加します。

```
    session.install(".", "pytest", "pytest-httpserver", "factory-boy")
```

noxfile.pyがあるディレクトリでnoxコマンドを引数なしで実行します。

```
$ nox
nox > Running session tests
nox > Creating virtual environment (virtualenv) using python in .nox/tests
```

```
nox > python -m pip install . pytest
nox > pytest
========================= tests session starts =========================
...
========================= 21 passed in 0.94s =========================
nox > Session tests was successful.
```

上記の出力例からわかるように、まず、Noxはvirtualenvでtestsセッション用の仮想環境を作成します。興味がある方は.noxディレクトリを調べてください。

 Noxが仮想環境を生成する際、デフォルトではNox自体と同じインタプリタを使用します。「**8.3 複数のPythonインタプリタで動かす**」ではNoxとは異なるインタプリタでセッションを実行する方法や複数のインタプリタで実行する方法を紹介します。

session.installについて詳しく調べましょう。まず、session.install関数の内部は単にpip installです。つまり、pipのオプションや引数を利用できます。例えば、requirementsファイルから依存関係をインストールできます。

```
session.install("-r", "dev-requirements.txt")
session.install(".", "--no-deps")
```

開発用の環境をエクストラに保持している場合は、以下のようにします。

```
session.install(".[tests]")
```

上記の例では、session.install(".")でプロジェクトをインストールしました。内部的に、pipはpyproject.tomlで指定したビルド方法の通りにwheelをビルドします。また、Noxはnoxfile.pyがあるディレクトリで実行するため、session.install(".")はpyproject.tomlとnoxfile.pyが同一ディレクトリに存在することを前提としています。

Noxでは、仮想環境の生成とパッケージのインストールのバックエンドとして、virtualenvとpipの代わりにuvも指定できます。具体的には、Noxのバックエンドを環境変数NOX_DEFAULT_VENV_BACKENDで指定できます[*1]。

```
$ export NOX_DEFAULT_VENV_BACKEND=uv
```

session.installでインストールした後、session.runでpytestを実行します。コマンドが失敗すると、セッションは失敗として記録されます。デフォルトでは、Noxはそのまま次のセッションに進みますが、セッションのいずれかが失敗した場合は最後に0以外のステータスで終了します。上記の例ではテストは成功するので、Noxは成功として0を返します。

例8-2には、プロジェクトのパッケージをビルドするセッションがあります（詳しくは「**3章**

[*1] 訳注：Noxのバージョン2024.03.02以降で使える機能である。

Pythonパッケージ」参照）。また、buildセッションではTwineのcheckコマンドでパッケージの検証をしています。

例8-2　パッケージをビルドするためのセッション

```python
import shutil
from pathlib import Path

@nox.session
def build(session):
    session.install("build", "twine")

    distdir = Path("dist")
    if distdir.exists():
        shutil.rmtree(distdir)

    session.run("python", "-m", "build")
    session.run("twine", "check", *distdir.glob("*"))
```

例8-2は古いパッケージを削除して新しくビルドしたパッケージを使うために標準ライブラリを活用しています。Path.globでファイルを探して、shutil.rmtreeでディレクトリと古いパッケージを削除しています。

 makeなどのツールとは異なり、Noxはシェルコマンドを暗黙的に実行しません。シェルコマンドはプラットフォーム間で大きく異なり、Noxセッションの可搬性が低下するからです。同様に、セッション内部でrmやfindなどのUnixユーティリティコマンドも可搬性を下げる要因となります。NoxセッションではPythonの標準ライブラリを使いましょう。

session.runで呼び出すプログラムは、その仮想環境で利用可能でなければなりません。利用できない場合、Noxは親切な警告を表示して、システム全体の環境にフォールバックします。Pythonにおいて、意図した仮想環境外でプログラムを実行することは、間違いやすくかつ対処が難しいエラーの原因となります。**例8-3**のように設定して、警告をエラーとして扱いましょう。

例8-3　Noxセッションで仮想環境外にあるコマンド実行を防ぐ

```python
nox.options.error_on_external_run = True  ❶
```

❶ noxfile.pyの先頭にnox.optionsを追加する。

場合によっては、Pythonではないビルドツールなど、Noxセッションの仮想環境外にあるコマンドを実行する必要があります。その場合は、session.runにexternalフラグを渡して仮想環境外のコマンド実行を許可します。**例8-4**はシステム上のPoetryを使ってパッケージをビルドする例です。

例8-4　外部コマンドでパッケージをビルドする

```python
@nox.session
def build(session):
    session.install("twine")
    session.run("poetry", "build", external=True)
    session.run("twine", "check", *Path().glob("dist/*"))
```

　上記の例では、信頼性を犠牲にして開発速度を優先しています。例8-2では、pyproject.tomlで定義したビルドバックエンドで動作して、実行するたびに仮想環境にビルドバックエンドをインストールします。例8-4では、開発者のシステムに最新版のPoetryがインストールされていることを前提としていて、インストールされていない場合は動作しません。プロジェクトの開発者全員の開発環境に同じバージョンのPoetryがインストールされている場合を除いて、前者の方法を優先してください。

8.2　セッション

　時間が経つにつれて、noxfile.pyには複数のセッションが記述されるでしょう。--listオプションを使うと各セッションの概要を簡単に表示できます。docstringを追加すると、docstringも表示されます。

```
$ nox --list
Run the checks and tasks for this project.

Sessions defined in /path/to/noxfile.py:

* tests -> Run the test suite.
* build -> Build the package.

sessions marked with * are selected, sessions marked with - are skipped.
```

　Noxを実行する際に--sessionオプションでセッションを指定することもできます。

```
$ nox --session tests
```

　開発中に何度もnoxを実行すれば、エラーを早期に発見できるでしょう。一方で、パッケージの検証を毎回する必要はありません。nox.options.sessionsでデフォルト実行するセッションを指定して検証するパッケージを制限できます。

```
nox.options.sessions = ["tests"]
```

　nox.options.sessionsを上記のように設定してnoxを実行すると、testsセッションのみ実行されます。また、--sessionオプションでbuildセッションを指定すればbuildセッションが実行されます。

nox.options.sessions で設定した値はコマンドラインオプションで上書きされます[*2]。

 プロジェクトの状況に合わせて nox.options.sessions の値を調整してください。開発者が引数なしで単に nox を実行して、自分の修正が妥当かどうかをチェックできるようにしましょう。

　Nox はデフォルトでセッションが実行されるたびに新しい仮想環境を生成して、依存関係を仮想環境にインストールします。チェックが厳密で、決定論的で、何度実行しても同じ結果となるので、よいデフォルト設定です。仮想環境に存在する古いパッケージが原因でコードの問題を見過ごすこともありません。

　とはいえ、実装中に何度もテストする際に、毎回仮想環境を生成していては開発スピードが遅くなってしまいます。仮想環境を再利用したい場合は、-r または --reuse-existing-virtualenvs オプションを指定します。さらに、--no-install オプションを指定すると、インストールをスキップできます。また、--reuse-existing-virtualenvs と --no-install を両方有効にする -R オプションもあります。

```
$ nox -R
nox > Running session tests
nox > Re-using existing virtual environment at .nox/tests.
nox > pytest
...
nox > Session tests was successful.
```

8.3　複数のPythonインタプリタで動かす

　プロジェクトで複数の Python バージョンをサポートする場合、対象の Python すべてに対してテストする必要があります。Nox はこのように複数の Python インタプリタで動かす状況で真価を発揮します。例8-5のように、@nox.session デコレータでセッションを定義する際に python キーワード引数で Python のバージョンを指定できます。

例8-5　複数のPythonのバージョンにまたがるテストの実行

```
@nox.session(python=["3.12", "3.11", "3.10"])
def tests(session):
    session.install(".[tests]")
    session.run("pytest")
```

　Nox は各 Python バージョンの仮想環境を生成して、各仮想環境で順にコマンドを実行します。

[*2] 単数形と複数形が混在していることを気にする方に向けて説明すると、noxfile.py では常に nox.options.sessions を使うこと。コマンドラインは --session と --sessions の両方を指定できる。また、コマンドラインオプションで任意のセッションを指定できる。

```
$ nox
nox > Running session tests-3.12
nox > Creating virtual environment (virtualenv) using python3.12 ...
nox > python -m pip install '.[tests]'
nox > pytest
...
nox > Session tests-3.12 was successful.
nox > Running session tests-3.11
...
nox > Running session tests-3.10
...
nox > Ran multiple sessions:
nox > * tests-3.12: success
nox > * tests-3.11: success
nox > * tests-3.10: success
```

 Noxを実行する際、pipでエラーになる場合があります。requirementsファイルを使い回さないでください。仮想環境ごとに依存関係を個別にロックする必要があります（「**8.9　セッションの依存関係**」を参照）。

Pythonのバージョンは--pythonオプションで指定できます。

```
$ nox --python 3.12
nox > Running session tests-3.12
...
```

--pythonで最新バージョンを指定して、最新バージョンのみでテストすると時間の節約になります。

Noxは--pythonを指定しないとPATHを検索してpython3.12やpython3.11といったインタプリタを見つけ、バージョンを判断します。また、"pypy3.10"としてPyPyインタプリタを指定することもできます。つまり、PATHに対して解決できるコマンドならどれでも使用できます。Windowsでは、Python Launcherも参照して利用可能なインタプリタを見つけます。

例えば、インストールしたPythonのプレリリース版でテストしたいとします。--pythonオプションで特定のインタプリタを指定するには@nox.sessionのpythonキーワード引数に渡す必要があります。pythonキーワード引数の代わりに、--force-pythonオプションを指定することもできます。--force-pythonオプションは@nox.sessionの設定を上書きします。例えば、以下のコマンドはtestsセッションをPython 3.13で実行します。

```
$ nox --session tests --force-python 3.13
```

8.4　セッション引数

今まで、testsセッションは引数なしでpytestを実行していました。

```
session.run("pytest")
```

必要ならば、--verboseオプションのような引数も渡せます。

```
session.run("pytest", "--verbose")
```

とはいえ、pytestに対して常に同じオプション引数を渡したいわけではありません。例えば、--pdbオプションを渡すと、テスト失敗時にPythonデバッガが起動します。確かに、デバッガは不可解なバグを調査する際に重宝しますが、CI上ではデバッガを扱えないため、ハングアップに陥ってまったく役に立ちません。同様に、-kオプションを使えば特定の名前を含むものだけを絞り込んでテストできますが、-kオプションをnoxfile.pyにハードコーディングしたくないでしょう。

Noxにはセッションにコマンドライン引数を渡せる機能があり、必要に応じてオプションの引数を追加できます。具体的には、**例8-6**のようにsession.posargsを介してコマンドライン引数を渡します。

例8-6　コマンドライン引数をpytestに渡す

```
@nox.session(python=["3.12", "3.11", "3.10"])
def tests(session):
    session.install(".[tests]")
    session.run("pytest", *session.posargs)
```

セッション引数は、--で区切ってNox自身のコマンドライン引数と区別する必要があります。

```
$ nox --session tests -- --verbose
```

8.5　カバレッジの測定

カバレッジツールを使えば、テストがコードベースをどの程度反映しているかを把握できます（「7章　Coverage.pyによるカバレッジ測定」参照）。簡単に言えば、coverageパッケージをインストールして、coverage run経由でpytestを呼び出します。この流れをNoxで自動化するには**例8-7**のようにします。

例8-7　カバレッジ付きでテストする

```
@nox.session(python=["3.12", "3.11", "3.10"])
def tests(session):
    session.install(".[tests]")
    session.run("coverage", "run", "-m", "pytest", *session.posargs)
```

　複数の環境でテストする場合、pyproject.tomlに以下のような記述を追加して、環境ごとにカバ
レッジデータを保持する必要があります（「**7.4　並列カバレッジ**」参照）。

```
[tool.coverage.run]
parallel = true
```

　「**7章　Coverage.pyによるカバレッジ測定**」では、プロジェクトをeditableモードでインストー
ルしました。一方、Noxセッションではプロジェクトのwheelをビルドしてインストールします。
wheelでインストールすることで、ユーザへの配布物もテストすることになります。また、editable
モードではなくwheelでインストールする場合、Coverage.pyで測定する対象としてsite-packages
を追加する必要があります。pyproject.tomlを編集して以下を追加します。

```
[tool.coverage.paths]
source = ["src", "*/site-packages"]  ❶
```

❶ site-packagesディレクトリにインストールされたファイルをsrcディレクトリ内のファイ
　ルに対応付ける。キー名のsourceは任意の識別子。複数対応付けできるので、必ず識別子
　を付ける必要がある。

　カバレッジレポートを表示するには**例8-8**のようにします。

例8-8　カバレッジレポートの生成

```
@nox.session
def coverage(session):
    session.install("coverage[toml]")
    if any(Path().glob(".coverage.*")):
        session.run("coverage", "combine")
    session.run("coverage", "report")
```

　上記のセッションの定義では、カバレッジデータが既に存在する場合のみcoverage combineを実
行します。カバレッジデータが存在しない状態でcoverage combineを実行すると失敗します。つま
り、最初にテストを再実行しなくても、nox -s coverageで安全にカバレッジを確認できます。
　例8-7とは異なり、上記のセッションはデフォルトのPythonインタプリタで実行され、Coverage.
pyのみインストールします。カバレッジレポートを生成するためにプロジェクト全体をインストール
する必要はありません。
　上記のセッションをサンプルプロジェクトで実行する場合は、「**7章　Coverage.pyによるカバ
レッジ測定**」で説明したようにカバレッジの設定をしてください。また、importlib-metadataの条件
付きインポートを使っている場合は、testsセッションにPython 3.7を追加してください。

```
$ nox --session coverage
nox > Running session coverage
nox > Creating virtual environment (uv) using python in .nox/coverage
nox > uv pip install 'coverage[toml]'
nox > coverage combine
nox > coverage report
Name                      Stmts   Miss Branch BrPart  Cover   Missing
----------------------------------------------------------------------
src/.../__init__.py          29      2      8      0    95%   42-43
src/.../__main__.py           2      2      0      0     0%   1-3
tests/__init__.py             0      0      0      0   100%
tests/test_main.py           36      0      6      0   100%
----------------------------------------------------------------------
TOTAL                        67      4     14      0    95%
Coverage failure: total of 95 is less than fail-under=100
nox > Command coverage report failed with exit code 2
nox > Session coverage failed.
```

 上記の結果を調べると、main()関数と__main__モジュールのカバレッジが100%に達していないことがわかります。この問題については「**8.7　サブプロセスにおけるカバレッジ測定**」にて扱います。

8.6　セッションの通知

　今まで記述してきたnoxfile.pyには、coverageセッションを実行するまで、環境ごとに作成されたカバレッジデータはプロジェクト内に放置されたままになってしまうという微妙な問題があります。さらに、長い間testsセッションを実行していない場合、カバレッジデータが古くなっている可能性もあります。つまり、カバレッジレポートは最新の状態を反映していないことになります。

　この問題を解決するために、testsセッションを実行した直後にcoverageセッションを実行します。このような振る舞いを実現するためにはNoxのsession.notifyを使います。**例8-9**では、try-finally文とsession.notifyで実現しています。session.notifyで通知されたセッションがまだ選択されていない場合、他のセッションが完了した後に実行されます。

例8-9　テスト終了後にカバレッジを起動する

```python
@nox.session(python=["3.12", "3.11", "3.10"])
def tests(session):
    session.install(".[tests]")
    try:
        session.run("coverage", "run", "-m", "pytest", *session.posargs)
    finally:
        session.notify("coverage")
```

テストが失敗した場合でもカバレッジレポートを確実に取得できるように try-finally 文を使っています。テスト駆動開発のような、失敗するテストから開発を始める場合にも、テストの対象となるコードが確実に実行されていることを確認できるので有益です。

8.7　サブプロセスにおけるカバレッジ測定

オブジェクト指向プログラミングとグラフィカルユーザインタフェースの設計における先駆者であるアラン・ケイは、かつて「単純なことは単純であるべきで、複雑なことは実行可能であるべきだ」[*3]と述べました。確かに、Nox のセッションは依存関係のインストールをする行とコマンドを実行する行の2種類に分類できるでしょう。しかし、Nox にはより複雑なロジックを必要とする自動化処理にも対応しています。このような Nox の性質は、汎用プログラミング言語である Python に処理を委ねているからです。

それでは、tests セッションを繰り返し実行して、サブプロセスでカバレッジを測定しましょう。**「7章　Coverage.py によるカバレッジ測定」**で述べたように、この手順を行うには少し工夫が必要です。まず、環境に .pth ファイルを作成して、サブプロセス起動時に coverage を初期化するようにします。次に、環境変数でカバレッジの設定ファイルを指定します。以上の手順を正しく行うのは面倒かつトリッキーです。自動化しましょう。

まず、.pth ファイルの場所を特定する必要があります。大抵は site-packages ディレクトリにありますが、プラットフォームや Python のバージョンによって異なります。むやみに推測するのではなく、sysconfig モジュールで特定します。

```
sysconfig.get_path("purelib")
```

セッション内部で sysconfig.get_path() を直接呼び出した場合、Nox をインストールした環境のディレクトリが返されます。つまり、Nox をインストールした環境のディレクトリではなく、**セッション環境**内にあるインタプリタがあるディレクトリを特定する必要があります。よって、単にsysconfig.get_path() を呼び出すのではなく、session.run() で python を実行してディレクトリを特定します。

```
output = session.run(
    "python",
    "-c",
    "import sysconfig; print(sysconfig.get_path('purelib'))",
    silent=True,
)
```

slient キーワード引数に True を渡すと、出力を標準出力に出力する代わりに変数に保持するよう

[*3]　Alan Kay, "What Is the Story Behind Alan Kay's Adage 'Simple Things Should Be Simple, Complex Things Should Be Possible'?" (https://oreil.ly/U5o_F). *Quora Answer*, 2020年7月19日

になります。標準ライブラリpathlibと組み合わせると、数行で.pthファイルへ書き込めます。

```
purelib = Path(output.strip())
(purelib / "_coverage.pth").write_text(
    "import coverage; coverage.process_startup()"
)
```

以上の処理をヘルパ関数にまとめたものが**例8-10**です。ヘルパ関数はセッションを引数として受け取りますが、@nox.sessionデコレータがないため、Noxのセッションではありません。つまり、ヘルパ関数はセッションから呼び出さない限り実行されることはありません。

例8-10　環境にcoverage.pthをインストールする

```
def install_coverage_pth(session):
    output = session.run(...)  # 上記参照
    purelib = Path(output.strip())
    (purelib / "_coverage.pth").write_text(...)  # 上記参照
```

準備はほぼ完了しました。残りは、testsセッションからヘルパ関数を呼び出して、環境変数をcoverageに渡すだけです。完成形は**例8-11**となります。

例8-11　サブプロセスでカバレッジ測定が可能になったtestsセッション

```
@nox.session(python=["3.12", "3.11", "3.10"])
def tests(session):
    session.install(".[tests]") ❶
    install_coverage_pth(session)

    try:
        args = ["coverage", "run", "-m", "pytest", *session.posargs]
        session.run(*args, env={"COVERAGE_PROCESS_START": "pyproject.toml"})
    finally:
        session.notify("coverage")
```

❶ .pthファイルをインストールする前に依存関係をインストールする。.pthファイルがcoverageパッケージをインポートするので、順番が重要となる。

サブプロセスのカバレッジを有効にすると、エンドツーエンドテストが行われるため、main()関数と__main__モジュールで不足しているカバレッジが測定されます。noxを実行して、テスト結果とカバレッジレポートを確認してください。次のようになるはずです。

```
$ nox --session coverage
nox > coverage report
Name                  Stmts   Miss Branch BrPart  Cover   Missing
-----------------------------------------------------------------
```

```
src/.../__init__.py      29      0      8      0    100%
src/.../__main__.py       2      0      0      0    100%
tests/__init__.py         0      0      0      0    100%
tests/test_main.py       36      0      6      0    100%
--------------------------------------------------------
TOTAL                    67      0     14      0    100%
nox > Session coverage was successful.
```

8.8 パラメタライズセッション

「私の環境では動きます」というフレーズ[4]があります。このフレーズは、ユーザがコードのバグを報告しても、自分の環境ではバグを再現できない状況を意味します。実際、現実世界における実行環境は無数に存在します。ここで、コードを複数のPythonバージョンでテストできれば、無数にある実行環境を構成するパラメータを1つカバーできることになります。もう1つの重要なパラメータは、プロジェクトが直接的または間接的に使っているパッケージ、つまり依存関係です。

Noxには、依存関係が異なる複数のバージョンに対してテストするための強力な手法を備えています。それは**パラメタライズセッション**です。セッション関数に仮引数を追加し、実行時に実引数を渡せます。そして、Noxは実引数ごとにセッションを実行します。

パラメタライズセッションは@nox.parametrizeデコレータ[5]で行います。**例8-12**では、複数のDjangoのバージョンに対するテストをパラメタライズセッションで実現しています。

例8-12　複数のDjangoのバージョンに対するテスト

```python
@nox.session
@nox.parametrize("django", ["5.*", "4.*", "3.*"])
def tests(session, django):
    session.install(".", "pytest-django", f"django=={django}")
    session.run("pytest")
```

Noxのパラメタライズセッションとpytestのパラメタライズテストは構文がよく似ています（「**6章 pytestによるテスト**」参照）。実際、Noxはパラメタライズセッションの概念をpytestから借用しました。そのため、@nox.parametrizeデコレータを重ねると、Noxはパラメータの組み合わせすべてに対してセッションを実行します。

```python
@nox.session
@nox.parametrize("a", ["1.0", "0.9"])
@nox.parametrize("b", ["2.2", "2.1"])
def tests(session, a, b):
    print(a, b)  # パラメータaとbに関するすべての組み合わせ
```

---

[4] 訳注：似たようなニュアンスを持つネットスラングとして「おま環」（お前の環境だけで起きている）がある。
[5] pytestと同様に、Noxは「E」キーキャップを過度な摩耗から守るためにparametrizeという名称を採用している。

　特定の組み合わせのみをテストしたい場合は、単一の@nox.parametrizeデコレータで指定できます。

```
@nox.session
@nox.parametrize(["a", "b"], [("1.0", "2.2"), ("0.9", "2.1")])
def tests(session, a, b):
    print(a, b)  # リストで与えた組み合わせのみ
```

　複数のPythonバージョンに対してセッションを実行する際、実質的にインタプリタでセッションをパラメタライズセッションに変換します。実際、@nox.sessionの実引数として渡すのではなく、次のように書けます[6]。

```
@nox.session
@nox.parametrize("python", ["3.12", "3.11", "3.10"])
def tests(session):
    ...
```

　上記の構文は、Pythonと他のツールとの特定の組み合わせでテストする必要がある場合に便利です。例えば、Django 3.2 (LTS) はPython 3.10よりも新しいバージョンに公式には対応していません。よって、その組み合わせをテスト対象から除外する必要があります。具体的には**例8-13**のように書きます。

例8-13　**Python**と**Django**の特定の組み合わせによるパラメタライズセッション

```
@nox.session
@nox.parametrize(
    ["python", "django"],
    [
        (python, django)
        for python in ["3.12", "3.11", "3.10"]
        for django in ["3.2.*", "4.2.*"]
        if (python, django) not in [("3.12", "3.2.*"), ("3.11", "3.2.*")]
    ]
)
def tests(session, django):
    ...
```

8.9　セッションの依存関係

　「**4章　依存関係の管理**」を注意深く読んでいれば、**例8-8**や**例8-11**におけるパッケージのインストールに問題があることに気付くかもしれません。説明のために再掲します。

---

[6]　鋭い読者は、pythonがセッション関数の仮引数に存在しないことに気付くだろう。セッションでpythonが必要な場合はsession.pythonを使う。

```
@nox.session
def tests(session):
    session.install(".[tests]")
    ...

@nox.session
def coverage(session):
    session.install("coverage[toml]")
    ...
```

　まず、coverageセッションにおいて、coverageパッケージのバージョンを指定していません。一方、testsセッションではpyproject.tomlのtestsエクストラで適切なcoverageパッケージのバージョンを指定しています（「**6.2　テストの依存関係**」参照）。

　coverageセッションはプロジェクトを必要としないので、余分なエクストラは不適切です。しかし、この問題以前に、上記のセッションにはもう1つ問題があります。セッションは依存関係をロックしないのです。

　依存関係をロックせずにセッションを実行することには、欠点が2つあります。まず、セッションは決定論的ではありません。同一セッションを連続して実行しても、実行するタイミングで異なるパッケージがインストールされてしまう可能性があります。次に、依存関係でプロジェクトが壊れた場合、そのリリースを除外するか、別のリリースで問題を修正するまでプロジェクトは壊れたままです[7]。言い換えると、たとえ間接的に依存しているプロジェクトだとしても、CIパイプライン全体を中断させてしまう可能性があるのです。

　一方で、依存関係をロックするためのロックファイルは常に変動するのでGitの履歴が乱雑になります。逆に、更新頻度を減らすと古い依存関係のままという代償を伴います。安全性が担保されているデプロイなど、何らかの理由で依存関係をロックする必要がない場合や、互換性のないリリースでCIが大混乱に陥っても短時間で立て直せるのであれば、依存関係を固定する必要はないでしょう。無料のランチなんてあるわけありません[8]。

　「**4.3　開発依存パッケージ**」では、依存関係をエクストラにまとめて、requirementsファイルをコンパイルしました。ここでは、依存関係をロックするためのより軽量な方法である**constraints**ファイルを紹介します。constraintsファイルにはエクストラが1つしか必要ありません。また、通常のエクストラのように、プロジェクト自体をインストールする必要がないため、coverageセッションで役立ちます。

　constraintsファイルとrequirementsファイルは似ています。constraintsファイルの内容は、バージョン指定付きのパッケージのリストで構成されています。requirementsファイルとは異なり、pip

---

[7]　セマンティックバージョンで制約を付ける手法は、有益どころか害をもたらす。バグはあらゆるリリースで発生し、「互換性を損なう変更」という言葉の定義は、必ずしもあなたの希望に沿うものではない。Hynek Schlawack "Semantic Versioning Will Not Save You"（https://oreil.ly/GwveY）2021年5月2日を参照。
[8]　訳注：ロバート・A・ハインライン『月は無慈悲な夜の女王』で有名になった文。

にパッケージをインストールさせることはありません。パッケージをインストールする必要がある場合にpipがどのバージョンを選択するかのみを制御します。

　constraintsファイルはセッションの依存関係をロックするのに適しています。セッション間で依存関係を共有しつつ、各セッションで必要なパッケージのみをインストールできます。複数のrequirementsファイルを使う場合と比較した唯一の欠点は、依存関係をすべて一緒に解決する必要があるため、依存関係の競合が発生する可能性が高いことです。

　constraintsファイルはpip-toolsやuv（詳しくは「**4.4.2　pip-toolsとuvでrequirementsをコンパイルする**」参照）を使えば生成できます。**例8-14**のように、生成作業も自動化できます。

例8-14　uvによる依存関係のロック

```python
@nox.session(venv_backend="uv")  ❶
def lock(session):
    session.run(
        "uv",
        "pip",
        "compile",
        "pyproject.toml",
        "--upgrade",
        "--quiet",
        "--all-extras",
        "--output-file=constraints.txt",
    )
```

❶ バックエンドとしてuvを明示的に指定する。session.install("uv")でセッションにuvをインストールすることも可能だが、PyPIでuvをインストールできるPythonのバージョン以外のバージョンにも対応している。

　--output-fileオプションで出力するconstraintsファイルの名前を指定できますが、ここでは慣例的な名前であるconstraints.txtとしています。--upgradeオプションを付ければ、セッションを実行するたびに依存関係を最新にできます。--all-extrasオプションを付ければ、プロジェクトのすべてのオプショナルな依存関係をconstraintsファイルに反映します。

> constraintsファイルをGitにコミットするのを忘れないようにしてください。constraintsファイルは他の開発者と共有する必要があり、CIでも利用可能にする必要があります。

　constraintsファイルは--constraintまたは-cオプションでsession.installに渡します。**例8-15**は依存関係をロックしたtestsおよびcoverageセッションです。

例8-15　constraints ファイルでセッションの依存関係をロックする

```
@nox.session(python=["3.12", "3.11", "3.10"])
def tests(session):
    session.install("-c", "constraints.txt", ".[tests]")
    ...


@nox.session
def coverage(session):
    session.install("-c", "constraints.txt", "coverage[toml]")
    ...
```

単一の constraints ファイルを使い回すには、Python インタプリタのバージョンとプラットフォームをロックする必要があります。各環境で必要なパッケージが異なる可能性があるため、異なる環境で同一の constraints ファイルは使えません。

複数の Python バージョン、オペレーティングシステム、プロセッサアーキテクチャに対応する場合、環境ごとに constraints ファイルを生成します。constraints ファイルはサブディレクトリに保存するようにしましょう。**例8-16** では constraints/python3.12-linux-arm64.txt のようなファイルパスを生成するヘルパ関数の例です。

例8-16　constraints ファイルのファイルパス自動生成

```
import platform, sys
from pathlib import Path


def constraints(session):
    filename = f"python{session.python}-{sys.platform}-{platform.machine()}.txt"
    return Path("constraints") / filename
```

例8-17 では、constraints ファイルを生成するための lock セッションの例です。セッションはインストールされているすべての Python バージョンで実行できるようになりました。上記の constraints() 関数で constraints ファイルのパスを生成して、そのディレクトリが存在することを確かめてから、パスを uv に渡します。

例8-17　複数の Python バージョンで依存関係をロックする

```
@nox.session(python=["3.12", "3.11", "3.10"], venv_backend="uv")
def lock(session):
    filename = constraints(session)
    filename.parent.mkdir(exist_ok=True)
    session.run("uv", "pip", "compile", ..., f"--output-file={filename}")
```

これで、tests セッションと coverage セッションは Python のバージョンに対応する constraints ファイルを参照できるようになりました。**例8-18** のように constraints ファイルを指定します。

例8-18　Pythonのバージョンに対応するconstraintsファイルをtestsセッションとcoverageセッションで使う

```
@nox.session(python=["3.12", "3.11", "3.10"])
def tests(session):
    session.install("-c", constraints(session), ".", "pytest", "coverage[toml]")
    ...


@nox.session(python="3.12")
def coverage(session):
    session.install("-c", constraints(session), "coverage[toml]")
    ...
```

8.10　PoetryプロジェクトでNoxを使う

　Poetryでプロジェクトを管理している場合、依存関係はグループ化して管理します（「5.5　**依存関係グループ**」参照）。Poetryの依存関係グループは、Noxのセッションと自然に連携可能です。つまり、testsセッションのパッケージはtestsグループに、docsセッションのパッケージはdocsグループに対応します。また、Poetryをパッケージインストーラとして使うと、ロックファイルをそのまま利用できます。Poetryはロックファイルを尊重するからです。

　Noxのセッション上でPoetryを使う方法を説明する前に、Poetryの環境とNoxの環境の違いについて説明します。

　まず、Poetryの環境は包括的です。デフォルトでは、プロジェクト本体、メインの依存関係、必須の依存関係グループが含まれます。一方、Noxの環境は、自動化するタスクに必要なパッケージのみをインストールします。

　次に、Poetryの環境はプロジェクトをeditableインストールするため、コードが変更されるたびに再インストールする必要がありません。一方、Noxの環境では、エンドユーザと同じ方法でプロジェクトを確認できるように、wheelをビルドしてインストールします。

　どちらが正しいとか、間違っているとかはありません。Poetryの環境は、開発中のプロジェクトとのアドホックな対話に適しています。すべてのツールがpoetry runだけで実行できます。一方、Noxの環境は信頼性の高い、かつ再現できるチェックのために最適化されています。各環境は限りなく分離されていて、決定論的であることを目指しています。

　Noxのセッション上でPoetryを使う場合は、NoxとPoetryの違いを意識することが大切です。Noxでpoetry installを実行する際は、以下のガイドラインに従うことを勧めます。

- プロジェクトのeditableインストールを回避するために、--no-rootオプションを使う。プロジェクトのインストールが必要な場合はpoetry installの後にsession.install(".")でプロジェクトをwheel経由でインストールする。

- `--only=<group>`オプションでセッションごとに適切な依存関係グループをインストールする。プロジェクトのインストールが必要な場合は特別なグループである main を追加する。こうすると、poetry.lock ファイルでインストールされるすべてのパッケージのバージョンが固定される。
- `--sync` オプションで、プロジェクトが使わなくなったパッケージをセッション環境から削除する。

例8-19では、上記のガイドラインをヘルパ関数に組み込んでいます。

例8-19　Nox上でPoetryを使って依存関係をインストール

```
def install(session, groups, root=True):
    if root:
        groups = ["main", *groups]

    session.run_install(
        "poetry",
        "install",
        "--no-root",
        "--sync",
        f"--only={','.join(groups)}",
        external=True,
    )
    if root:
        session.install(".")
```

この例のヘルパ関数では、session.runの代わりにsession.run_installを使っています。session.runとsession.run_installはほぼ同じように動作しますが、session.run_installの場合、`--no-install` または `-R` オプションを指定して環境を再利用する際にパッケージのインストールを行いません。

「6章　pytestによるテスト」と「7章　Coverage.pyによるカバレッジ測定」においてPoetryを使っていた場合、pyproject.tomlにはpytestとcoverageを依存関係に含むtestsグループがあるはずです。coverageセッションではテストに関する依存関係は不要なので、coverageの依存関係を他のグループと分離しましょう[9]。

```
[tool.poetry.group.coverage.dependencies]
coverage = {extras = ["toml"], version = ">=7.2.7"}

[tool.poetry.group.tests.dependencies]
pytest = ">=7.4.4"
```

---

[9] pyproject.tomlを編集した後は、poetry lock --no-updateを実行してpoetry.lockファイルを更新すること。

tests セッションで依存関係パッケージをインストールする方法は次の通りです。

```
@nox.session(python=["3.12", "3.11", "3.10"])
def tests(session):
    install(session, groups=["coverage", "tests"])
    ...
```

また、coverage セッションは次のようになります。

```
@nox.session
def coverage(session):
    install(session, groups=["coverage"], root=False)
    ...
```

 Poetry が自身の環境ではなく Nox の環境を使っていることをどうやって認識しているのでしょうか。Poetry は、アクティブな仮想環境が存在する場合、その仮想環境にパッケージをインストールします。また、Nox が Poetry を実行すると、環境変数 VIRTUAL_ENV をエクスポートしてセッション環境をアクティブにします（「2.1.3　仮想環境」参照）。

8.11　nox-poetry による依存関係のロック

Nox と Poetry を組み合わせる手法として、前節で説明した手法とは別に nox-poetry パッケージを採用するアプローチもあります。nox-poetry パッケージは Nox の非公式プラグインであり、依存関係のロックに悩まされることなく、単に session.install でセッション関数を記述できるようになります。nox-poetry の裏側では、poetry export で constraints ファイルをエクスポートしています。

nox-poetry パッケージは Nox と同じ環境にインストールします。

```
$ pipx inject nox nox-poetry
```

そして、nox-poetry の @session デコレータでセッション関数をデコレートします。

```
from nox_poetry import session

@session
def tests(session):
    session.install(".", "coverage[toml]", "pytest")
    ...
```

session.install でパッケージをインストールすると、constraints ファイルを使って poetry.lock ファイルを同期させます。また、依存関係を個別のグループとして管理できますし、単一の dev グループに含めることもできます。

nox-poetry は便利で noxfile.py も単純になりますが、欠点もあります。Poetry の依存関係を constraints ファイルに変換する操作はロスレスではありません。例えば、パッケージのハッシュや

プライベートリポジトリのURLはconstraintsファイルに反映されません。もう1つの欠点は、nox-poetryというグローバルな依存関係が増えることです。筆者が2020年にnox-poetryパッケージを実装した時点では、依存関係グループはありませんでした。本書の執筆時点では、前節で説明したように、Poetryを直接使うことを推奨します。

8.12　まとめ

　Noxを使えば、プロジェクトのタスクを自動化できます。Noxの設定ファイルnoxfile.pyはタスクをセッション関数として整理します。セッション関数は@nox.sessionでデコレータされた関数であり、セッションAPIとなる実引数sessionを受け取ります（**表8-1**参照）。Noxのセッションはすべて分離された仮想環境で実行されます。@nox.sessionにPythonのバージョンのリストを渡すと、バージョンごとにセッションを実行します。

表8-1　sessionオブジェクト

API名	詳細	例
run()	コマンドを実行する	session.run("coverage", "report")
install()	pip経由でパッケージをインストールする	session.install(".", "pytest")
run_install()	インストールコマンドを実行する	session.run_install("poetry", "install")
notify()	別のセッションに通知を送る	session.notify("coverage")
python	セッションのインタプリタ	"3.12"
posargs	コマンドライン引数	nox -- --verbose --pdb

　noxコマンド（**表8-2**参照）は、一連のセッションへの単一のエントリポイントとなります。引数なしで実行すると、noxfile.pyで定義されたすべてのセッション（またはnox.options.sessionsで指定されたセッション）が実行されます。コードに存在する問題は発見が早期であればあるほど修正に必要なコストが少なくなります。そのため、ローカル環境でもCIサーバと同じチェックを実行してください。チェック以外にも、パッケージング、ドキュメント作成などのタスクも自動化できます。

表8-2　noxのコマンドラインオプション

コマンドラインオプション	詳細	例
--list	利用可能なセッションの一覧を表示	nox -l
--session	実行するセッションをセッション名で指定	nox -s tests
--python	セッションで使用するインタプリタを指定	nox -p 3.12
--force-python	セッションで使用するインタプリタを上書きして指定	nox --force-python 3.13
--reuse-existing-virtualenvs	仮想環境を再利用	nox -rs tests
--no-install	インストールコマンドをスキップ	nox -Rs tests

　本章では取り上げませんでしたが、Noxには他にも多くの機能があります。例えば、環境の作成

やパッケージのインストールにCondaやMambaも利用できます。また、キーワードとタグでセッションを整理してnox.paramでわかりやすい識別子を割り当てることもできます。そして、NoxにはGitHub Actionsが付属しており、CIでNoxセッションを簡単に実行できます。詳細については、公式ドキュメント（https://oreil.ly/6U7hB）を参照してください。

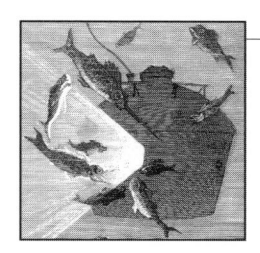

9章
Ruffとpre-commit
によるリント

1978年、ベル研究所の研究員であるスティーヴン・ジョンソンはC言語のソースコードにあるバグと不明瞭な箇所を検出するプログラムを実装しました。スティーヴンはそのプログラムを、洗濯機から取り出した上着に付いている糸くずにちなんでリント（lint）と名付けました。リントはソースコードを解析して問題のある箇所を指摘する**リンタ**と呼ばれるプログラムの嚆矢となりました。

リンタはプログラムを実際に実行して問題を発見するランタイム解析（動的解析）ではなく、ソースコードを読み取って解析する**静的解析**です。静的解析なので、リンタは高速かつ安全であり、本番システムへのリクエストなどの副作用も心配する必要がありません。また、静的解析は賢くかつほぼ完全であり、潜在的なバグを掘り起こすためにあらゆるケースの組み合わせを試す必要がありません。

> 静的解析は強力ですが、テストを置き換えるものではなく、テストも依然として重要です。静的解析が推論ならば、テストは観察です。リンタはコードの一般的な性質について検証しますが、テストはプログラムが要件を満たしているかを検証します。

また、リンタはコードを読みやすく一貫したスタイルに維持することにも優れています。不明瞭で非推奨な構文よりも、慣用的でモダンな構文を優先します。長年にわたり、私たちはPEP 8（https://oreil.ly/4Vjl5）や「Google Style Guide for Python（https://oreil.ly/ymIbA）」といったスタイルガイドを採用しています。つまり、リンタは**実行可能な**スタイルガイドとして機能します。問題のある構文に対して自動的にフラグ付けすることで、コードレビューをコードスタイルの子細ではなくコード変更の意味に集中させることができます。

本章では3つのツールを紹介します。

Ruffリンタ

　　Rustで実装されたPythonのリンタ

pre-commit

　　Gitと統合されたリンタフレームワーク

Ruff コードフォーマッタ

　Black コードスタイルと互換性があるコードフォーマッタ

まずは、リンタで簡単に解決できる典型的な問題から始めましょう。

9.1　リンタの基礎

　リンタで指摘される箇所は、完全に間違いというわけではありません。むしろ、何かがおかしいかもしれないという直感を呼び起こすものが多いです。例9-1 の Python コードを調べてみましょう。

例9-1　問題を特定できるか

```
import subprocess

def run(command, args=[], force=False):
    if force:
        args.insert(0, "--force")
    subprocess.run([command, *args])
```

　上記のコードに潜むバグに遭遇したことがない場合、force=False と指定したのに --force 引数が渡される場合があることに驚くかもしれません。

```
>>> subprocess.run = print  # コマンドを実行する代わりに表示する
>>> run("myscript.py", force=True)
['myscript.py', '--force']
>>> run("myscript.py")
['myscript.py', '--force']
```

　このバグは**ミュータブルなデフォルト引数**が引き起こしたものです。Python において、関数のデフォルト引数は関数定義時に評価され、関数呼び出し時には評価されません。つまり、上記の run() 関数の呼び出しで2回とも同じ args リストが使われたのです。1回目の呼び出しで args リストに --force が追加され、2回目の呼び出しでも --force が追加された args リストが渡されました。

　リンタはこのような落とし穴を検出して、警告を発して、さらには修正もしてくれます。実際に、run() 関数に Ruff リンタを使ってみましょう。Ruff リンタについては「**9.2　Ruff リンタ**」で詳しく説明します。今のところは、バグを特定するエラーメッセージに注目してください[1]。

```
$ pipx run ruff check --extend-select B
bad.py:3:23: B006 Do not use mutable data structures for argument defaults
Found 1 error.
No fixes available (1 hidden fix can be enabled with the `--unsafe-fixes` option)
```

---

[1]　B から始めるエラーコードは、Flake8 のプラグインである flake8-bugbear によるチェック項目を意味する。

Pythonリンタ略史

Pythonの歴史において、2つのツールがリンタ界を支配してきました。PylintとFlake8です。

Pylint (https://oreil.ly/IfDv4、2001年) はPythonリンタ界の**御台所** (grande dame) です。何百ものチェック項目を備えた、包括的なアプローチを取ります。事前に設定が必要ですが、そのチェックの徹底ぶりは有名です。

2010年、設定不要ですぐに使える、よりシンプルなリンタが登場しました。Flake8 (https://oreil.ly/jmxgT) です。Flake8自体はチェック項目を定義せず、その代わりにプラグインシステムを提供しています。デフォルトでは、構文エラーと潜在的なバグを検出するPyflakes、PEP 8スタイルガイドに準拠しているかをチェックするpycodestyle[*2]を実行します。また、コードの循環的複雑度をチェックするMcCabeもありますが、デフォルトでは無効になっています。Flake8は膨大で成長を続けるリンタプラグインのエコシステムの基礎を築きました。

近年、Pythonの品質チェックツールのエコシステムは、Black、mypy、Ruffの3つを中心に大変革を遂げています。

- コードフォーマッタBlack (https://oreil.ly/8hn88) の台頭により、コードスタイルのチェックが不要になりました。Blackという名前はヘンリー・フォードが自社のT型フォード車について述べた「どの色でも好きに選べる――それが黒色である限りは」という格言にちなんでいます。Blackには設定項目がほぼ存在せず、Blackコードスタイルを妥協なく適用します。

- 型チェッカmypy (https://oreil.ly/gteOH) により、型に関するチェック項目が広がりました。例えば、間違った型の引数による関数呼び出しを検出できるようになりました。型チェッカについては「**10章 安全性とインスペクションのための型アノテーション**」で説明します。

- Ruff (https://oreil.ly/oTbbx) はFlake8、Pylint、Blackを含むPythonのコード品質ツールをRustで再実装したものです。各ツールを統一するだけでなく、チェック速度を最大2桁向上させました[*3]。

歴史上、リンタは問題のあるコードに警告を出すだけで、コードを改善する面倒な作業は人間に委ねていました。モダンなリンタはPythonのコードを最新の言語機能を使うように自動で修正するといった高度なタスクを含めて、問題のあるコードを自動的に修正できます。

[*2] 訳注:pycodestyleの旧名はpep8である。規約名とツール名が同一名称だと紛らわしいのでpycodestyleに改名した。Flake8の8は旧名時代の名残である。

[*3] Charlie Marsh, "PythonTooling Could Be Much, Much Faster" (https://oreil.ly/ttQUJ), 2022年8月30日

9.2 Ruffリンタ

RuffはRustで実装された、驚くほど高速なオープンソースのリンタ兼コードフォーマッタです。RuffはFlake8プラグイン、Pylint、Bandit、isortなどの数十のリンタを再実装しています。

Ruffを開発したAstral社はPythonパッケージングツールuv（「2.3 uvによる環境の管理」参照）の実装や、Pythonプロジェクトマネージャツールrye（「3.9 Ryeによるパッケージ管理」参照）の管理を行っています。いずれのツールもRustで実装されています。

 Ryeでプロジェクトを管理している場合、Ruffリンタとフォーマッタはそれぞれrye lintとrye fmt コマンドで実行できます。

Ruffはpipxでインストールします。

```
$ pipx install ruff
```

pipxはどのようにRustプログラムをインストールしているのでしょうか。実は、RuffのバイナリはPyPI上でwheelとして提供されています。そのため、Pythonユーザは古き良きpipとpipxでRuffをインストールできるのです。つまり、py -m ruffでRuffを実行することもできます。

Ruffに関する別の使用例として、HTTPヘッダのリファクタリングを取り上げます。以下のコードは、リストを辞書に置換するリファクタリングを行っています。

```
headers = [f"User-Agent: {USER_AGENT}"] # version 1
headers = {f"User-Agent": USER_AGENT}   # version 2
```

フォーマット済み文字列をリファクタリングする際、プレースホルダを削除した後も放置されたまま残るfプレフィックスは多くあります。Ruffはプレースホルダが存在しないフォーマット済み文字列に対して警告を出します。実際、プレースホルダを忘れたのか、通常の文字列にしたのか、このコードを読む人は混乱するでしょう。

ここで、ruff checkコマンドを実行してください。ruff checkはRuffリンタのフロントエンドとなります。引数なしでこのコマンドを実行すると、.gitignoreファイルにリストされていない限り、カレントディレクトリ以下にあるすべてのPythonファイルをチェックします。

```
$ ruff check
example.py:2:12: F541 [*] f-string without any placeholders
Found 1 error.
[*] 1 fixable with the `--fix` option.
```

Ruffのメッセージは、**図9-1**に示す構造をしています。

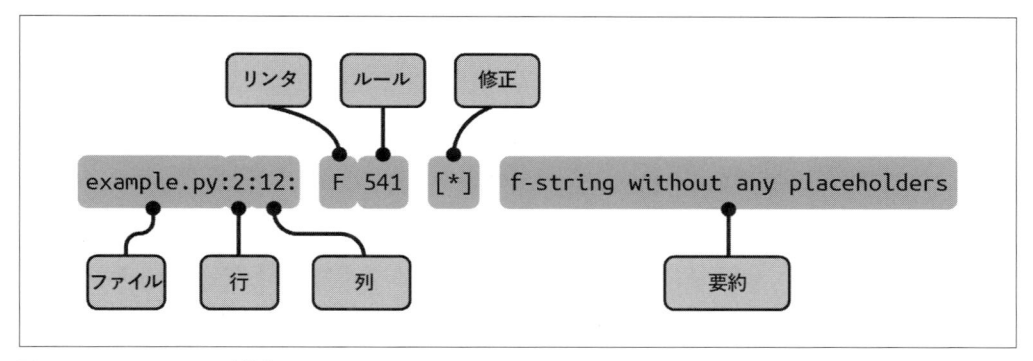

図9-1 Ruffのメッセージ構造

　Ruffは問題のあるコードの場所（ファイル、行、列）を示し、「プレースホルダが存在しない
フォーマット済み文字列」といった問題の概要を表示します。また、問題のあるコードの場所と概要
の間にも重要な情報があります。F541のような英数字のコードはリンタのルール、[*]はRuffが自動
的に修正できることを示しています。

　警告の意味がわからない場合は、ruff ruleコマンドで説明を表示できます。

```
$ ruff rule F541
f-string-missing-placeholders (F541)

Derived from the Pyflakes linter.

Fix is always available.

What it does
Checks for f-strings that do not contain any placeholder expressions.

Why is this bad?
f-strings are a convenient way to format strings, but they are not
necessary if there are no placeholder expressions to format.
...
```

　リンタのルールは1文字以上の英字のプレフィックスの後に3桁以上の数字が続く形式です。プ
レフィックスはリンタの種類を識別するものです。例えば、F541のFはPyflakesを意味します。ま
た、RuffはPyflakesをはじめとする既存のリンタのルールを再実装しています。原著の執筆時点で
は、既存のツールをモデルにした組み込みプラグインが50種類以上あります。ruff linterコマンド
で利用可能なルールを表示できます。

```
$ ruff linter
   F Pyflakes
 E/W pycodestyle
```

```
C90 mccabe
  I isort
  N pep8-naming
  D pydocstyle
 UP pyupgrade
... (50+ more lines)
```

　適用するルールはpyproject.tomlファイルのtool.ruff.lint.selectで設定できます。tool.ruff.lint.selectは指定したプレフィックスのいずれかから始まるコードを持つルールをすべて有効にします。初期状態では、Pyflakesとpycodestyleから基本的かつ汎用的なルールが有効となります。

```
[tool.ruff.lint]
select = ["E4", "E7", "E9", "F"]
```

9.2.1　Pyflakes と Pycodestyle

　Pyflakes（F）は、使用されていないインポートやプレースホルダが存在しないフォーマット済み文字列など、問題がある箇所を指摘するルールです。一方で、コードスタイルには一切触れません。Pycodestyle（EおよびW）はPythonの作成者であるグイド・ヴァン・ロッサムがバリー・ワルシャとアリッサ・コグランと共にまとめたスタイルガイドであるPEP 8に関する違反を検出するルールです。

　コードフォーマッタでスタイルに関するチェックが不要になったこともあり、RuffはデフォルトでPycodestyleの一部だけ有効にします。それでも、PEP 8にはコードフォーマットの範囲を超える推奨事項があります。例えば、not x is None よりも x is not None といったルールです。後者の方が（英語として）自然に読めるはずです。このような問題を検出して修正すれば、より読みやすく理解しやすいコードになります。

 Blackのような厳格なコードフォーマッタを使っていない場合、リンタのルールとしてPycodestyleに関するルール全体（EとW）を有効にしましょう。こうすれば、自動修正で最低限のPEP 8準拠のコードベースになります。この設定はコードフォーマッタautopep8（「**9.4.1　コードフォーマットのアプローチ：autopep8**」参照）の設定とよく似ていますが、機能的に完全ではありません[4]。

9.2.2　素晴らしいリンタとその入手先

　Ruffのルールは紙面で紹介しきれないほど存在して、さらに新しいルールが日々追加されています。プロジェクトに適したルールはどのように見つければよいでしょうか。実際にルールを試してみましょう。プロジェクトに応じて、個別のルール（B006）、ルールのグループ（E4）、ルール全体（B）、そして既存のルールすべて（ALL）を有効にすることも可能です。

---

[4]　執筆時点では、Ruffのプレビューモードを有効にする必要がある。tool.ruff.lint.preview=trueと設定する。

 特別なコードALLは実験用に予約しておきましょう。Ruffをアップグレードすると、新しいリンタが暗黙的に有効になります。また、一部のルールは有用な結果を得るために事前設定が必要であったり、別のルールと競合したりします。本書レビュワーのHynekは、ALLを設定することで、経験に基づいたアンチパターンを学べると指摘しています。また、ルールの根拠を理解した上で、そのルールをオプトアウトすることもできます。ALLを適用するのは手間がかかるものの、Ruffのリリースに追従できる利点もあります。

Ruffにはselectの他に、デフォルトのルールに加えてルールを選択するextend-selectディレクティブがあります（「**9.1　リンタの基礎**」）。一般的に、設定を自己完結的かつ明示的にするために、selectディレクティブを優先するべきです。

```
[tool.ruff.lint]
select = ["E", "W", "F", "B006"]
```

どこから始めればよいかわからない場合は、**表9-1**に挙げたルールから始めてみましょう。

表9-1　便利なRuffのルール

プレフィックス	ルール名	説明
RUF	Ruff固有のルール（ルール名）	Ruff固有のlintコレクション
I	isort	import文のグルーピングとソート
UP	pyupgrade	最新の言語機能を使う
SIM	flake8-simplify	コードを簡素化する
FURB	refurb	良いコードをさらに良くする
PIE	flake8-pie	ルールの寄せ集め
PERF	Perflint	パフォーマンスのアンチパターンを回避
C4	flake8-comprehensions	内包表記を使う
B	flake8-bugbear	バグや設計上の問題の可能性を修正する
PL	Pylint	膨大なルールのコレクション
D	pydocstyle	適切なdocstringに修正する
S	flake8-bandit	潜在的なセキュリティ上の脆弱性を検出する

Ruffを導入する際に最初に行うべきタスクは、どのルールを有効にするべきかを決定することです。単にルールを有効にすると、その膨大な指摘事項の数に圧倒されるでしょう。圧倒される前に、まずは--statisticsオプションで情報を集約しましょう。

```
$ ruff check --statistics --select ALL
123    I001    [*] Import block is un-sorted or un-formatted
 45    ARG001  [ ] Unused function argument: `bindings`
 39    UP007   [*] Use `X | Y` for type annotations
 32    TRY003  [ ] Avoid specifying long messages outside the exception class
 28    SIM117  [ ] Use a single `with` statement with multiple contexts
 23    SLF001  [ ] Private member accessed: `_blob`
```

```
17    FBT001  [ ] Boolean-typed positional argument in function definition
10    PLR0913 [ ] Too many arguments in function definition (6 > 5)
...
```

この段階で、選択肢が2つあります。第一の選択肢は、--ignore オプションで出力を抑制することです。特に指摘事項が膨大な場合に有効で、例えば、型アノテーションや docstring が整っていない場合は --ignore ANN,D を指定して flake8-annotations と pydocstyle を除外します。第二の選択肢は、有効にするべきと感じたルールがあれば、pyproject.toml で設定を永続化して、その警告を修正することです。これの繰り返しです。

> すべてのプロジェクトで同じルールを適用しましょう。個別にルールを適用することはせず、デフォルト設定を優先するようにしてください。チーム全体でコードベースの一貫性とアクセシビリティが向上します。

9.2.3　ルールと警告の無効化

select ディレクティブには柔軟性がありますが、基本的にはルールを追加するだけです。つまり、特定のプレフィックスを持つルールを設定できます。一方、ignore ディレクティブは select とは逆の方向で柔軟性があります。つまり、個別のルールやルールのグループを除外できます。また、select と同様に、特定のプレフィックスを持つルールを除外できます。

ignore ディレクティブは、ルールの一部だけ除外したい場合や、ルールを段階的に採用したい場合に便利です。pydocstyle ルール（D）はモジュール、クラス、関数に整備された docstring が存在するかどうかをチェックします。例えば、モジュールの docstring（D100）を除いて、プロジェクトの docstring がほぼ完成しているとしましょう。この場合、ignore ディレクティブに D100 を追加して、モジュール以外の docstring の整備が完了するまでモジュールの docstring に関する警告を抑制します。実際、次のように設定します。

```
[tool.ruff.lint]
select = ["D", "E", "F"]
ignore = ["D100"]  # 現在はモジュールのdocstringに関する指摘は必要ない
```

per-file-ignore ディレクティブは、ファイル単位で一部のルールを除外するものです。例えば、bandit ルール（S）には、脆弱性を検出する機能が豊富にあります。そのルール S101 は、assert 文が存在すると警告[5]を出します。しかし、pytest（「6章　pytest によるテスト」参照）でテストするには assert 文が必須です。テストスイートが tests ディレクトリに存在する場合は、次のように tests ディレクトリ以下を S101 のチェック対象から除外します。

---

[5]　Python インタプリタを起動する際に、-O オプションを付けると最適化モードで実行される。その際、assert 文は削除される。つまり、信頼できない入力を検証するために assert 文を使ったとしても本番環境では assert 文が無視される可能性があるため、その目的で assert 文を使ってはいけない。

```
[tool.ruff.lint.per-file-ignores]
"tests/*" = ["S101"]  # テストではassert文を使う
```

ただし、ルールを無効にするのは最後の手段にすべきです。通常は、ignoreディレクティブではなく問題のある行に特別なコメントを追加して警告を抑制するべきです。具体的にルールを無視するには、# noqa: ルールコードの形式で指定します。

 noqaコメントには必ずルールコードを指定してください。単にnoqaとすると、本来抑制したいルール以外の問題を握り潰すことになります。また、ルールコードを指定すれば、修正する準備ができた際に見つけやすくなります。pygrep-hooksルールのPGH0004を有効にすれば、ルールコードを必須にできます。

noqaコメントは、誤検知を抑制するだけでなく、現時点では優先度を下げたい正しい警告も無視できます。例えば、MD5ハッシュアルゴリズムは一般的に安全ではないとされていることから、banditルールのS324はMD5ハッシュアルゴリズムが使われていると警告を出します。しかし、実際にMD5ハッシュの計算を要求するレガシーシステムとやり取りをする場合、MD5ハッシュアルゴリズムを使う以外の選択肢[6]はほぼないでしょう。以下のように、# noqa: S324で警告を抑制します。

```
md5 = hashlib.md5(text.encode()).hexdigest()  # noqa: S324
```

banditは、完全に禁止するのではなく、厳密に精査すべき箇所にも警告を出します。つまり、警告が出た箇所を念入りに確認して、その箇所が無害であると判断した場合はその警告を抑制するのです。

また、ルールを有効にしつつそのルールによる警告をすべて抑制することが合理的である場合もあります。つまり、ルールへの対応を先送りして、その箇所のコードを修正するタイミングで警告に対処するというものです。Ruffの--add-noqaオプションを使えば、問題のある箇所すべてにnoqaコメントを自動的に挿入できます。

```
$ ruff check --add-noqa
```

一般的に、コメントは時が経つにつれて古くなる可能性があります。noqaコメントも例外ではありません。例えば、コードをリファクタリングしたら警告を抑制していた箇所も修正されてしまったということが起こり得ます。古いnoqaコメントはノイズであり、警告を解消する際に邪魔です。RuffのRUF100ルールを有効にすれば、現時点では意味のないnoqaコメントが自動的に削除されます。

9.2.4 Noxによる自動化

大規模なプロジェクトのコード品質は、定期的に対応しなければ時が経つにつれて低下します。

---

[6] 訳注：現実的な選択肢はレガシーシステムの管理者に安全な暗号学的ハッシュ関数を使うように修正を強く求めることだが、得てしてその願いは天に届かないのである。

リンタを自動化すれば、自然に発生してしまう乱雑さに対抗できます。Noxフレームワーク（「**8章 Noxによる自動化**」参照）を使えば、リンタを必須チェック項目として実行できます。

以下のNoxセッションは、ディレクトリ内に存在するすべてのPythonファイルに対してRuffを実行します。

```
@nox.session
def lint(session):
    session.install("ruff")
    session.run("ruff", "check")
```

Noxも有効な選択肢ではあるのですが、リントに関してはより強力な手段があります。それは、Gitと統合されたリンタフレームワークであるpre-commitです。

9.3　pre-commitフレームワーク

pre-commitは、最小限の設定でサードパーティ製のリンタをプロジェクトに追加できます。一般的なリンタには、pre-commitと統合する**フック**と呼ばれる機能が用意されています。フックはコマンドラインから明示的に実行したり、変更をコミットするたびに（そして他のイベントで）実行されるようにローカルリポジトリに設定できたりします。

まず、pipxでpre-commitをインストールします。

```
$ pipx install pre-commit
```

9.3.1　pre-commitの初歩

プロジェクトにRuff用のpre-commitフックを追加しましょう。プロジェクトのトップレベルディレクトリに.pre-commit-config.yamlファイルを作成して、**例9-2**のように記述します。pre-commitをサポートするリンタのドキュメントには、大抵このような設定方法が書かれているでしょう。

例9-2　Ruffのフックを設定した.pre-commit-config.yamlファイル

```
repos:
  - repo: https://github.com/astral-sh/ruff-pre-commit
    rev: v0.4.4
    hooks:
      - id: ruff
```

リンタの作成者は、Gitリポジトリを介してpre-commitフックを配布します。.pre-commit-config.yamlファイルではリポジトリのURL、リビジョン、フックを指定します。URLはGitでクローンできる任意の場所を指定します。通常、リビジョンはリンタの最新リリースを指すGitタグです。また、リポジトリは複数のフックを用意できます。例えば、Ruffはリンタのフックruffと

フォーマッタのフック ruff-format を用意しています。

　pre-commit と Git は密接に結び付いているため、Git リポジトリ内から呼び出す必要があります。--all-files オプションを付けて pre-commit run を実行して、リポジトリ内にあるファイルすべてをリントしましょう。

```
$ pre-commit run --all-files
[INFO] Initializing environment for https://github.com/astral-sh/ruff-pre-commit.
[INFO] Installing environment for https://github.com/astral-sh/ruff-pre-commit.
[INFO] Once installed this environment will be reused.
[INFO] This may take a few minutes...
ruff.......................................................................Passed
```

　初めてフックを実行すると、pre-commit はフックリポジトリをクローンして、リンタを分離された環境にインストールします。最初は少し時間がかかるかもしれませんが、pre-commit は、複数のプロジェクトにわたってリンタ環境をキャッシュするため、何度もインストールする必要はありません。

9.3.2　フックの内部動作

　pre-commit フックの内部動作に興味があれば、Ruff のフックリポジトリ（https://oreil.ly/BIbwL）を調べてみてください。リポジトリ内の .pre-commit-hooks.yaml ファイルでフックが定義されています。例9-3はフック定義の抜粋です。

例9-3　Ruff の .pre-commit-hooks.yaml ファイルからの抜粋

```
- id: ruff
  name: ruff
  language: python
  entry: ruff check --force-exclude
  args: []
  types_or: [python, pyi]
```

　フックには一意な識別子（id）や、わかりやすい名前（name）があります。pre-commit とやり取りする際は、id でフックを参照します。また、name は、コンソールに表示されるメッセージにのみ表示されます。

　フックの定義では、リンタの実装言語（language）、コマンド（entry）、コマンドライン引数（args）を指定して、pre-commit にリンタのインストール方法と実行方法を伝えます。Ruff フックは、Python パッケージなので、language として Python を指定します。また、--force-exclude オプションでリンタの対象から除外するファイルを指定します。除外するファイルを指定すると、pre-commit が除外するファイルを Ruff に渡しても、Ruff はそのファイルをリンタの対象から除外します。

> 必要ならば、.pre-commit-config.yamlのargsはコマンドラインオプションで上書きできます。一方、entryは必須項目であり、上書きできません。

　最後に、types_orでリンタが扱えるファイルの形式を指定します。pythonは、.pyファイルや関連する拡張子を持つファイル、Pythonのシバンを持つ実行可能なスクリプトにマッチします。pyiは、型アノテーションに関するスタブファイルにマッチします（「**10.3.5　型付きPythonパッケージの配布**」参照）。

　Pythonフックの場合、pre-commitはキャッシュディレクトリに仮想環境を生成します。フックのインストールは、基本的にそのフックリポジトリ内でpip install .を実行することでフックをインストールします。また、フックの実行時は仮想環境を有効にして、指定されたソースファイルを引数としてコマンドを実行します。

　図9-2は、pre-commitフックを利用する3つのPythonプロジェクトを抱える開発者のローカルマシンを示したものです。pre-commitはフックリポジトリをキャッシュディレクトリにクローンして、フックを仮想環境にインストールします。フックリポジトリは.pre-commit-hooks.yamlファイルでフックを定義して、.pre-commit-config.yamlファイルでフックを参照します。

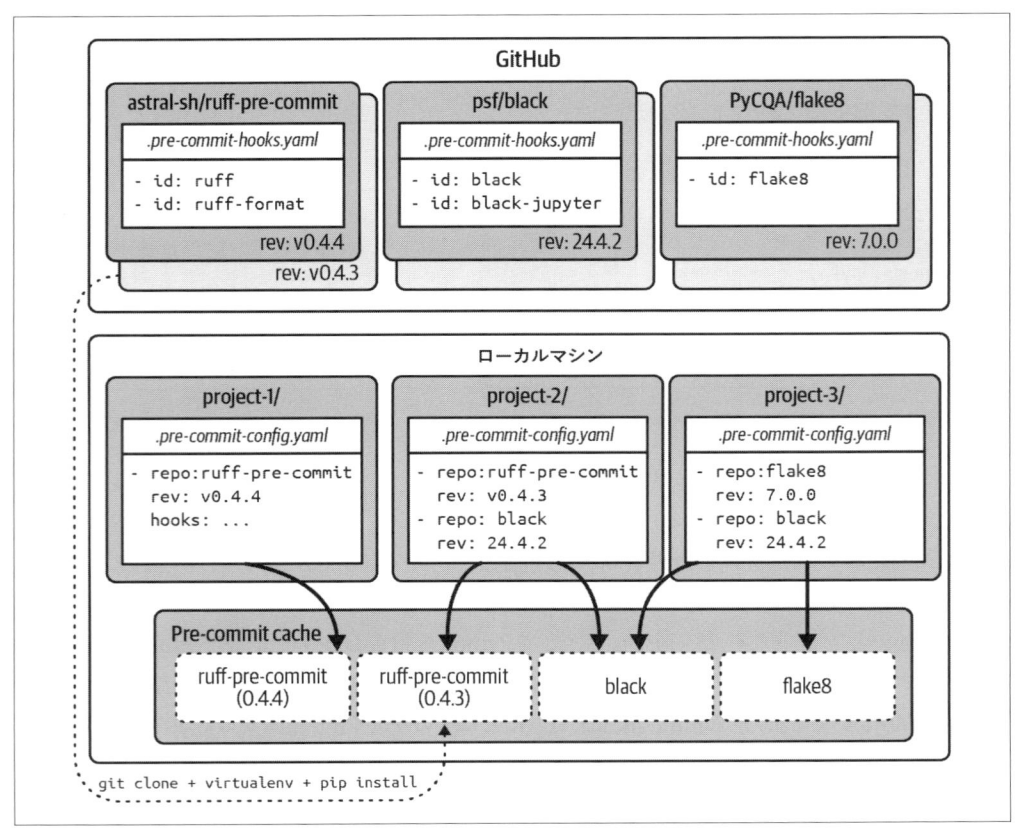

図9-2　Ruff、Black、Flake8のpre-commitフックを持つ3つのプロジェクト

9.3.3 自動修正

　モダンなリンタは問題点を指摘するだけでなく、ソースファイルを直接変更して修正もできます。このような自動修正機能を持つリンタは、ほぼコストなしでバグやコードの臭い[7]を除去します。コードフォーマッタと同様に、コードの品質を損なうことなく、より高いレベルの問題に集中できるようになり、ソフトウェア開発のパラダイムシフト[8]を引き起こしました。

　慣例で、大半のpre-commitフックはデフォルトで自動修正を有効にしています。Gitが存在するので、元に戻せなくなるリスクを抱えずに比較的安全に修正できます。ただし、早めに、かつ頻繁にコミットするのが最も効果的です。

> 自動修正は多大なメリットをもたらしますが、Gitで基本的なバージョン管理が行われているのが前提です。つまり、リポジトリにコミットされていない変更をため込まないこと、または、リントする前に変更を退避（stash）するのが前提です。pre-commitは一部のコンテキストではローカルの変更を保存/復元しますが、必ずしもそれが行われるわけではありません。

　実際に試してみましょう。Ruffがミュータブルなデフォルト引数を検出するとそれを自動修正することを示します。ミュータブルなデフォルト引数に依存してしまう可能性もあるため、Ruffは自動修正を有効にすることを求めます。まず、pyproject.tomlでリンタのルールと自動修正を有効にします。

```
[tool.ruff.lint]
extend-select = ["B006"]
extend-safe-fixes = ["B006"]
```

　Ruffのpre-commitフックでは、例9-4のように--fixオプションを渡す必要があります。また、--show-fixesと--exit-non-zero-on-fixオプションを渡すことで、Ruffがコードの問題点を修正できた場合でも、その問題点がすべてターミナルに表示され、終了ステータスが成功以外になることが保証されます。

例9-4　Ruffフックで自動修正を有効にする

```
repos:
  - repo: https://github.com/astral-sh/ruff-pre-commit
    rev: v0.4.4
    hooks:
      - id: ruff
        args: ["--fix", "--show-fixes", "--exit-non-zero-on-fix"]
```

　例9-1をbad.pyとして保存して、ファイルをコミットして、pre-commitを実行します。

＊7　ケント・ベックとマーチン・ファウラーは、「リファクタリングの可能性を示唆する、時には叫ぶ、コードの特定の構造」を「コードの臭い」と説明した。マーチン・ファウラー『リファクタリング（第2版）』（オーム社）参照。

＊8　訳注：厳密なパラダイムシフトの意味はトマス・クーン『科学革命の構造』（みすず書房）を参照すること。

```
$ pre-commit run --all-files
ruff.....................................................................Failed
- hook id: ruff
- exit code: 1
- files were modified by this hook

Fixed 1 error:
- bad.py:
    1 × B006 (mutable-argument-default)

Found 1 error (1 fixed, 0 remaining).
```

修正されたファイルを確認すると、Ruffがデフォルト引数をNoneに置換したことがわかります。また、関数内部で空リストが代入されるので、argsのリストが使い回されることはありません。

```
def run(command, args=None, force=False):
    if args is None:
        args = []
    if force:
        args.insert(0, "--force")
    subprocess.run([command, *args])
```

ファイルを直接確認する代わりに、git diffで変更を確認することもできます。また、pre-commitの--show-diff-on-failオプションで、差分をすぐに表示させることもできます。

9.3.4　Noxからpre-commitを実行する

pre-commitは、数多くの言語のリンタに対して本番環境で利用できる統合機能を持っています。これだけでも、Noxではなくpre-commitでリンタを実行すべき理由になります。信じられない場合は、次節を読んでください。pre-commitを使うべきもう1つの理由を示します。

とはいえ、pre-commitのNoxセッションも用意すべきです。pre-commitのNoxセッションがあれば、noxコマンド1つでプロジェクトのチェックをすべて行えます。**例9-5**はpre-commitのNoxセッションの定義方法を示しています。nox.options.sessionsを定義している場合は、そちらにもセッションを追加してください。

例9-5　pre-commitでリントを実行するNoxセッション

```
nox.options.sessions = ["lint", "tests"]

@nox.session
def lint(session):
    options = ["--all-files", "--show-diff-on-fail"]
    session.install("pre-commit")
    session.run("pre-commit", "run", *options, *session.posargs)
```

pre-commitはデフォルトでプロジェクトに設定したすべてのフックを実行します。特定のフックを実行する場合は、そのフックを追加のコマンドライン引数として渡します。これは、特定のリンタからの指摘に対処する際に便利です。また、session.posargs（「8.4　セッション引数」参照）を使えば、Nox経由でも追加のコマンドライン引数を利用できます。

```
$ nox --session=lint -- ruff
```

リンタを含むチェックとタスクへの単一エントリポイントを用意すれば、プロジェクトに携わるすべての人の負担が大幅に軽減されます。しかし、ここで止めてはいけません。pre-commitは、コミットのたびにGitからトリガーされるように設計されています。次節では、変更をコミットするたびにリントするようにプロジェクトを設定する方法（とその利点）を説明します。

9.3.5　Gitからpre-commitを実行する

コミット単位でリンタを実行すると、開発の流れが大きく変わります。

- 手動でリンタを呼び出すオーバーヘッドがなくなり集中力が途切れない。リンタはバックグラウンドで実行され、違反があった場合のみ警告する。
- 早期にチェックを実行できる。一般的に、問題の発見が早期であるほど修正コストは安く済む（コードスタイルの些細な違いでCIが失敗することなど、もはや起こりえない）。
- 高速である。コードベース全体ではなく、コミット用にステージングしたファイルのみリントする[9]。

プロジェクト内部で以下のコマンドを実行し、すべてのコミットでpre-commitを呼び出すようにGitを設定します。

```
$ pre-commit install
pre-commit installed at .git/hooks/pre-commit
```

上記のコマンドは、制御をpre-commitに移す短いラッパースクリプトを.git/hooksディレクトリにインストールするものです（**図9-3**）。.git/hooksディレクトリにあるプログラムは**Gitフック**と呼ばれます。git commitを実行すると、Gitはpre-commit Gitフックを呼び出します。pre-commit Gitフックはpre-commitを呼び出して、Ruffなどのpre-commitフックを実行します。

---

[9]　自動修正機能を備えたリンタを実行する場合、Git経由でpre-commitを実行するのが最も安全な方法である。pre-commitはステージングされていない変更を保存および復元し、修正がコンフリクトする場合はロールバックが行われる。

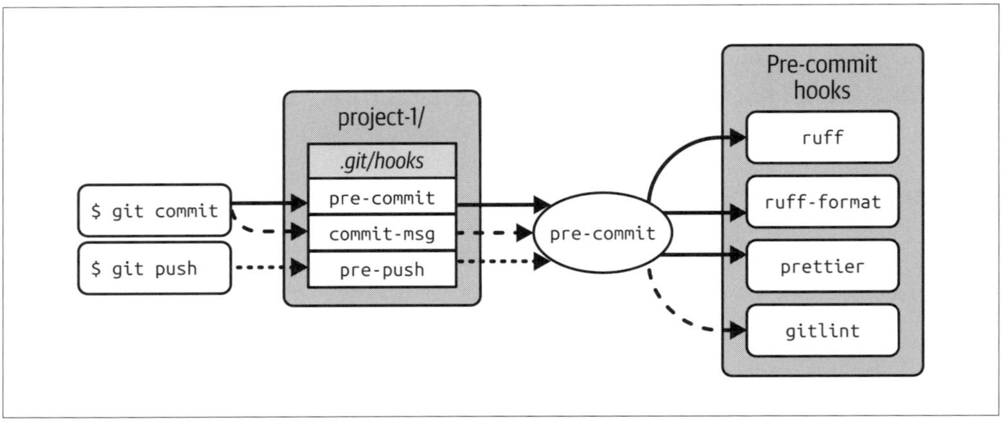

図9-3　Gitフックとpre-commitフック

　Gitフックは、Gitの実行中に定義に応じてアクションをトリガーできます。例えば、pre-commitとpost-commit Gitフックは、Gitがコミットを作成する前後に実行されます。デフォルトでpre-commitがインストールするのはどちらのGitフックなのかは明らかですが、必要に応じて他のGitフックも利用できます。

---

pre-commitフックではないpre-commitフック

　大半のpre-commitフックはpre-commit Gitフックに対応しますが、必ずしもそうではありません。commitlintやgitlintなどのコミットメッセージ用のリンタは、commit-msg Gitフックに対応します。Gitはコミットメッセージを作成した後にcommit-msg Gitフックを呼び出します。

　commit-msg Gitフックは--hook-typeまたは-tオプションを使用してインストールできます。

```
$ pre-commit install -t commit-msg
pre-commit installed at .git/hooks/commit-msg
```

　しかし、--hook-typeや-tオプションは忘れやすいので、pre-commit以外のGitフックを使う場合は、.pre-commit-config.yamlファイルに以下のように記述してください。

```
default_install_hook_types: [pre-commit, commit-msg]
```

　そして、default_install_hook_typesディレクティブを.pre-commit-config.yamlファイルのトップレベルに配置します。

　図9-4はpre-commitによる典型的なワークフローです。左側はプロジェクト内で編集中のファイル（worktree）、中央は次のコミットのステージングエリア（index）、右側は現在のコミット（HEAD）

を表しています。

　最初は、3エリアとも同期しています。フォーマット済み文字列のプレースホルダを削除したものの、文字列リテラルの f プレフィックスを削除し忘れたとします（図9-4の❶）。まず、git add で修正をステージングして❷、git commit でコミットします❸ⓐ。コミットメッセージ用のエディタが表示される前に、Git は pre-commit に制御を移します。Ruff は修正ミスを発見して、worktree 内の文字列リテラルを修正します❸ⓑ。

　この時点で、3エリアはそれぞれ異なる内容になっています。worktree には自分の変更と Ruff の修正、ステージングエリアには自分の変更のみ、HEAD は変更前のコミットを指しています。git diff で worktree とステージングエリアを比較すれば、Ruff の修正内容を確認できます。修正内容に満足できれば、git add で修正をステージングして❹、git commit で再びコミットします❺。

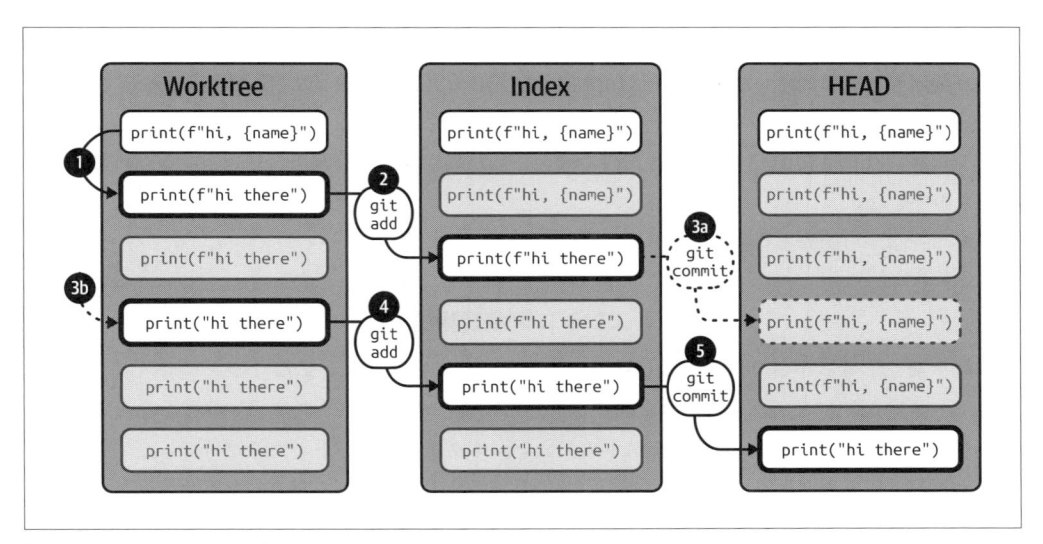

図9-4　pre-commit のワークフロー

　自動修正機能によって、このワークフローではコミットの再実行を行いつつリンタの干渉を最小限に抑えます。一方で、リンタに干渉されたくない場合もあります。例えば、作業中の内容を単に記録したい場合などです。この場合、Git と pre-commit は頑固なリンタを通すための選択肢を2つ用意しています。

　まず、--no-verify または -n オプションで Git フックをスキップできます。

```
$ git commit -n
```

　または、環境変数 SKIP で特定の pre-commit フックをスキップすることもできます。複数のフックをスキップする場合は、カンマ区切りで指定します。

```
$ SKIP=ruff git commit
```

　Git フックは、ローカルリポジトリにどの変更を取り込むかを制御しますが、どの変更を取り込むのかは任意です。つまり、共有リポジトリのデフォルトブランチのゲートキーパーとして CI チェックを置き換えるものではありません。既に CI で Nox を実行している場合は、**例9-5**のセッションがそれを処理します。

　誤検出や軽微な問題にもかかわらず重要な修正を適用したい場合、Git フックをスキップしても効果はありません。CI における必須チェックは今回も失敗するでしょう。この場合、特定の違反を無視するようにリンタを設定する必要があります（「**9.2.3　ルールと警告の無効化**」参照）。

9.4　Ruff フォーマッタ

　数多くの Python リンタを再実装した Ruff は、Python の世界で広く採用されるようになりました。登場から 1 年ほど経った後、ruff format コマンドも実装されました[*10]。Ruff フォーマッタは、Python のコードフォーマットのデフォルトスタンダードである Black を Rust で再実装したものです。Ruff フォーマッタは Ruff が Python のための統合された高性能なツールチェーンとなるために欠かせないものでした。

　まずは昔話から始めましょう。

エンジニア今昔物語

　数年前、筆者は小さなチームで C++ のコードを扱っていました。私たちのプロセスはシンプルで、全員がメインブランチに直接コミットしていました。CI パイプラインはなく、夜間ビルドとコンパイラのエラー、警告、テストの失敗を示すダッシュボードがあるだけでした。チームの誰かが、最近の変更をリファクタリングしたり、コードスタイルを見直したりすることはありました。意外に思えるかもしれませんが、コードベースは良好な状態でした。チームの緊密な相互理解に勝るものはありません。

　数年後、ワークフローに亀裂が入り始めました。会社は成長し、新人エンジニアはコーディング規則に精通しておらず、シニアエンジニアは規則を伝えるのに苦労していました。さらに、チームは明確な規則に従っていないレガシーコードを引き継ぐことになりました。

　私たちは自動化を検討し始めました。ツールを使えば、コードの問題を特定し、修正するという一般的なタスクを自動化できるかもしれません。2013 年、LLVM コンパイラツールキットの一部として clang-format というコードフォーマッタがリリースされ、有望に思えました。

　ざっくりと評価した後、私はこのコードフォーマッタの採用を見送りました。

　設計上、clang-format はスタイルに従ってソースファイルを完全に書き換えます。私はこの 0 か 1 かのアプローチを懸念していました。まず、私たちのスタイル規則の多くを消してしまうで

[*10]　Charlie Marsh "The Ruff Formatter"（https://oreil.ly/ThaR4）2023 年 10 月 24 日

しょう。次に、結果として生じる大きな差分をレビューするのが大変です。そして、フォーマット変更はコードベースの大部分に影響するため、バージョン管理システムによるコード行の文脈を辿るのが困難になります。

　今となって振り返ると、この判断は間違っていました。この懸念はすべて対処可能なのです。

　Pythonにおけるコードフォーマッタの進化で、最終的に私の考えは変わりました。特に、Blackの目覚ましい台頭がありました。しかし、上記の懸念を解決する前に、まずはBlackが登場した当時のPythonの状況を見てみましょう。

9.4.1 コードフォーマットのアプローチ：autopep8

次のPythonコードについて考えます。

```
def create_frobnicator_factory(the_factory_name,
                               interval_in_secs=100,  dbg=False,
                               use_singleton=None,frobnicate_factor=4.5):
    if dbg:print('creating frobnication factory '+the_factory_name+"...")
    if(use_singleton):   return _frob_sngltn        #we're done
    return FrobnicationFactory( the_factory_name,

        intrvl = interval_in_secs              ,f=frobnicate_factor      )
```

この関数は、一貫性のないレイアウト、空白の欠如や過剰、単一行のif文など、数多のコードスタイルの問題を抱えています。可読性を損なうものもあれば、2スペースのインデントなどPEP 8で成文化された慣習から逸脱するものもあります。

　コードスタイルの問題に対処するための最小限のアプローチは、自動修正機能を備えたリンタの初期の先駆者でありながらも、今日でも使用されているautopep8を使うことです。autopep8はpycodestyleをベースに、コードのレイアウトは維持しつつ、PEP 8違反を修正します。

　デフォルト設定でautopep8を上記のコードに適用してみましょう。

```
$ pipx run autopep8 example.py
```

以下がautopep8を適用したコードです。

```
def create_frobnicator_factory(the_factory_name,
                               interval_in_secs=100,  dbg=False,
                               use_singleton=None, frobnicate_factor=4.5):
    if dbg:
        print('creating frobnication factory '+the_factory_name+"...")
    if (use_singleton):
        return _frob_sngltn  # we're done
    return FrobnicationFactory(the_factory_name,

                               intrvl=interval_in_secs, f=frobnicate_factor)
```

　適用前と比べると目に優しいコードになりました。良くも悪くも、autopep8 は return 文の不要な空行や一貫性のない文字列リテラルの引用符など、疑問が残るコードスタイルは変更しません。autopep8 は、問題の検出に pycodestyle を使うのですが、pycodestyle はこのような問題は指摘しないからです。

 他のコードフォーマッタとは異なり、autopep8 はルールコードを指定して --select に渡すことで、渡したルールに関する修正が行われます。例えば、autopep8 --select=E111 とすると、インデントを4スペースに修正できます。

9.4.2　コードフォーマットのアプローチ：YAPF

　YAPF は 2015 年に Google で開発されたコードフォーマッタです。その設計と洗練されたフォーマットアルゴリズムは clang-format から借用されています。YAPF は「Yet Another Python Formatter」の略です[*11]。YAPF には豊富な設定オプションがあり、それに従ってコードをフォーマットします。

　YARF は次のように実行します。

```
$ pipx run yapf example.py
```

以下がデフォルト設定の YARF でフォーマットした結果です。

```
def create_frobnicator_factory(the_factory_name,
                               interval_in_secs=100,
                               dbg=False,
                               use_singleton=None,
                               frobnicate_factor=4.5):
    if dbg: print('creating frobnication factory ' + the_factory_name + "...")
    if (use_singleton): return _frob_sngltn  #we're done
    return FrobnicationFactory(the_factory_name,
                               intrvl=interval_in_secs,
                               f=frobnicate_factor)
```

　YAPF のフォーマット規則は、autopep8 よりも広範囲に及びます。例えば、関数の仮引数を一貫した方法で配置し、不正な空行を削除します。また、YAPF は既存のフォーマット選択が設定と互換性がある限り、それを尊重します。例えば、単一行の if 文を複数行に分割したり、if 文の条件部分の括弧を削除したりはしません。

9.4.3　妥協を許さないコードフォーマッタ

　2018 年、新しいコードフォーマッタ Black が登場しました。Black の中核となる原則は、最小限の

[*11]　Yet Another という悪名は、lint の作成者であるスティーヴン・ジョンソンが 1970 年代初頭にベル研究所で作成した Yacc（Yet Another Compiler-Compiler）で確立した。

設定可能性です。

Blackでコードをフォーマットしてみましょう。

```
$ pipx run black example.py
```

以下がBlackでフォーマットした結果です。

```
def create_frobnicator_factory(
    the_factory_name,
    interval_in_secs=100,
    dbg=False,
    use_singleton=None,
    frobnicate_factor=4.5,
):
    if dbg:
        print("creating frobnication factory " + the_factory_name + "...")
    if use_singleton:
        return _frob_sngltn  # we're done
    return FrobnicationFactory(
        the_factory_name, intrvl=interval_in_secs, f=frobnicate_factor
    )
```

Blackはautopep8のようにスタイル違反を個別に修正したり、YAPFのように設定に応じた修正を適用したりはしません。むしろ、Blackは決定論的アルゴリズムを使って、ソースコードを標準的な形式に変更します。その際、既存のフォーマットはほとんど考慮されません。ある意味では、Blackはコードスタイルを「消滅」させます。この正規化により、Pythonコードを扱う際の認知的オーバーヘッドが大幅に削減されます。

Blackを使えば、Pythonエコシステム全体で普遍的な可読性が促進されます。実際、コードは書かれるよりも読まれることの方が多く、その透明なスタイルが役立ちます。同時に、Blackはコードをより「書きやすく」もします。他の人のコードに貢献する際、独自のコードスタイルに従う必要がありません。個人プロジェクトでも、Blackは生産性を向上させます。エディタの保存時に再フォーマットするように設定すれば、コーディング中のキーストロークを最小限に抑えられます。

BlackはPythonの世界を席巻し、プロジェクトのソースコードが次々と「黒く」なりました。

Blackを導入する

大規模なコードベースにBlackなどの独特なコードフォーマッタを適用すると、結果として発生するコード差分に悩まされることになります。

まず、コードスタイルの選択と手作業で丁寧に書いたコードをなぜ諦めるのでしょうか。Blackを導入する最終的な決断は自分で下す必要がありますが、以下の点を考慮に入れてください。自動化ツールに頼らずにコードスタイルを維持するためのコストはどのくらいでしょうか。

コードレビューにおいて、スタイルよりも変更の意味に焦点を当てているでしょうか。新人エンジニアが開発の軌道に乗るまでどのくらい時間がかかりますか。

次に、Black によるコード変更は安全でしょうか。Black は、意味論的な等価性を保持する相違点を除いて、ソースコードの抽象構文木（AST）、つまりインタプリタから見たプログラムの解析表現が変更されないことを保証しています[12]。

そして、変更をコミットする際に git blame の出力を乱さないようにするにはどうすればよいでしょうか。実は、ファイルにアノテーションを付ける際にコミットを無視するように設定できます。リポジトリのルートに .git-blame-ignore-revs ファイルを作成して、ファイル内に40文字からなるコミットハッシュを保存します。そして、次のコマンドを実行します。

```
$ git config blame.ignoreRevsFile .git-blame-ignore-revs
```

GitHub などのコードホスティングサービスでも、.git-blame-ignore-revs ファイルをサポートするものが増えています。

9.4.4 Black コードスタイル

Black コードスタイルは、しばらく使い続けると気にならなくなります。しかし、Black の選択は Black のフォークが生まれるなど、議論を引き起こしました。Black のルールを理解するには、予測可能で再現性のある方法で、読みやすく一貫性のあるソースコードを生成するという Black の目標を知ることが大事になります。

例えば、文字列リテラルのデフォルトの二重引用符を考えてみましょう。PEP 257 と PEP 8 によると、docstring やアポストロフィを含む英語テキストで二重引用符が必要とされていることがわかります。したがって、単一引用符よりも二重引用符を選べば、より一貫したスタイルになります。

時折、Black は関数の仮引数の後に単独行で): を配置します。): は「悲しい顔」という名前が付いていますが、こうすることで関数の仮引数を必要以上にインデントすることなく、関数のシグネチャと関数本体を明確に区切ることになります。このレイアウトは、タプル、リスト、集合リテラルなどの括弧構文でも同様です。

また、Black は1行あたりの行数を88文字に制限しています（数少ない設定可能な箇所）。1行あたりの文字数は横方向の目の動きと、縦方向のスクロールのトレードオフとなりますが、この文字数は Meta 社の何百万行もの Python コードでテストされたデータ駆動型アプローチに基づいたものです。

Black のもう1つの目標は、**マージコンフリクト**を回避することです。同じコード領域への同時変更は、自動でコンフリクトを解消できず、人の手で解消するしかありません。末尾のカンマ（シーケンスの末尾にカンマを配置する）は、この目的に沿ったものです。コンフリクトを気にせずに末尾に値を追加できます。

---

[12] "AST Before and After Formatting" (https://oreil.ly/gW9Ef) , *Black documentation*.

変更間の依存関係を減らすことで、複数人で同じコードで作業できるようになります。また、些細なバグフィックスをしたり、リファクタリングを分離したり順序を入れ替えたり、コードレビューのために変更をプッシュする前に仮コミットを取り消したりすることもできます。

上記のように、Blackのアルゴリズムは決定論的で、既存のレイアウトの影響はほとんど受けません。Blackでフォーマットしたファイルは、まるでASTから直接生成されたかのように思えるかもしれません[13]。しかし、実際は違います。まず、コメントはプログラムの実行に影響を与えないため、ASTにはコメントが含まれません。

Blackはコメント以外にも、整形されたソースコードから情報を得ています。例えば、関数本体を論理的に分割する空行から情報を得ています。しかし、Blackの出力に影響を与える最も強力な方法は**マジックトレイリングカンマ**です。シーケンスの末尾にカンマが含まれている場合、Blackは1行に収まる場合でもシーケンスの要素を複数行に分割します。

Blackにはコードの特定の部分に対してフォーマットを無効にする手段が用意されています（**例 9-6**）。

例9-6　部分的にフォーマットを無効にする

```python
@pytest.mark.parametrize(
    ("value", "expected"),
    [
        ("first test value",     "61df19525cf97aa3855b5aeb1b2bcb89"),
        ("another test value",   "5768979c48c30998c46fb21a91a5b266"),
        ("and here's another one", "e766977069039d83f01b4e3544a6a54c"),
    ]
) # fmt: skip
def test_frobnicate(value, expected):
    assert expected == frobnicate(value)
```

適切に揃えられた列を持つ大きなテーブルなどのプログラムデータに対しては、手動フォーマットが便利です。

9.4.5　Ruffによるフォーマット

コードフォーマッタは、バッチ処理で何百万行もあるコードを処理したり、エディタやビジーなCIサーバからトリガーされた際に素早く実行したりできます。高速であることが当初からBlackの明確な目標でした。また、Blackはwheelを提供しています。このwheelには型アノテーション付きPythonコンパイラmypycで生成されたネイティブコードがあります。Blackは高速ですが、RuffフォーマッタはRustで実装されているため、Blackと比較してパフォーマンスをさらに30倍向上させています。

---

[13]　標準ライブラリのastモジュールを使ってpy -m ast example.pyとすると、ソースファイルのASTを検査できる。

Ruffは Blackのコードスタイルとの完全な互換性[*14]を目指しています。Blackとは異なり、Ruff ではシングルクォートとタブを使ったインデントも使えます。しかし、それでも Blackの広く採用されているスタイルに従うことを推奨します。

ruff formatを引数なしで実行すると、カレントディレクトリ以下にある Python ファイルをフォーマットします。Ruffを手動で呼び出すのではなく、**例9-7**のように pre-commit フックで呼び出すようにしてください。

例9-7　Ruffを pre-commit 経由でリンタかつコードフォーマッタとして実行する

```
repos:
  - repo: https://github.com/astral-sh/ruff-pre-commit
    rev: v0.4.4
    hooks:
      - id: ruff
        args: ["--fix", "--show-fixes", "--exit-non-zero-on-fix"]
      - id: ruff-format
```

コードフォーマッタ用の pre-commitは最後に配置します。末尾に pre-commitがあれば、リンタで自動修正された箇所を再びフォーマットできます。

9.5　まとめ

本章では、リンタとコードフォーマッタを使ってプロジェクトのコード品質を向上させ、維持する方法を紹介してきました。Ruffは、Flake8や Blackを初めとした Pythonコード品質ツールを効率的に統合したツールです。Ruffやその他のツールを手動で実行することも可能ですが、このプロセスを自動化し、CIでの必須チェックに含めるべきです。最良の選択肢は、Git統合機能を備えたリンタフレームワークである pre-commitです。Noxセッションから pre-commitを呼び出すことで、一連のチェックの単一のエントリポイントを維持できます。

[*14]　訳注：BlackとRuffではASCIIの範囲を超えた文字列（例えば、日本語文字列）の数え方が異なる。Blackは単に文字数を数えるが、RuffはUnicodeの幅を考慮して数える。

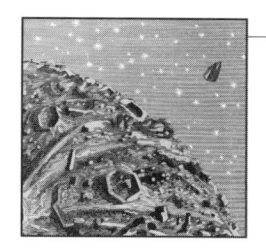

10章
安全性とインスペクション
のための型アノテーション

　型とは何か。変数の**型**は、その変数に代入できる値の種類、例えば整数や文字列のリストなどを指定するものだと言えます。グイド・ヴァン・ロッサムがPythonを実装した1991年当時、人気のあるプログラミング言語の大半は、型に関して静的型付けと動的型付けの2つのグループに分かれていました。

　静的型付け言語（C++など）では、変数の型を事前に宣言する必要があります（コンパイラが十分に賢く、型を推論できる場合を除く）。その代わりに、コンパイラは変数が常に互換性のある値のみを保持することを保証するため、特定のバグをすべて排除できます。コンパイラは変数の値を格納するのに必要なメモリ空間を把握しているため、最適化も可能になります。

　動的型付け言語はそのパラダイムを打破します。つまり、任意の変数に任意の値を代入できます。例えば、JavaScriptやPerlなどのスクリプト言語では、文字列から数値へと値を暗黙的に変換することさえあります。コードを書く速度が劇的に速くなりますが、同時に、自分の足を撃ち抜く[*1]可能性も高まります。

　Pythonは動的型付け言語ですが、対立する両陣営の中間の立場を選びました。次のコードで説明します。

```
import math

number = input("Enter a number: ")
number = float(number) ❶
result = math.sqrt(number)

print(f"The square root of {number} is {result}.")
```

　Pythonにおいて、変数は単に値の名前に過ぎません。型を持つのは変数ではなく値です。上記のコードにおいて、プログラム上では同じ変数numberの名前を、最初はstr型の値と、次にfloat型の値と関連付けました。Perlやそれに類似した言語とは異なり、Pythonはユーザの意図を汲んで、背

---

*1　訳注：自分の足を撃ち抜くという言い回しは動的型付け言語に限らず、古くはC言語に対しても同様のジョークが存在する。

後で勝手に値を変換しません。したがって、Pythonではmath.sqrt("1.21")を実行するとエラーとなります。

```
>>> math.sqrt("1.21")
Traceback (most recent call last):
  File "<stdin>", line 1, in <module>
TypeError: must be real number, not str
```

Pythonは同時代の一部の言語ほど寛容ではありません。ここで、Pythonの型に関する動作を考えてみましょう。まず、問題のある行number = float(number) (❶) を実行するまでTypeErrorは発生しません。次に、Pythonインタプリタは例外を発生することなく、ライブラリの関数が自身に整数や浮動小数点数以外のものが渡されたかどうかを明示的にチェックします。

Pythonの関数の大半は実引数の型をまったくチェックせず、引数が持つと期待される操作を呼び出すだけです。基本的に、Pythonオブジェクトの型はその振る舞いが正しい限り重要ではありません。ルイ15世の時代のヴォーカンソンの機械仕掛けのアヒルにインスピレーションを得たこのアプローチは**ダックタイピング**と呼ばれています。「アヒルのように見えてアヒルのように鳴くならば、それはアヒルに違いない」というわけです。

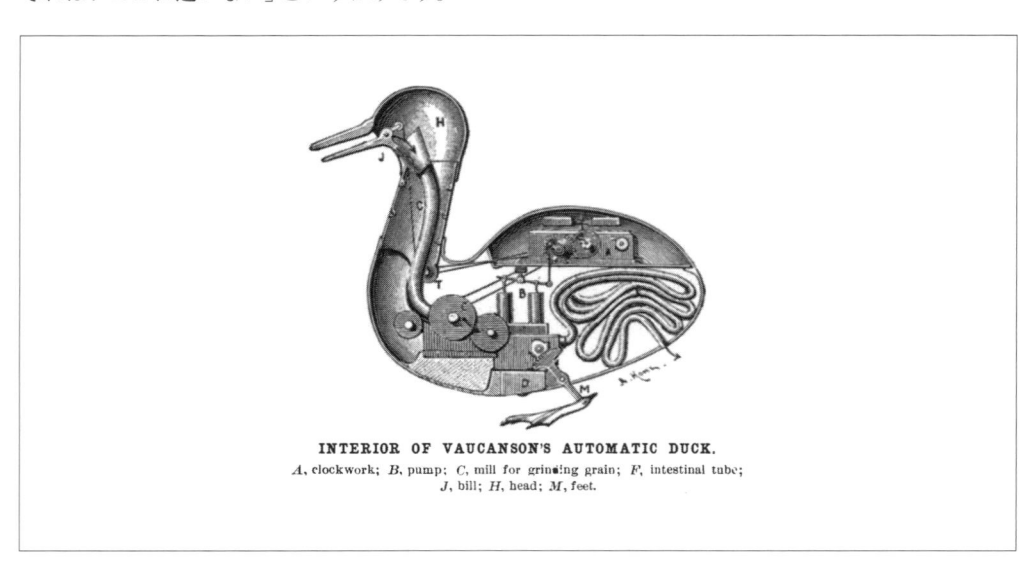

INTERIOR OF VAUCANSON'S AUTOMATIC DUCK.
A, clockwork; *B*, pump; *C*, mill for grinding grain; *F*, intestinal tube;
J, bill; *H*, head; *M*, feet.

図10-1　1899年に『Scientific American』誌に掲載された、ヴォーカンソンのアヒルの想像図

具体例として、並列実行におけるjoinについて考えてみましょう。joinは、バックグラウンドの作業が完了するまで待機して、制御スレッドを結合（join）します。**例10-1**は、複数のタスクに対してjoinを呼び出して、そのタスクを順に待機する関数を定義しています。

例10-1 ダックタイピングの具体例

```
def join_all(joinables):
    for task in joinables:
        task.join()
```

関数 join_all() は、標準ライブラリの threading や multiprocessing の Thread や Process と一緒に使えます。また、正しいシグネチャを備えた join() メソッドを持つオブジェクトと一緒に使えます。ただし、str.join() メソッドは引数（文字列を返すイテラブルオブジェクト）を受け取るため、文字列は使えません。以上から、ダックタイピングでは、Thread や Process などのクラスが再利用の恩恵を受けるのに共通の基底クラスを必要としないことになります。必要なのは、正しいシグネチャを備えた join() メソッドだけです。

ダックタイピングが優れているのは、関数と関数呼び出しをそれぞれ独立して進化させることができる、つまり**疎結合**な性質を持つからです。ダックタイピングが存在しない場合、関数は明示的なインタフェースにしたがって実装する必要があります。Python では、期待される動作を満たす限り、文字通り何でも渡せます。

残念ながら、この自由さが仇となり、関数が理解できなくなることもあります。

理解できない数行のためにコードベース全体を読む必要があった経験があるならば、筆者が言わんとすることは伝わるでしょう。ある関数について、その関数単体だけでは理解できない場合もあります。関数内部で一体何が起きているのかを解読する唯一の方法が、関数の呼び出し元、さらにその呼び出し元、とひたすら辿ることしかない場合もあります（**例10-2**）。

例10-2 わかりにくい関数

```
def _send(objects, sender):
    """send them with the sender..."""
    for obj in objects[0].get_all():
        if p := obj.get_parent():
            sender.run(p)
        elif obj is not None and obj._next is not None:
            _send_next_object(obj._next, sender)
```

関数の引数と返り値の型、つまり型シグネチャを明示すれば、関数を理解するのに必要なコンテキスト量が劇的に減少します。従来、関数の docstring に型シグネチャを記述してきました。しかし、往々にして、情報が欠落したり、不完全だったり、不正確だったりします。さらに重要な観点として、型を正確かつ検証可能な方法で記述する記法が存在しませんでした。そして、型シグネチャを強制するツールが存在しなければ、型シグネチャは単なる机上の空論に過ぎません。

この手の問題は、コードベースが数百行のうちは少し煩わしい程度の問題ですが、数百万行ともなると脅威となります。しかし、Google、Meta、Microsoft、Dropbox といった企業では、数百万

行は一般的な規模でしょう。こうした大企業は、2010年代に静的型チェッカの開発を支援しました。**静的型チェッカ**はプログラムを実行せずに型安全性を検証します。言い換えると、プログラムがその操作をサポートしない値に対して操作を実行しないことを確認するツールです。

　ある程度までは、型チェッカだけでも型推論で関数や変数の型を推論できます。ここで、コード内で型を明示的に指定する方法がプログラマにあると、型推論はさらに強力になります。2010年代の前半頃にユッカ・レフトサロと協力者[2]による基礎的な作業が行われて、Pythonに関数や変数の型をソースコードに記述する**型アノテーション**[3]と呼ばれる方法が導入されました（**例10-3**）。

例10-3　型アノテーション付き関数

```
def format_lines(lines: list[str], indent: int = 0) -> str:
    prefix = " " * indent
    return "\n".join(f"{prefix}{line}" for line in lines)
```

　型アノテーションは、開発者向けツールとライブラリの豊かなエコシステムの基盤となっています。

　型アノテーション自体は、プログラムの実行時の動作にほとんど影響を与えません。Pythonインタプリタは、型アノテーションと値の型に互換性があるかどうかをチェックしません。型アノテーションはモジュール、クラス、関数の `__annotations__` 属性に格納されるだけです。その際に、わずかなオーバーヘッドが発生しますが、実行時に型アノテーションを調べることで興味深いことができるようになります。例えば、ボイラープレートを使わずに、ネットワーク経由で送信された値からドメインオブジェクトを構築できるようになります。

　しかし、型アノテーションの最も重要な用途は実行時ではありません。mypyなどの静的型チェッカが、コードを実行せずに検証するためです。

10.1　型アノテーションの利点とコスト

　自分のコードで型アノテーションを使わない場合でも利点はあります。型アノテーションは標準ライブラリやPyPIにあるサードパーティパッケージで導入されているので、モジュールの使い方を間違えた際に型チェッカが警告を発します。また、ライブラリとの互換性を失うようなコードの変更を行った際も、コードを実行する前に型チェッカが警告を発します。

　エディタやIDEは型アノテーションを使って自動補完やツールチップ、クラスブラウザなどの機能を実現します。また、実行時に型アノテーションを検査するように設定すると、データ検証やデータシリアライズなどの機能も利用可能になります。

　自分のコードで型アノテーションを使うと、さらに利点があります。まず、自身で実装した関数、クラス、モジュールにも自動補完や型チェックといった前述の利点がすべて適用されます。さらに、コードの動きについて推論しやすくなり、リファクタリングも容易になり、クリーンなソフトウェア

---

[2] Jukka Lehtosalo, "Our Journey to Type Checking 4 Million Lines of Python"（https://oreil.ly/njfdx）。2019年9月5日

[3] 訳注：型アノテーションは、Pythonでは型ヒントと呼ばれることもある。詳しくは公式ドキュメント（https://docs.python.org/ja/3/library/typing.html）を参照。

アーキテクチャを構築しやすくなります。ライブラリ作成者であれば、型アノテーションでユーザが信頼できるインタフェースの条件が明確になり、実装も自由に進化させることができます。

　しかし、型アノテーション導入から10年が経過した現在も、型アノテーションには賛否両論があります。Pythonが動的型付け言語としての立場を取っていることを考慮すれば、おそらく理解はできるでしょう。既存のコードに型アノテーションを追加することは、テストを想定していないコードベースにユニットテストを導入するのと同様の課題をもたらします。テストしやすくするためのリファクタリングが必要なように、型アノテーションしやすくするためのリファクタリングが必要になるかもしれません。例えば、深くネストした組み込み型や高度なダイナミックオブジェクトを、より単純で予測可能な型に置き換えるなどです。その努力は価値があるでしょう。

　もう1つの課題は、Pythonにおける型付け言語の急速な進化です。型アノテーションはPython Typing Council（https://github.com/python/typing-council）というグループによって管理されており、型付け言語の仕様[*4]を保守しています。今後、数年でこの仕様にはさらに大きな変更があるだろうと予想できます。型アノテーション付きPythonコードはこの進化に対応する必要がありますが、型付け言語はPythonの後方互換性ポリシーに例外を設けていません。

　本章では、静的型チェッカのmypyと実行時型チェッカのTypeguardを使って、Pythonプログラムの型安全性を検証する方法を紹介します。また、型アノテーションの実行時検査がプログラムの機能を大幅に向上させる方法も紹介します。しかし、まずは過去10年間で進化してきた型付け言語について説明します。

10.2　型付け言語の概略

本節は、次に挙げるような型チェッカを実際に動かしながら読み進めてください。

- mypy Playground（https://mypy-play.net）
- Pyright Playground（https://pyright-play.net）
- Pyre Playground（https://pyre-check.org/play）

10.2.1　変数アノテーション

　変数に対して、プログラムの実行中に代入される可能性のある値の型で型アノテーションを付けることができます。構文は以下の通りです。

```
answer: int = 42
```

　単純な組み込み型（bool、int、float、str、bytesなど）に加えて、list、tuple、set、dictなどの標準コンテナ型も使えます。例えば、ファイルから読み込んだ行のリストを保持するための変数に型アノテーションを付けるには次のようにします。

[*4] "Specification for the Python Type System"（https://oreil.ly/Y8sDi）

```
lines: list[str] = []
```

`answer: int = 42`の例は冗長でしたが、`lines: list[str] = []`の例は価値があります。変数の型アノテーションが存在しなければ、型チェッカは変数`lines`に何を保持しようとするのかを推論できません。

組み込みコンテナは**型ジェネリック**の代表例です。型ジェネリックとは、1つ以上の引数を受け取る型のことです。以下のコードは、文字列を整数にマッピングする辞書の例です。`dict`に渡した2つの引数は、それぞれキーと値の型を指定しています。

```
fruits: dict[str, int] = {
    "banana": 3,
    "apple": 2,
    "orange": 1,
}
```

タプルの用法は主に2つあるので、型アノテーションの記法がやや特殊です。まず、タプルは文字列と整数のペアのような、固定長の型の組み合わせに対して使います。

```
pair: tuple[str, int] = ("banana", 3)
```

3次元空間の座標を表す変数`coordinates`の型アノテーションは以下のようになります。

```
coordinates: tuple[float, float, float] = (4.5, 0.1, 3.2)
```

タプルのもう1つの一般的な用途は、任意長のイミュータブルなシーケンスです。この場合、型ジェネリックの引数として`...`を使います。例えば、任意長の整数を保持するタプル`numbers`の型アノテーションは以下の通りです。

```
numbers: tuple[int, ...] = (1, 2, 3, 4, 5)
```

ユーザ定義クラスも型として使えます。

```
class Parrot:
    pass

class NorwegianBlue(Parrot):
    pass

parrot: Parrot = NorwegianBlue()
```

10.2.2　部分型

型アノテーションで指定した型と代入する値の型が必ずしも同一である必要はありません。上記の例では、`NorwegianBlue`のインスタンスを`Parrot`変数に代入しています。これが成立するのは、ノ

ルウェーブルー*5がオウムの一種だからです。技術的には、NorwegianBlueがParrotの派生クラス
だからです。

　一般的に、Pythonの型では、代入文の右側の型が左側の型の部分型である必要があります。部分
型の典型的な例は、NorwegianBlueとParrotのような、基底クラスと派生クラスの関係です。

　しかし、部分型は派生クラスよりも一般的な概念です。例えば、上記のnumbersのような整数のタ
プルtuple[int, ...]は、オブジェクトのタプルtuple[object, ...]の部分型です。次節で紹介する
Union型も、部分型の例です。

 型付け言語では、代入文の右側の型が左側の型と**整合性**がある場合も代入が可能です。例えば、
intはfloatの派生クラスではありませんが、int型の値をfloat型の変数に代入することもできま
す。また、Any型はどの型とも整合性があります（「**10.2.4　漸進的型付け**」参照）。

10.2.3　Union型

　Union型は、型をパイプ演算子（|）で組み合わせて構成します。Union型は、それを構成する型
のすべての値の範囲を持つ型です。例えば、数値または文字列のいずれかであるユーザIDをUnion
型として表現できます。

```
user_id: int | str = "nobody"  # or 65534
```

　Union型で最も重要なのは、オプショナルな値を型アノテーションで表せることです。例えば、
READMEファイルが存在する場合にファイルからテキストを読み取るとします。変数description
を文字列とNoneのUnion型として、初期値にNoneを代入しています。なお、以下のコードでは値が
存在しない場合にNoneを使っています。

```
description: str | None = None

if readme.exists():
    description = readme.read_text()
```

　Union型は部分型の代表例でもあります。Union型を構成する型は、そのUnion型の部分型とな
ります。例えば、strとNoneはそれぞれstr | Noneの部分型です。

　Noneの説明をしていませんでした。厳密に言うと、Noneは値であり型ではありません。Noneの型
はNoneTypeであり、NoneTypeは標準ライブラリtypesモジュールにあります。便宜上、型アノテー
ションではNoneと記述するとNoneTypeとして扱われます。

　プログラミング言語の基礎研究に貢献した、イギリスの計算機科学者のトニー・ホーアは、自身が
発明したnull参照（PythonではNone）を「10億ドルの過ち」と呼びました。1965年にプログラミング

---

*5　訳注：『空飛ぶモンティ・パイソン』第1シリーズ第8話『正面ストリップ』の『死んだオウム』スケッチに由来する架空の品種。
　　"The Norwegian Blue prefers kipping on it's back!"

言語ALGOLでnull参照が導入されて以来、null参照が引き起こしたバグが膨大な数になったためです。null参照が原因でプログラムがクラッシュした経験があれば、ホーアの主張に同意するでしょう。Pythonでは、Noneの属性にアクセスすると例外が発生します。

```
AttributeError: 'NoneType' object has no attribute '...'
```

　型チェッカを使えば、潜在的にNoneである変数が存在する場合に警告が発生します。そうすれば、本番環境でのクラッシュのリスクを大幅に削減できます。

　上記のコード例において、型チェッカが変数descriptionに対して警告を出さないようにするにはどうすればよいでしょうか。通常、変数がNoneではないことをチェックすれば十分です。例えば、if文でdescriptionがNoneではないことを確認すれば、descriptionを安全に使えます。このようなチェックを行うと、型チェッカはdescriptionが文字列型であることを認識します。

```
if description is not None:
    for line in description.splitlines():
        print(f"    {line}")
```

　上記のような手法を**型の絞り込み**と呼びます。型の絞り込みには他にも方法は存在しますが、ここでは詳しく説明しません。基本的なルールは、値が正しい型を持つ場合のみ、該当の行に到達できることです。そして、型チェッカがそれをソースコードから推論できるようにする必要があります。例えば、assert文とisinstance()関数を組み合わせれば、型チェッカに対して変数がその時点で特定の型であることを明示的に伝えることができます。

```
assert isinstance(description, str)
for line in description.splitlines():
    ...
```

　また、既に値が正しい型である**とわかっている**場合は、typingモジュールのcast()関数を使って値が正しい型を持っていることを型チェッカに伝えることができます。

```
description_str = cast(str, description)
for line in description_str.splitlines():
    ...
```

　実行時には、cast()関数は単に2番目の引数を返します。また、isinstance()関数とは異なり、cast()関数は任意の型を取れます。

10.2.4　漸進的型付け

　Pythonにおいて、すべての型はobjectの部分型です。ユーザ定義型はもちろん、intやNoneなどの組み込み型もobjectの部分型です。言い換えると、objectはPythonにおける普遍的な上位型です。つまり、文字通りどのような値でもobject型の変数に代入できます。

　強力な性質に思えるかもしれませんが、実際はそうではありません。objectはPythonの型の最小
公倍数[6]であるため、object型の値に対して型チェッカができることはほとんどありません。

```
number: object = 2
print(number + number)  # error: Unsupported left operand type for +
```

　objectと同様に、任意の値を代入できる型Anyが存在します。Any型はtypingモジュールにあり
ます。一方で、Anyの振る舞いはobjectとは正反対です。つまり、Any型の値に対しては（型チェッ
カ上では）どのような操作も呼び出せます。概念上、Anyはすべての型の総和として振る舞います。
よって、コード上で型チェックを回避する緊急手段として使えます。

```
from typing import Any

number: Any = NorwegianBlue()
print(number + number)  # 型チェックは有効だが、実行時にクラッシュする
```

　1番目に挙げたobjectの例では、object型が偽陽性を引き起こします。実行時には問題なく動作
しますが、型チェッカはエラーとなります。次のAnyの例でも、Any型が偽陽性を引き起こします。
実行時にはエラーとなりますが、型チェッカは問題なく通ります。

 　型アノテーションを使う際はAnyに注意してください。型チェックが想像以上に機能しなくなる可
能性があります。例えば、Any型の値の属性にアクセスしたり、メソッドを呼び出したりすると、
そこからAny型が伝播します。

　Any型は、型チェックを部分的に制限できます。正式には**漸進的型付け**として知られています。変
数への代入や関数呼び出しにおいて、Any型は任意の型と整合性があり、同時に任意の型はAny型と
整合性があります。

　漸進的型付けが有益である理由は少なくとも2つあります。まず、Pythonは誕生から20年間、型
アノテーションなしで使われていました。また、型アノテーションを必須とする予定もありません。
つまり、型アノテーション付きPythonと型アノテーションなしPythonは将来にわたって共存するこ
とになります。次に、Pythonの強みは必要に応じてオブジェクトを動的に扱える点にあります。例
えば、Pythonはクラスを実行時に定義したり、修正したりできます。場合によっては、そのような
ダイナミックオブジェクトに対して厳密な型を定義するのが難しい（または不可能な）こともありま
す[7]。

10.2.5　関数アノテーション

　変数の型アノテーションと同様に、**例10-3**のように関数の仮引数にも型アノテーションを記述で
きます。一方、関数の返り値の型は関数定義にコロンが使われているため、コロンではなく右矢印

---

[6]　訳注：数学的な意味ではなく、あらゆる値に対応できるという意味で使っている。
[7]　Tin Tvrtković, "Python Is Two Languages Now, and That's Actually Great" (https://oreil.ly/S51aK)、2023年2月27日

で記述します。例えば、整数を加算する型アノテーション付き関数は次のようになります。

```python
def add(a: int, b: int) -> int:
    return a + b
```

関数にreturn文が存在しない場合、関数は暗黙的にNoneを返します。この場合、返り値の型アノテーションも省略可能だと思うかもしれませんが、省略できません。一般的に、関数に型アノテーションを付ける際は常に返り値の型を記述します。

```python
def greet(name: str) -> None:
    print(f"Hello, {name}")
```

型チェッカは、返り値の型が指定されていない関数はAnyを返すと仮定します。同様に、仮引数に型アノテーションが指定されていない場合はAnyとなります。つまり、型アノテーションがない関数は型チェックが事実上無効となります。Pythonの関数の大半は型アノテーションが存在しないので、これはむしろ望ましい振る舞いです。

少し複雑な例を調べてみましょう。

```python
import subprocess
from typing import Any

def run(*args: str, check: bool = True, **kwargs: Any) -> None:
    subprocess.run(args, check=check, **kwargs)
```

checkのようなデフォルト引数への型アノテーションは変数の代入と似た構文を使います。*args仮引数は位置引数のタプルを保持し、各引数はstrである必要があります。**kwargs仮引数はキーワード引数の辞書を保持し、Anyなのでキーワード引数は特定の型に制限されないことを示しています。

また、関数内部でyield文を使うと**ジェネレータ**を定義できます。ジェネレータはfor文などで利用できるオブジェクトです。ジェネレータはイテレート以外の操作も可能ですが、イテレートのみで使用する場合は**イテレータ**と呼ばれます。ジェネレータやイテレータの型は以下のように記述します。

```python
from collections.abc import Iterator

def fibonacci() -> Iterator[int]:
    a, b = 0, 1
    while True:
        yield a
        a, b = b, a + b
```

Pythonの関数は第一級オブジェクトです。つまり、変数に関数を代入したり、関数の実引数と

して関数を渡したりできます。例えば、コールバック関数を登録する際に使えます。よって、関数定義の外部で関数の型を表現できます。つまり、型アノテーションで関数の型を表現できます。Callableは引数を2つ受け取るジェネリック型で、仮引数のリストと返り値の型を渡します。

```
from collections.abc import Callable

Serve = Callable[[Article], str]
```

10.2.6　クラスアノテーション

クラス定義でも、変数アノテーションや関数アノテーションと同じようにインスタンス変数やメソッドの型アノテーションを記述できます。メソッドの第1引数のselfの型アノテーションは省略できます。また、型チェッカは__init__()メソッド内のインスタンス変数への代入でインスタンス変数の型を推論します[8]。

```
class Swallow:
    def __init__(self, velocity: float) -> None:
        self.velocity = velocity
```

標準ライブラリdataclassesモジュールにある@dataclassデコレータは、デコレータでデコレートされたクラスの型アノテーションからメソッドを定義します。

```
from dataclasses import dataclass

@dataclass
class Swallow:
    velocity: float
```

@dataclassデコレータによる定義は、手動でクラスを定義するのと比べて簡潔なだけでなく、便利な機能も自動で付与します。例えば、属性に応じてインスタンスの等価性を比較したり、順序付けしたりする機能があります。

クラスに型アノテーションを付与する際、前方参照に関する問題が発生します。例えば、2次元上の点を表すクラスを考えてみます。このクラスには2点間のユークリッド距離を計算するメソッドが定義されているとします。

```
import math
from dataclasses import dataclass

@dataclass
class Point:
    x: float
```

---

*8　訳注：コード例のツバメ（Swallow）と速度（velocity）は、映画『モンティ・パイソン・アンド・ホーリー・グレイル』に由来する。

```
    y: float

    def distance(self, other: Point) -> float:
        dx = self.x - other.x
        dy = self.y - other.y
        return math.sqrt(dx * dx + dy * dy)
```

このコードは型チェッカは通るものの、Pythonインタプリタで実行すると、次のような例外が発生します[9]。

```
NameError: name 'Point' is not defined. Did you mean: 'print'?
```

これは、Pointクラスの定義が完了していないため、メソッド定義でPointが使えないという例外です。つまり、メソッド定義の段階ではPointという名前が名前空間に存在しないのです。この問題を解決する方法は複数存在します。ここでは3通りの方法を紹介します。

まず、NameError例外を回避するために前方参照を文字列で記述する方法です。この方法は**文字列による前方参照**と呼ばれています。

1. 文字列による前方参照

```
@dataclass
class Point:
    def distance(self, other: "Point") -> float:
        ...
```

次は、モジュール内のアノテーションをすべて暗黙的に文字列化するために、annotationsモジュールをフューチャーインポートする方法です。

2. annotationsモジュールを利用する

```
from __future__ import annotations

@dataclass
class Point:
    def distance(self, other: Point) -> float:
        ...
```

3番目は、Self型を使う方法です。Self型は前方参照すべてで有効というわけではありませんが、今回のケースでは有効です。

3. Self型を使う

```
from typing import Self

@dataclass
class Point:
```

---

[9]　将来的には動作するようになる。PEP 649参照。

```
def distance(self, other: Self) -> float:
    ...
```

3番目のSelf型による方法は、文字列による前方参照やannotationsとは意味論的な違いがあることに注意してください。例えば、PointからSparklyPointクラスを派生させた場合、SparklyPointのdistance()メソッドにおけるSelf型は基底クラスのPointではなく派生クラスのSparklyPointを参照します。言い換えると、普通の点からキラキラした点までのユークリッド距離が計算できなくなります。

10.2.7 型エイリアス

型エイリアスはtype文[10]で定義します。「PEP 695の型エイリアスはまだサポートされていません」のようなエラーメッセージが表示された場合は、type文を省略してください。なお、型チェッカはその代入を型エイリアスとして解釈します。より明確にしたい場合は、Python 3.10で導入されたtyping.TypeAliasアノテーションを使います。

```
type UserID = int | str
```

型エイリアスは、コードを読みやすくしたり、型アノテーションが扱いにくくなった場合に読みやすさを維持したりする際に使います。また、他の方法では表現できないような型を定義する際にも使います。例えば、JSONのような再帰的なデータ構造を定義します。

```
type JSON = None | bool | int | float | str | list[JSON] | dict[str, JSON]
```

再帰的な型エイリアスも前方参照の一例です。typeキーワードがサポートされない古いPythonを使っている場合は、NameError例外を回避するために右辺のJSONを"JSON"で置き換えます（文字列による前方参照）。

10.2.8 型ジェネリック

下記のコードのように、listのような組み込みコンテナ型はジェネリック型です。ユーザが独自にジェネリック関数やクラスを定義することも容易にできます。文字列のリストの最初の項目を返す関数を例に考えてみましょう。

```
def first(values: list[str]) -> str:
    for value in values:
        return value
    raise ValueError("empty list")
```

要素の型を文字列に制限する理由はありません。実際、first()関数は文字列型に依存していませ

---

[10] 訳注：typeはPython 3.10で導入されたソフトキーワードであり、この文脈でのみtype文として機能する。

ん。それならば、first()関数の仮引数をジェネリックにしましょう。まず、list[str]のstrをプレースホルダTに置換します。次に、関数名の後に角括弧を追加して、プレースホルダTを型変数としてマークします。ここで、Tという名前は慣習であり、変数名は何でも構いません。さらに、仮引数をリストに制限する理由もありません。for文でイテレートできる任意の型、つまり任意の**イテラブル**オブジェクトで動作するからです。

```
from collections.abc import Iterable

def first[T](values: Iterable[T]) -> T:
    for value in values:
        return value
    raise ValueError("no values")
```

上記のジェネリック型first()関数の使い方は以下の通りになります。

```
fruit: str = first(["banana", "orange", "apple"])
number: int = first({1, 2, 3})
```

ちなみに、fruit変数とnumber変数の型アノテーションは省略可能です。型チェッカがジェネリック型関数の型アノテーションから型を推論します。

 角括弧[T]構文によるジェネリック型はPython 3.12以降、かつPyrightでサポートされています。エラーが発生した場合は、角括弧[T]構文を省略して、typingモジュールのTypeVarを使って型変数Tを定義します。

```
T = TypeVar("T")
```

10.2.9　プロトコル

例10-1のjoin_all()関数はスレッド、プロセス、そしてjoin()メソッドを持つ任意のオブジェクトで動作します。ダックタイピングの性質より、関数はシンプルで再利用しやすいものになります。しかし、関数と関数の呼び出し元の間にある暗黙的な契約をどのように検証すればよいでしょうか。

プロトコルはダックタイピングと型アノテーションの間にあるギャップを埋めるものです。プロトコルはオブジェクトの振る舞いを記述したものです。プロトコルは抽象基底クラス（メソッドを具象実装しない基底クラス）に似ています。一方で、**抽象基底クラス**とは異なりプロトコルを継承する必要はありません。

プロトコルの具体例は以下の通りです。

```
from typing import Protocol

class Joinable(Protocol):
    def join(self) -> None: ...
```

Joinable プロトコルは、引数を受け取らずに None を返す join() メソッドを持つと定義されています。そして、join_all() 関数は Joinable プロトコルを使って関数がサポートするオブジェクトの型を指定できます。具体的には以下の通りです。

```
def join_all(joinables: Iterable[Joinable]) -> None:
    for task in joinables:
        task.join()
```

注目すべき点は、上記の join_all() 関数は標準ライブラリの Thread や Process でも動作する点です。また、Thread や Process は Joinable プロトコルについて何も関知しません。これは疎結合の典型例です。

この手法は**構造的部分型**と呼ばれています。Thread や Process の内部構造（ここでは join() メソッドを持つこと）が Joinable プロトコルの部分型になっています。対照的に、基底型から派生型による部分型を**名目的部分型**と呼びます。

10.2.10　古い Python との互換性

今までの説明は、原著執筆時点での最新の Python リリースである Python 3.12 に基づいています。古い Python では利用できない機能と代替手段をまとめたのが**表10-1**です。

表10-1　型に関する機能と利用可能な Python バージョンおよび代替手段

機能	例	利用可能となるバージョン	代替手段
標準コンテナの型ジェネリック	list[str]	Python 3.9	typing.List
型の Union 演算子	str | int	Python 3.10	typing.Union
Self型	Self	Python 3.11	typing_extensions.Self
type 文	type UserID = ...	Python 3.12	typing.TypeAlias (Python 3.10)
型変数構文	def first[T](...)	Python 3.12	typing.TypeVar

typing-extensions ライブラリは、古い Python では利用できない機能をバックポートしたものです。詳しくは「**10.3.4　Nox による mypy の自動化**」を参照してください。

以上が Python の型付け言語の概要です。この概要が読者自身で型に関する興味深い世界を探求する際に必要な知識を提供できていることを願っています。

10.3　mypy による静的型チェック

mypy は Python で広く使われている静的型チェッカです。静的型チェッカとは、プログラムを実行せずに型アノテーションと型推論を使ってバグを検出する静的解析の一種です。mypy はもともと PEP 484 で成文化された型システムに対するリファレンス実装でした。しかし、mypy が常に型付け言語の最新機能に追従するわけではありません。例えば、type 文は Pyright で最初に実装されました。

それでも、mypyは最初の選択肢として優れています。また、mypyの開発にはPythonの型付けシ ステムに関するコミュニティのコアメンバーが関わっています。

10.3.1　mypyの初歩

　プロジェクトの依存関係にmypyを追加します。例えば、次のようにtypingエクストラに書きま す。

```
[project.optional-dependencies]
typing = ["mypy>=1.9.0"]
```

このように書いておくと、以下のpipコマンドでmypyをインストールできます。

```
$ uv pip install -e ".[typing]"
```

Poetryを使っている場合は、poetry addコマンドでmypyをプロジェクトに追加します。

```
$ poetry add --group=typing "mypy>=1.9.0"
```

mypyのインストールが完了したら、プロジェクトのsrcディレクトリに対してmypyコマンドを実 行します。

```
$ py -m mypy src
Success: no issues found in 2 source files
```

　型に関するバグを含むコードに対して型チェッカを動かしてみましょう。以下のコードには、文字 列を期待している関数textwrap.fill()にNoneを渡しているというバグがあります。

```
import textwrap

data = {"title": "Gegenes nostrodamus"}

summary = data.get("extract")
summary = textwrap.fill(summary)
```

このコードに対してmypyを実行すると、textwrap.fill()の実引数が文字列であることが担保され ていない旨のエラーが表示されます。

```
$ py -m mypy example.py
example.py:5: error: Argument 1 to "fill" has incompatible type "str | None";
  expected "str"  [arg-type]
Found 1 error in 1 file (checked 1 source file)
```

10.3.2 Wikipedia再び

例6-3のWikipedia APIを再び取り上げます。仮想の設定として、広範な検閲法[11]が可決されたとします。接続先の国によってはWikipedia APIによる記事の要約が取得できないという状況が起こったと仮定します。

実際に記事の要約を取得できなかった場合、要約文として空文字列を保持することも可能です。しかし、記事の要約が実際に空だったケースと記事の要約が取得できなかったケースはまったく異なります。記事の要約が取得できなかった場合は空文字ではなくNoneを保持するようにしましょう。

まず、Articleのsummaryのデフォルト値を空文字列からNoneに変更します。また、Union型を用いて、summaryの型を str | None に変更してNoneを保持できるようにします。

```python
@dataclass
class Article:
    title: str = ""
    summary: str | None = None
```

show()関数は、行の長さが1行当たり72文字以下になるように、要約を改行しています。

```python
def show(article, file):
    summary = textwrap.fill(article.summary)
    file.write(f"{article.title}\n\n{summary}\n")
```

Articleのsummaryの実装を変更した上でmypyを実行すると、先ほどの例と同様にエラーが発生するはずです。しかし、実際にmypyを実行してもエラーは発生しません。なぜでしょうか。

```
$ py -m mypy src
Success: no issues found in 2 source files
```

エラーが発生しないのはshow()関数のシグネチャに型アノテーションが存在しないからです。型アノテーションが存在しない場合、article仮引数の型はAnyとみなされます。つまり、article.summaryはAnyとなります（Any型には伝染性があることを思い出してください）。mypyにとって、article.summaryが取り得る値の型はstrからNone、そしてピンクの象[12]に及びます。これは漸進的型付けの例でもあり、Any型や型アノテーションの欠落に注意すべき理由でもあります。

show()関数のarticle仮引数にarticle: Articleのように型アノテーションを付与すればmypyは期待通りにエラーを検出します。また、どのようにエラーを修正するかを考えてみてください。つまり、article.summaryがNoneだった場合の処理をどうするのかを考えてみてください。以下は解決策の一例です。

---

[11] 訳注：実際、HTTPのステータスコードには「451 Unavailable For Legal Reasons」があり、荒唐無稽なたとえ話ではない。また、RFC 7725にあるサンプルコードではモンティ・パイソンの映画『ライフ・オブ・ブライアン』を題材にしている。https://developer.mozilla.org/ja/docs/Web/HTTP/Status/451 参照。

[12] 訳注：アルコールや薬物による幻覚症状の比喩表現。mypyがAnyの過剰摂取の果てに到達した境地なのだろう。

```
def show(article: Article, file):
    if article.summary is not None:
        summary = textwrap.fill(article.summary)
    else:
        summary = "[CENSORED]"  # 検閲済み
    file.write(f"{article.title}\n\n{summary}\n")
```

10.3.3　Strictモード

　デフォルトでmypyは漸進的型付けなので、関数に型アノテーションが存在しない場合は関数の仮引数と返り値の型はAnyとして扱われます。このような寛容な動きを無効にするにはmypyのStrictモードを有効にします。pyproject.tomlに以下を追加します。

```
[tool.mypy]
strict = true
```

　mypyのStrictモードを有効にすると、デフォルトでは無効だったオプションのチェック項目が有効になります。この状態でmypyを実行すると、厳しくチェックされていることが出力結果からわかります[*13]。Strictモードでは、型アノテーションが存在しない関数の定義と呼び出しの両方がエラーとなります[*14]。

```
$ py -m mypy src
__init__.py:16: error: Function is missing a type annotation
__init__.py:22: error: Function is missing a type annotation
__init__.py:27: error: Function is missing a return type annotation
__init__.py:27: note: Use "-> None" if function does not return a value
__init__.py:28: error: Call to untyped function "fetch" in typed context
__init__.py:29: error: Call to untyped function "show" in typed context
__main__.py:3: error: Call to untyped function "main" in typed context
Found 6 errors in 2 files (checked 2 source files)
```

　Wikipedia APIに型アノテーションを追加したものが**例10-4**になります。**例10-4**では紹介していない型を2つ使っています。まず、Final型はAPI_URLを定数、つまり別の値が代入されない変数を意味する型です。次に、TextIO型は文字列型（str）のファイルオブジェクトを意味する型であり、標準出力sys.stdoutなどが該当します。それ以外の型アノテーションは既に馴染み深いものでしょう。

[*13]　紙面の都合上、mypyの出力からエラーコードと先頭のディレクトリを削除した。

[*14]　訳注：Strictモードでどのオプションが有効になるのかはmypyのバージョンによって微妙に異なるので、必要に応じてmypy --helpで確認すること。なお、今回のケースでは、--disallow-untyped-callsオプションと--disallow-untyped-defsオプションがStrictモードで有効になった。

例10-4　型アノテーション付き Wikipedia API

```python
import json
import sys
import textwrap
import urllib.request
from dataclasses import dataclass
from typing import Final, TextIO

API_URL: Final = "https://en.wikipedia.org/api/rest_v1/page/random/summary"

@dataclass
class Article:
    title: str = ""
    summary: str = ""

def fetch(url: str) -> Article:
    with urllib.request.urlopen(url) as response:
        data = json.load(response)
    return Article(data["title"], data["extract"])

def show(article: Article, file: TextIO) -> None:
    summary = textwrap.fill(article.summary)
    file.write(f"{article.title}\n\n{summary}\n")

def main() -> None:
    article = fetch(API_URL)
    show(article, sys.stdout)
```

新規の Python プロジェクトでは、最初から Strict モードを有効にすることを勧めます。コードを書きながら型アノテーションを付けるのがむしろ楽になるからです。また、厳密に型チェックが行われるので、Any 型でエラーが握りつぶされる可能性が低くなり、プログラムの正確性への信頼が高まります。

 筆者が気に入っている mypy の設定は pretty フラグです。pretty を有効にすると、エラーが発生した箇所のスニペットや行数などが表示されます。

```
[tool.mypy]
pretty = true
```

既存の Python コードベースに型アノテーションを追加する際は、Strict モードを基準に考えてください。また、型に関するエラーを修正する準備ができていない場合は、以下のような緩和策を検討してください。

まず、最初の防衛線は # type: ignore という形式のコメントです。必ず # type: ignore[no-untyped-call] のように角括弧で無視するエラーコードを付与するようにしてください。例えば、以

下のようなエラーがあるとします。

```
__main__.py:3: error: Call to untyped function "main" in typed context
  [no-untyped-call]
```

以下のように、# type: ignore[no-untyped-call]というコメントを追加すると、型アノテーションが存在しない関数のエラーを無視できます。

```
main()  # type: ignore[no-untyped-call]
```

型アノテーションが存在しない関数の呼び出しが多数存在する場合は、モジュール単位でエラーを無視することも可能です。pyproject.tomlに以下を追加します。

```
[tool.mypy."<module>"]  ❶
allow_untyped_calls = true
```

❶ *<module>* は型アノテーションが存在しない関数の呼び出しが存在するモジュール名で置換する。モジュール名にピリオド (.) が存在する場合は二重引用符で囲む。

コードベース全体で特定のエラーを無視することも可能です。

```
[tool.mypy]
allow_untyped_calls = true
```

そして、特定のモジュールですべてのエラーを無視することもできます。

```
[tool.mypy."<module>"]
ignore_errors = true
```

10.3.4 Noxによるmypyの自動化

本書を通じて、Noxによる自動化を行いました。Noxセッションにより、ローカル環境でもCIサーバで実行されるものと同じチェックを簡単かつ何度でも実行できます。

例10-5はNoxでmypyによる型チェックを実行するセッションの例です。

例10-5 Noxセッションによるmypyの自動型チェック

```
import nox

@nox.session(python=["3.12", "3.11", "3.10"])
def mypy(session: nox.Session) -> None:
    session.install(".[typing]")
    session.run("mypy", "src")
```

8章では、サポートするPythonのバージョンすべてでテストを実行すべきだと説明しました。同

様に、型チェックもすべてのバージョンで実施すべきです。テストで後方互換性がないコードを実行し忘れたとしても、そのコードがサポートするPythonのバージョンと互換性があることを保証できます。

mypyの--python-versionオプションで対象となるPythonのバージョンを固定することもできます。しかし、サポートするPythonの各バージョンでmypyをインストールすれば、mypyが正しい依存関係を持ったプロジェクトに対して型チェックができるようになります。実際、プロジェクトの依存関係はPythonのバージョンによって異なる可能性があります。

複数のバージョンで型チェックを行うと、Pythonのバージョンによっては動作しないという状況が発生します。例えば、Python 3.9では typing.Iterable が非推奨となり、collections.abc. Iterable を使うようになりました。そのため、以下のコードのように条件付きインポートを必要に応じて使うようにしてください。静的型チェッカは、実行中のPythonバージョンを認識して、そのバージョンに応じて型チェックを行います。

```
import sys

if sys.version_info >= (3, 9):
    from collections.abc import Iterable
else:
    from typing import Iterable
```

また、Pythonのバージョンによっては利用できない機能もあります。例えば、Python 3.11でSelf型が追加されました。その場合はtyping-extensionsを使います。Python 3.11よりも古いバージョンのPythonをサポートする場合は依存関係にtyping-extensionsを追加して、そこからSelfをインポートします。

```
import sys

if sys.version_info >= (3, 11):
    from typing import Self
else:
    from typing_extensions import Self
```

10.3.5　型付きPythonパッケージの配布

例10-5において、mypy以外のプロジェクトの依存関係をインストールしています。mypyは静的型チェッカであり、動作に必要なのはソースコードのみであり、コードは実行しません。では、なぜ静的型チェックをするためにmypy以外のモジュールをインストールするのでしょうか。

プロジェクトの依存関係をインストールすることの重要性を理解するために、Richとhttpxを採用したWikipedia APIを思い出してください。Wikipedia APIのshow()関数とfetch()関数をRichやhttpxを使って実装しました。ここで、静的型チェッカはどうやってサードパーティパッケージの検

証をすればよいでしょうか。

　実際、Richとhttpxは型アノテーションが完全に付与されています。また、ソースファイルに空の
py.typedというファイルがあります。パッケージをインストールすれば、型チェッカはpy.typedを
使って型のチェックを行います。

　Pythonパッケージの大半にはpy.typedファイルが同梱されています。型に関する情報を配布する
手段はpy.typedファイル以外にも存在するので、知っておくと良いでしょう。

　例えば、factory-boyライブラリにはpy.typedファイルがありません。その代わりに、PyPIにあ
るtypes-factory-boyスタブパッケージをインストールします[15]。**スタブパッケージ**とは、型アノ
テーションのみを含む、実行可能なコードを含まない特殊なPythonソースファイル（拡張子は.pyi）
を含むものです。

　サードパーティパッケージに型に関する情報がない場合は、pyproject.tomlでそのモジュールに
対する型チェックを無効にする設定を追加します。

```
[tool.mypy.<package>] ❶
ignore_missing_imports = true
```

　❶ <package>は実際のパッケージ名で置換する。

Pythonの標準ライブラリには型アノテーションがありません。一方で、型チェッカはサードパー
ティパッケージtypeshedで標準ライブラリの型情報を取得するので特に心配する必要はありません。

10.3.6　テストに対する型チェック

　テストコードを他のコードと同じように扱ってください。テストコードに対しても型チェックをす
れば、pytestやテスト用モジュールが正しく使われていない箇所を検出できます。

テストコードでmypyを実行することは、プロジェクトの公開APIに対して型チェックすることに
なります。サポートするすべてのPythonバージョンに対してコードを完全に型アノテーションを付
与できない場合における代替手段となります。

　例10-6は、テストコードの型チェックを実施するNoxセッションの例です。テストに関する依存
関係をインストールして、mypyがpytestなどのライブラリの型情報を取得できるようにします。

例10-6　テストコードに型チェックを実施するNoxセッション

```
nox.options.sessions = ["lint", "mypy", "tests"]

@nox.session(python=["3.12", "3.11", "3.10"])
def mypy(session: nox.Session) -> None:
```

※15　原著執筆時点では、次期リリースでpy.typedファイルを同梱する計画がある。

```
session.install(".[typing,tests]")
session.run("mypy", "src", "tests")
```

テストスイートは仮想環境からプロジェクトのパッケージをインポートします。つまり、型チェッカはパッケージから型情報を取得できる前提で動作します。そのため、__init__()や__main__()モジュールと同じディレクトリに空のpy.typedファイルを追加してください（「**10.3.5　型付きPythonパッケージの配布**」参照）。

テストスイートの型付けに特別な対応は不要です。最近のバージョンのpytestには既に高品質な型アノテーションが付いているので、組み込みのフィクスチャを使う際に便利です。また、テスト関数の大半は仮引数を持たず、Noneを返します。具体例として、「**6章　pytestによるテスト**」から複雑な例を再び取り上げます。

```
import io
import pytest
from random_wikipedia_article import Article, show

@pytest.fixture
def file() -> io.StringIO:
    return io.StringIO()

def test_final_newline(article: Article, file: io.StringIO) -> None:
    show(article, file)
    assert file.getvalue().endswith("\n")
```

最後に、noxfile.pyの型チェックを行います（**例10-7**参照）。noxfile.pyの型チェックには当然noxパッケージが必要です。ここで、noxfile.pyの検証専用のセッションを定義する必要はありません。既に、Noxのセッションを動かすためのnoxは存在するので、その環境を使えばよいのです。つまり、mypyの--python-executableで既存の環境を指定して型チェックを行います。

例10-7　mypyによるnoxfile.pyの型チェック

```
import sys

@nox.session(python=["3.12", "3.11", "3.10"])
def mypy(session: nox.Session) -> None:
    session.install(".[typing,tests]")
    session.run("mypy", "src", "tests")
    session.run("mypy", f"--python-executable={sys.executable}", "noxfile.py")
```

10.4　型アノテーションの実行時インスペクション

TypeScriptの静的型はコンパイル時のみ利用可能ですが、Pythonの型アノテーションは実行時に

も利用可能です。型アノテーションの実行時インスペクションは強力な機能であり、サードパーティ
ライブラリのエコシステムを生み出す原動力となりました。

　Python のインタプリタは実行時に、関数やクラス、モジュールにある型アノテーションをそれぞ
れの `__annotations__` 属性に格納します。ただし、`__annotations__` 属性に直接アクセスしないでく
ださい。`__annotations__` 属性は Python の内部機構の一部だと考えてください。Python は意図的に
`__annotations__` 属性を隠蔽しませんが、直接アクセスするのではなく、使いやすい高レベルインタ
フェースである inspect.get_annotations() 関数を使いましょう。

　具体例として、**例10-4** の Article クラスの型アノテーションをインスペクションしてみます。

```
>>> import inspect
>>> inspect.get_annotations(Article)
{'title': <class 'str'>, 'summary': <class 'str'>}
```

　Article のインスタンスは fecth() 関数で生成されることを思い出してください。

```
return Article(data["title"], data["extract"])
```

　Article インスタンスを生成するには `__init__()` メソッドが必要です。実際に Python インタ
プリタで調べると、Article クラスは `__init__()` メソッドを持っていることがわかるはずです。
`__init__()` はどこで定義されているのでしょうか。

　「The Zen of Python」[16] には「特別なケースは、ルールを破るほど特別ではない」とあります。
データクラスもこの原則の例外ではありません。データクラスもまた、何ら他の Python のクラスと
変わらないのです。Article クラスで `__init__()` メソッドを定義していないとすると、可能性とし
てあるのは @dataclass デコレータだけです。実際、@dataclass デコレータは `__init__()` メソッド
や他の特殊メソッドを実行時に生成しています。ここで、筆者の言葉を鵜呑みにしないでください。
本節では、実際に @dataclass のようなデコレータを実装します。

> 本節で実装する @dataclass デコレータを本番環境で使わないでください。標準ライブラリの
> dataclasses またはサードパーティモジュールの attrs を使ってください。attrs は dataclasses に
> 影響を与えたモジュールで、優れたパフォーマンス、クリーンな API、追加機能を備えたライブラ
> リです。

10.4.1　@dataclass デコレータを自作する

　まず、@dataclass デコレータのシグネチャのあるべき形式について考えましょう。クラスデコレー
タは引数としてクラスを受け取り、メソッド追加などの処理をしたクラスを返します。Python のク
ラスも第一級オブジェクトです。

　型アノテーションでは、例えば str クラスを type[str] で表せます。これは「文字列の型（the type

---

[16]　https://peps.python.org/pep-0020/

of string)」と声に出して読めます。ここで、strとtype[str]の違いに気を付けてください。型アノテーションにおけるstrは文字列型のインスタンス（つまり文字列）を指します。@dataclassデコレータはクラスデコレータであり、引数にクラスを受け取ることを思い出してください。つまり、@dataclassデコレータの引数は任意のクラスオブジェクトを受け取るはずです。よって、@dataclassデコレータの引数はジェネリック型にする必要があります[*17][*18]。

```
def dataclass[T](cls: type[T]) -> type[T]:
    ...
```

　型チェッカが自作版の@dataclassデコレータを理解するには、さらなる情報が必要です。それは、どのメソッドをクラスに追加して、クラスからインスタンスを生成した際にインスタンスが持つべきインスタンス変数はどれかという情報です。今までは、この情報を型チェッカに渡すためのプラグインを書く必要がありました。現在は、標準ライブラリ@dataclass_transformデコレータによって必要な情報を型チェッカに渡せます。

```
from typing import dataclass_transform

@dataclass_transform()
def dataclass[T](cls: type[T]) -> type[T]:
    ...
```

　デコレータの実装方針を2つのステップに分けて考えてみましょう。まず、データクラスの型アノテーションから__init__()メソッドを定義するソースコードを含む文字列を組み立てます。次に、組み込み関数exec()でその文字列をコードの実行中に評価します。

　おそらく、__init__()メソッドは何度も定義したことがあるでしょう。大抵は単純なボイラープレートです。Articleクラスの場合、__init__()メソッドは以下のようになるでしょう。

```
def __init__(self, title: str, summary: str) -> None:
    self.title = title
    self.summary = summary
```

　まず、最初のステップから実装します。例10-8のように、型アノテーションから__init__()メソッドを定義するソースコードを含む文字列を生成します。この段階では、仮引数の型について意識する必要はありません。大抵の場合は、仮引数の型が持つ__name__属性をそのまま使うだけです。

例10-8　__init__メソッドを定義する文字列の生成

```
def build_dataclass_init[T](cls: type[T]) -> str: ❶
    annotations = inspect.get_annotations(cls) ❷
```

[*17]　原著執筆時点では、mypyはPEP 695に対応していない。mypyで型チェックをした際にエラーが発生した場合は、Pyrightを使うか、TypeVarを使うこと。

[*18]　訳注：mypy 1.11からPEP 695が部分的にサポートされている。Python 3.12において、--enable-incomplete-feature=NewGenericSyntaxオプションを付けてmypyを実行すると本節の例にも対応できる。

```
    args: list[str] = ["self"] ❸
    body: list[str] = []

    for name, type in annotations.items():
        args.append(f"{name}: {type.__name__}")
        body.append(f"    self.{name} = {name}")

    return "def __init__({}) -> None:\n{}".format(
        ', '.join(args),
        '\n'.join(body),
    )
```

❶ 関数シグネチャで型変数Tを使い、任意のクラスに対してジェネリックにする。

❷ クラスの型アノテーションを辞書として取得する。

❸ 変数アノテーションはbodyのみ必須。変数定義時点ではbodyは空リストなので、文字列のリストであると推論できない。対称性のためにargsにも型アノテーションを付与する。

以上で、exec()関数に渡す準備ができました。exec()関数はソースコードを意味する文字列以外にグローバル名前空間とローカル名前空間を意味する辞書を受け取ります。

　グローバル名前空間を取得する標準的な方法は組み込み関数globals()です。しかし、ソースコードを意味する文字列をexec()関数で評価する際には、デコレータがある名前空間ではなく、クラスが定義されているモジュールがある名前空間で評価する必要があります。Pythonにおいて、モジュールの名前をクラスの `__module__` 属性に格納しているので、sys.moduleからモジュールオブジェクトを取り出して、そのモジュールオブジェクトの `__dict__` 属性から名前空間を取得します（「**2.4.2　モジュールキャッシュ**」参照）。

```
    globals = sys.modules[cls.__module__].__dict__
```

exec()関数がメソッドを定義する箇所の名前空間であるローカル名前空間として空の辞書を渡します。そして、ローカル名前空間からメソッドをクラスオブジェクトにコピーして、クラスオブジェクトを返します。以上のステップをまとめたのが**例10-9**です。

例10-9　自作版@dataclassデコレータ

```
@dataclass_transform()
def dataclass[T](cls: type[T]) -> type[T]:
    sourcecode = build_dataclass_init(cls)

    globals = sys.modules[cls.__module__].__dict__ ❶
    locals = {}
    exec(sourcecode, globals, locals) ❷

    cls.__init__ = locals["__init__"] ❸
    return cls
```

❶ クラス定義があるモジュールからグローバル名前空間を取得する。

❷ 文字列から__init__()メソッドを生成する。

❸ クラスに__init__()メソッドをコピーする。

10.4.2 実行時型チェック

実行時に型アノテーションを使ってできることは、ボイラープレートの動的生成以外にもあります。重要な例として、実行時型チェックがあります。実行時型チェックを理解するために、fetch()関数をもう一度取り上げます。

```
def fetch(url: str) -> Article:
    with urllib.request.urlopen(url) as response:
        data = json.load(response)
    return Article(data["title"], data["extract"])
```

まず、fetch()関数は型安全ではありません。Wikipedia APIが仕様通りのJSONを返す保証はありません。Wikipedia APIはそのOpenAPI（https://oreil.ly/nh0et）仕様に基づいてその通りにJSONを返すはずだと反論するかもしれません。しかし、外部システムに対して、仮定に基づいて静的型付けを付与しないでください。Wikipedia APIのバグや仕様変更で仮定が外れた場合、プログラムはクラッシュするでしょう。

また、json.load()がAnyを返すため、mypyはこの問題を検出できません。fetch()関数を型安全にするにはどうすればよいでしょうか。まず、Anyを**「10.2.7　型エイリアス」**で定義したJSON型に置き換えてみましょう。

```
def fetch(url: str) -> Article:
    with urllib.request.urlopen(url) as response:
        data: JSON = json.load(response)
    return Article(data["title"], data["extract"])
```

依然としてバグは存在するものの、mypyが問題を検出できるようになります。以下の出力例は紙面の都合上、一部を省略しています。

```
$ py -m mypy src
error: Value of type "..." is not indexable
error: No overload variant of "__getitem__" matches argument type "str"
error: Argument 1 to "Article" has incompatible type "..."; expected "str"
error: Invalid index type "str" for "JSON"; expected type "..."
error: Argument 2 to "Article" has incompatible type "..."; expected "str"
Found 5 errors in 1 file (checked 1 source file)
```

上記のエラーを整理すると、問題を2つに集約できます。まず、dataが辞書であることを確認せずに辞書として項目を参照しようとしています。次に、dataからの参照結果が文字列型であること

を確認せずにArticleに渡しています。

dataの型チェックから始めましょう。dataは"title"キーと"key"キーを持ち、その値が文字列である辞書でなければなりません。今回は構造的パターンマッチングを使ってdataの構造をチェックします。

```python
def fetch(url: str) -> Article:
    with urllib.request.urlopen(url) as response:
        data: JSON = json.load(response)

    match data:
        case {"title": str(title), "extract": str(extract)}:
            return Article(title, extract)

    raise ValueError("invalid response")
```

構造的パターンマッチングでdataの型を絞り込んだので、実行時型チェックもmypyも無事に通過します。型の絞り込みは実行時型チェックと静的型チェックの橋渡しをする手法とも言えます。また、実際に実行時型チェックの動作を観察したい場合は、「**6章　pytestによるテスト**」で紹介した仕組みを使って、HTTPサーバの振る舞いを変更して予期しないレスポンス（nullやteapot）を返すようにできます。

10.4.3　cattrsによる構造化

fetch()関数は型安全になりましたが、さらに改善できないでしょうか。上記のコードでは、Articleクラスの構造を実質的にコピーしています。Articleの構造をコピーする必要はないはずです。また、複数の入力を検証する場合、検証のためのボイラープレートで可読性と保守性を損ねる可能性もあります。Articleの型アノテーションだけで、JSONオブジェクトからArticleインスタンスを生成できるはずです。そして、実際に生成できます。

cattrsは、データクラスやattrsなどの型アノテーション付きクラスに対して対応するオブジェクトを柔軟に生成するライブラリです。使い方はシンプルで、JSONオブジェクト[19]と期待される型オブジェクトをcattrs.structure()関数に渡すと、オブジェクトを組み立てて返します。また、PythonオブジェクトをJSONなどのデータ形式に変換するcattrs.destructure()関数もあります。

プロジェクトの依存関係にcattrsを追加します。

```
[project]
dependencies = ["cattrs>=23.2.3"]
```

fetch()関数を以下のように書き換えます。まだ途中なので、実行はしないでください。

---

[19] cattrsはフォーマットに依存しないため、JSON、YAML、TOMLなどのオブジェクトも読み取れる。

```
import cattrs

def fetch(url: str) -> Article:
    with urllib.request.urlopen(url) as response:
        data: JSON = json.load(response)
    return cattrs.structure(data, Article)
```

これで、Articleインスタンスは、Articleの型アノテーションを使って生成されるようになりました。明確かつ簡潔であり、cattrsの実行時型チェックもあるので型安全です。

しかし、まだ対処すべき箇所があります。Articleのsummary属性と、それに対応するJSONのフィールドextractの名前が一致しません。ここで、summaryとextractを対応付けるcattrsのカスタムコンバータを実装します。

```
import cattrs.gen

converter = cattrs.Converter()
converter.register_structure_hook(
    Article,
    cattrs.gen.make_dict_structure_fn(
        Article,
        converter,
        summary=cattrs.gen.override(rename="extract"),
    )
)
```

そして、fetch()関数で上記のカスタムコンバータを使います。

```
def fetch(url: str) -> Article:
    with urllib.request.urlopen(url) as response:
        data: JSON = json.load(response)
    return converter.structure(data, Article)
```

cattrsは、一般的なデータ検証ライブラリと比較すると、ソフトウェアアーキテクチャの観点では利点があります。オブジェクトのシリアライズおよびデシリアライズとモデルを切り離すことが可能です。ドメインモデルをデータ層から切り離すことで、アーキテクチャの柔軟性がもたらされ、コードがテストしやすくなります[20]。

cattrsには他にも利点があります。必要に応じて、同じオブジェクトを異なる方法でシリアライズできます。また、シリアライズ用のメソッドを用意する必要もありません。また、データクラスやattrsクラス、名前付きタプル、TypedDict、そしてtuple[str, int]のような単純な型アノテーションなど、任意の型に対して使えます。

---

[20] ソフトウェアアーキテクチャに興味がある場合は、Harry Percival and Bob Gregory『Architecture Patterns in Python』（O'Reilly）を読むべきである。

10.5　Typeguardによる実行時型チェック

修正前のfetch()関数が型安全かどうか心配でしょうか。単純なスクリプトならば、問題は簡単に発見できますが、大規模なコードベースではどうでしょうか。mypyをStrictモードで実行してもエラーは発見できませんでした。

静的型チェッカを使っても型に関するエラーをすべて検出できるわけではありません。fetch()関数の場合では、json.load()がAny型となってしまい、漸進的型付けの弊害が出ました。実際のコードベースではよく起こる状況です。自分では制御できない外部のライブラリでは、過度に寛容な型アノテーションが付与されていたり、まったく付与されていなかったりします。データベースなどの永続化層のバグで、ディスクから読み込んだデータが破損している可能性もあります。mypyがエラーを検出していても、そのエラーを無視してしまう可能性もあります。

Typeguardは実行時型チェックを行うサードパーティライブラリで、pytestのプラグインとして使うことができます。静的型チェックが見過ごしてしまうような状況でコードの型安全性を検証するための貴重なツールとなり得ます。具体的には、以下のような状況で役に立ちます。

動的なコード

Pythonは高度に動的であるため、型アノテーションは寛容でなければならない。また、型アノテーションと実行時の型が食い違う可能性がある。

外部システム

現実世界のコードの大半は、最終的にWebサービス、データベース、ファイルシステムなど、外部のシステムとやり取りする。外部のシステムから受け取るデータは、期待通りの形をしていない可能性がある。また、そのフォーマットは、ある日突然変更されることもあり得る。

サードパーティ製ライブラリ

依存ライブラリの中には、型アノテーションがないもの、不完全なもの、過度に寛容すぎるものがある。

pyproject.tomlに以下の記述を追加して、Typeguardを依存関係に追加します。

```
[project]
dependencies = ["typeguard>=4.2.1"]
```

Typeguardにはcheck_type()関数があります。check_type()は任意の型アノテーションに対するisinstance()関数とみなせます。例えば、dataの型が浮動小数点数のリスト（list[float]）であるかどうかを調べるコードは以下の通りです。

```
from typeguard import check_type

numbers = check_type(data, list[float])
```

さらに複雑な型アノテーションもチェックできます。例えば、**TypedDict** を使って、外部サービスから取得した JSON オブジェクトの構造を記述できます。以下のコード例のように、JSON オブジェクトが持つべきフィールドとその値の型を記述します[*21]。

```python
from typing import Any, TypedDict

class Person(TypedDict):
    name: str
    age: int

    @classmethod
    def check(cls, data: Any) -> "Person":
        return check_type(data, Person)
```

使用例は以下の通りです。

```
>>> Person.check({"name": "Alice", "age": 12)}
{'name': 'Alice', 'age': 12}
>>> Person.check({"name": "Carol")}
typeguard.TypeCheckError: dict is missing required key(s): "age"
```

Typeguard には @typechecked デコレータもあります。関数デコレータとして使うと、関数の型アノテーションに応じて引数と返り値をチェックします。クラスデコレータとして使うと、すべてのメソッドに対して関数デコレータのようなチェック機能を付与します。例えば、JSON ファイルから Person のリストを抽出する関数 load_people() に @typechecked デコレータを付けると以下のようになります。

```python
@typechecked
def load_people(path: Path) -> list[Person]:
    with path.open() as io:
        return json.load(io)
```

デフォルトでは、実行時のオーバーヘッドを削減するために、コレクションの先頭の項目のみチェックします。グローバル設定オブジェクトを変更すれば、コレクション全体をチェックできるようになります[*22]。

```python
import typeguard
from typeguard import CollectionCheckStrategy

typeguard.config.collection_check_strategy = CollectionCheckStrategy.ALL_ITEMS
```

[*21]　このコードは見た目ほど有用ではない。TypedDict は、一部のフィールドのみ使う場合でも、すべてのフィールドを記述する必要がある。

[*22]　check_type() を直接呼び出す場合は、collection_check_strategy 引数に明示的に渡す必要がある。

Typeguardにはインポートフックもあり、インポート時にモジュール内のすべての関数とメソッドにデコレータを付与できます。インポートフックを明示的に使うこともできますが、最も便利なのはテストスイートを実行する際にTypeguardをpytestプラグインとして有効にすることです。**例10-10**は、実行時型チェック付きテストを実行するNoxセッションの例です。

例10-10　Typeguardによる実行時型チェックを行うNoxセッション

```python
package = "random_wikipedia_article"

@nox.session
def typeguard(session: nox.Session) -> None:
    session.install(".[tests]", "typeguard")
    session.run("pytest", f"--typeguard-packages={package}")
```

pytestプラグインとしてTyeguardを実行すれば、大規模なコードベースでも型に関するバグを容易に検出できます。ただし、既に優れたテストカバレッジが存在することが前提です。そうではない場合は、本番環境で関数やモジュール単位で実行時型チェックを有効にする手法を検討してください。その際は、実行時型チェックの偽陽性判定やパフォーマンスのオーバーヘッドを必ず測定してください。

10.6　まとめ

型アノテーションを使うと、ソースコードにある変数や関数の型を指定できます。また、組み込み関数やユーザ定義クラスも型として利用できるほか、Union型、漸進的型付けのためのAny型、ジェネリック型、プロトコルなど、高レベルな型も利用可能です。文字列やSelf型による前方参照も便利です。type文を使うと型エイリアスも導入できます。

mypyなどの静的型チェッカは、型アノテーションと型推論を活用してコードを実行せずにその型安全性を検証します。mypyは、型アノテーションが存在しないコードをデフォルトでAny型として扱うので、漸進的型付けが容易に導入できます。ただし、可能な限りStrictモードを有効にして、徹底的なチェックをするべきです。また、Noxセッションで自動化して、必須のチェック項目としてmypyを実行してください。

型アノテーションは実行時にも検査できます。この性質はdataclassesやattrsによるクラス生成、cattrsによるオブジェクト構築などの強力な機能の基礎を構成しています。また、実行時型チェッカTypeguardを使えば、関数の引数と返り値の型を実行時に検査できるようになります。また、pytestプラグインとしてテスト実行中に型チェックもできます。

型アノテーションは、巨大なテクノロジー企業にある膨大なコードベース向けの機能であり、中小規模のプロジェクトでは手間に見合わず、即席の使い捨てスクリプトではなおさら価値がない、という意見が根強くあります。しかし、筆者はその意見に同意しません。型アノテーションは、コードや

チームの規模に関係なく、コードの理解、デバッグ、メンテナンスに必要なものです。

Pythonのコードを書く際は、型アノテーションを使ってみてください。理想を言えば、使用しているエディタに型に関するサポートが存在しない場合は、バックグラウンドで型チェッカを動かすようにしてください。型が邪魔になる場合は、漸進的型付けをうまく利用してください。ただし、型安全性がある、より簡単なコードの書き方があるかどうかを考慮するようにしてください。また、プロジェクトに何らかの必須チェック項目がある場合は、型チェックを必ず含めるようにしてください。

本書全体を通じて、Noxでプロジェクトのチェックとタスクを自動化してきました。Noxセッションを使えば、ローカル開発中でも早期にかつ何度も繰り返しチェックできます。しかも、その方法はCIサーバ上で実行されるのとまったく同じ方法です。復習のために、本書で定義してきたNoxセッションの一覧を以下に示します。

- パッケージのビルド（**例8-2**）
- 複数のPythonバージョンによるテストの実行（**例8-5**）
- カバレッジ付きテストの実行（**例8-9**）
- サブプロセスでのカバレッジ測定（**例8-11**）
- カバレッジレポートの生成（**例8-8**）
- uvによる依存関係のロック（**例8-14**）
- Poetryによる依存関係のインストール（**例8-19**）
- pre-commitによるリント（**例9-5**）
- mypyによる静的型チェック（**例10-7**）
- Typeguardによる実行時型チェック（**例10-10**）

Noxの背後には「シフトレフト」と呼ばれる哲学があります。ソフトウェア開発ライフサイクルを左から右へ延びる時間軸として考えてみてください。最初の1行目から、本番環境でプログラムを実行するまでの全行程です。アジャイルの考え方が好きであれば、本番環境からのフィードバックが計画とローカル開発に戻ってくる円環状のタイムラインを想像してください。

ソフトウェアの欠陥の発見が早期であればあるほど、その修正コストは小さくなります。最良のケースは、ローカル環境のエディタ上で発見することであり、その修正コストはほぼ0です。最悪のケースは、バグを本番環境にリリースしてしまうことです。本番環境にあるバグの追跡を始める前に、失敗したデプロイをロールバックしてバグの影響を最小限に抑える必要があるかもしれません。ソフトウェア開発ライフサイクルの時間軸の左側でなるべくチェック（シフトレフト）するようにしましょう。一方で、ソフトウェア開発ライフサイクルの時間軸の右側のチェックも依然として重要です。本番環境に対するエンドツーエンドテストは、システムが期待通りに動作しているかどうかを確かめる上で非常に有用です。

CIサーバによるチェックは非常に重要です。CIサーバ上のチェック結果でどのコードの変更がメインブランチに入り、本番環境にリリースされるかが決まります。しかし、CIサーバの結果を待つ

必要はありません。可能な限り早く、ローカル環境でチェックしてください。Noxとpre-commitを使えば自動的にチェックできます。

　リンタや型チェッカもエディタと統合するようにしてください。残念ながら、全員が使うべきエディタについては合意が得られていません。しかし、Noxのようなツールを使えば、チーム開発におけるローカル環境のベースラインを簡単に構築できます。

　自動化はプロジェクトのメンテナンスコスト削減にもつながります。開発者はnoxなどの単一のコマンドを実行するだけで済みます。ロックファイルの更新やドキュメント生成などの作業も、シンプルなコマンドだけでできます。各プロセスをコード化すれば、人為的ミスを排除して、継続的な改善の基盤を整えることが可能となります。

　本書を読んでいただき、ありがとうございました。本書はここで終わりますが、常に変化を続けるモダンなPython開発者向けツールを巡る旅は続きます。Python自身が進化を続ける中で、本書から得た教訓が有効で役立ち続けることを願っています。

索 引

A

Anaconda————17, 21-23
APTパッケージマネージャ————16, 44
attrs————75-76, 240, 244-245, 248, cattrs も参照
autopep8————198, 211-212

B

Bandit————196, 200-201, Flake8 も参照
Bash シェル————7, 13, 20, 39, 117
Beck, Kent（ベック、ケント）————156, 205
Black————195, 212-215
brew————Homebrew を参照

C

cattrs————244-245, 248, attrs も参照
clang-format————210, 212
Conda————21-23
constraints ファイル————185-187
Coverage.py————160-170, テストも参照
CPython————3, 16, 23, 30-31, 50, 75, 99-100
Cryptography ライブラリ————75

D

@dataclass デコレータ————240
dataclasses モジュール————227, 240
deadsnakes————16, 24

D

Debian Linux————4, 7, 15-17, 30
Dependabot————111
Django————183-184
DNF パッケージマネージャ————15, 18
Dunamai ライブラリ————136

E

editable インストール————52, 69, 128
Eustace, Sebastien（ユースタス、セバスチャン）
————116

F

factory-boy ライブラリ————154, 172, 238
faker ライブラリ————154, 160
Fedora Linux————15
fetch() 関数————152
fish シェル————7, 39
Flake8————103, 194-195, 199-200
Flit————67, 116
Fowler, Martin（ファウラー、マーチン）————155, 205

G

Git————72, 79, 136, 193, 202, 207-210, 216
GitHub Actions————74, 192
GraalPy————20, 31
GraalVM————31

H

Hatch
　　13, 23-24, 40, 42-44, 63, 67, 79-81, 85, 106, 116
hatchling　62-67, 72, 81
Hoare, Tony（ホーア、トニー）　223
Homebrew　6, 12-13, 17, 20
httpx ライブラリ
　　37, 39, 92-93, 96-98, 110, 125, 152-153, 166
hypothesis　155

I

importlib ライブラリ　33, 46, 48-49
importlib.metadata ライブラリ
　　33, 80, 82, 98-100, 122, 166
inspect モジュール　240
Installed Apps ツール　9
IronPython　20
isort　196, 199

J

join 操作　218
Jython　20

K

Kay, Alan（ケイ、アラン）　181
Kluyver, Thomas（クレイヴァ、トーマス）　116

L

Lehtosalo, Jukka（レフトサロ、ユッカ）　220
Lev, Ofek（レヴ、オフェク）　116
Linux　15-18

M

macOS
　　Anaconda/Conda のサポート　17, 21-23
　　Coverage.py　168
　　環境　33-39, 75
Maturin　67
MicroPython　3
Ming, Frost（ミン、フロスト）　116
Miniconda　22, Anaconda も参照
Miniforge　22
mypy　63, 100, 195, 220, 231-239

N

Nix　17
NoneType　223-224
noqa　201
Nox　171-192, 201-202, 206, 236-237
　　session.install　172-173
　　session.run　172-174
nox-poetry　190-191
NumPy　75

P

PATH　5-8, 18, 40-41, 129
PathFinder　49, モジュールも参照
PDM　67, 106-107, 116, 134
Perflint　199
pip　28-29, 36-40, 57
pip-compile　109
Pipenv　106, 116, 134
Pipfile　116
pip-sync　109
pip-tools　109-113, 186
pipx　28, 36, 40-44, 54, 68-69, 109, 117, 133, 172, 196
Poetry　115-138
　　build-system テーブル　119
　　Nox　188-190
　　nox-poetry　190-191
　　poetry new コマンド　118
　　poetry update コマンド　127

pytest ─────────────── 143
Python のバージョン ─────── 117
src レイアウト ────────── 118
アップグレード ────────── 117
依存関係グループ ────── 129-130
依存関係の管理 ─────── 123-128
インストール ──────────── 117
開発依存関係 ──────── 129-130
環境管理 ───────────── 128
キャレットの制約 ───────── 124
タブ補完 ───────────── 117
パッケージ ─────── 118, 130-133
プラグイン ────────── 133-138
プロジェクトの作成 ───── 118-128
プロジェクトメタデータ ── 119-122
pre-commit ──── 103, 193, 202-210, 216, 249
py.typed ファイル ───────── 238
py ユーティリティ ─────── 10-11, 18
pycodestyle ────────── 195, 198, 211
pydocstyle ──────────── 199
pyenv ───────────── 19-21
Pyflakes ────────── 195, 197-198
Pylint ─────────────── 195-196
PyPI (Python Package Index) ─────── 57
pyproject (TOML) ───────── 62-64, 69-71
PyPy ───── 3, 16, 20, 23, 30, 128, 141, 177
Pyre ──────────────── 221
Pyright ───────── 221, 230-231, 241
pytest
　　Poetry ───────────── 143
　　インストール ─────────── 143
　　開発依存関係 ───────── 101-102
　　セッション全体で一度だけフィクスチャを生成
　　　　　　　　　　　　　　─── 151
　　テストの依存関係 ────────── 143
　　テストを書く ─────────── 142

パラメタライズ ──────── 146-149
フィクスチャ ───────── 146-153
プラグイン ────── 153-155, 169
pytest-cov プラグイン ─────── 169
pytest-httpserver プラグイン ─── 150, 153-155, 172
pytest-sugar プラグイン ── 104-105, 129, 153
pytest-xdist ──────────── 154
Python
　　コミュニティ ──── 57, 71-73, 78, 105
　　環境 ──────────── 環境を参照
　　バージョン ────── バージョンを参照
Python ソフトウェア財団 (Python Software
　　Foundation：PSF) ──────── 57
Python パッケージインデックス (PyPI) ── 57
Python Launcher ─────────── 18-19
　　Linux、MacOS、Unix、Windows も参照
　　インタプリタ ──────────── 28
python.org インストーラ ──── 6, 8-11, 13-14, 24
Python Standalone Builds プロジェクト ── 116
Python Typing Council ─────── 221
pyupgrade ───────────── 199

R
random-wikipedia-article ───── 59-60, 62-64
　　Git リポジトリ ────────── 72
　　Poetry プロジェクト ─────── 118-128
　　pytest ──────────── 101-102
　　依存関係 ──────────── 92-93
　　依存関係の管理 ──────── 123-128
Red Hat Linux ───────────── 15
refurb ────────────────── 199
Reitz, Kenneth (ライツ、ケネス) ──── 116
Renovate ──────────────── 111
requirements ファイル ──────── 104-106
　　コンパイル ───────── 107, 109-113
Rich ライブラリ ──────────── 93, 123

Ronacher, Armin（ローナッハー、アーミン）
———————————————————— 72, 116

Ruff———————————————— 193-216

Rye————————— 23-24, 71-73, 116, 196

S

Safety ツール——————————————— 134

sdist——————————————————— 73-76

setuptools———— 67, 69, 81, 115-116, 161

shim（pyenv）———————————————— 21

site モジュール————————————————— 52

sitecustomize モジュール————————— 52

site-packages————————— 31, 35, 39, 75

SPDX（Software Package Data Exchange）——— 87

Sphinx——————————— 67, 101-105

Stackless Python————————————— 20

Stufft, Donald（スタッフト、ドナルド）——— 116

sys モジュール————— 31-33, 47-54, 142

sysconfig モジュール——————— 31, 181

T

Tcl/Tk——————————————————— 35

TestPyPI——————————————————— 67

TOML（Tom's Obvious Minimal Language）——— 63

tomllib モジュール———————————— 64

tox———————— 16, 21, 67, 88, 128

trace モジュール————————— 160-161

Trove クラス分類子——————————— 86

Twine————— 67-68, 70, 72, 89, 174

Typeguard———— 155, 221, 246-248, 型も参照

U

Ubuntu Linux—————————— 16, 24, 30

Union 型————————— 223-224, 233, 248

unittest モジュール———————————— 148

universal2 インストーラ—————————— 14

Unix—————————————— 18-19, 174

usercustomize モジュール————————— 52

uv——— 44-45, 67-68, 72-73, 108-113, 166, 173, 186, 196

V

venv モジュール————————— 28, 仮想環境も参照

virtualenv——————— 21, 44-45, 54, 116, 173

W

wheel———————————— 66, 73-76, 107

Wikipedia API————————————— 92-93

Windows

Anaconda/Conda のサポート————— 17, 21-23

Coverage.py——————————————— 168

Nox————————————————————— 177

Poetry————————————— 125-128, 135

Python Launcher————— 10-11, 19, 46, 177

Python のインストール
———— 3, 5-6, 8-9, 24, 29-30, 33-39, 75-76

環境—————————————————— 35-37

テスト————————————————— 143

モジュール————————— 31-33, 51, 99

Y

YAPF（Yet Another Python Formatter）——— 212

あ行

アクティベーションスクリプト（activation script）
———————————————————————— 38-39

アノテーション（annotation）————— 型を参照

依存関係（dependency）——————————— 91

オプショナル————————————— 97

開発———————— 91, 101-106, 129-130, 232

かく乱攻撃———————————————— 74

間接———————————————————— 91

管理—————————————————— 123-128

グループ 106, 101-102
指定 93-101
テスト 143-144, 161
ロック 95, 106-113
イテレータ (iterator) 226
インストーラ (installer) 24
インストール (installation)
　Anacondaから 21-23
　Hatch 23-24
　Linux 15-18
　MacOS 11-14
　Nox 172
　pipx 40-42
　pyenv 19
　pytest 143
　python.org 8, 13-14
　Ruff 196
　Rye 23-24
　Windows 8-9
　インタプリタ 5-8
　スキーム 40
　パッケージ 37-38, 60-61, 68
　パッケージマネージャ 12
　複数のPythonのバージョン 4-5
　プロジェクトのローカルインストール 68-69
インタプリタ (interpreter) 5-8, 10, 30-31
インポートパッケージ (import package) 57, 70-71
インラインテーブル (inline table) 64
ヴァン・ロッサム、グイド (van Rossum, Guido)
60, 198, 217
エントリポイント (entry point) 82-84
エントリポイントスクリプト (entry-point script)
34, 81-82

か行
開発依存関係 (development dependency)

91, 101-106, 129-130, 232
Nox 174, 184-188
nox-poetry 190-191
Poetry 123-128
random-wikipedia-article 92
アップグレード 111
エクストラ 96-98
オプショナルな依存関係 97
環境マーカー 98-101
間接依存関係 91
サードパーティ 60
テストの依存関係 143-144, 161
バージョン指定子 94-96
パッケージ 91
メタデータ 93-101
ロック 95, 106-113
拡張モジュール (extension module) 32, 74-75
仮想環境 (virtual environment) 11, 27, 36-44, 173
型 (type)
　Callable 227
　py.typedファイル 238
　typing-extensionsライブラリ 231
　Union型 223-224, 233
　アノテーション 226, 型アノテーションも参照
　エイリアス 229
　型アノテーションが存在しない関数 234
　型安全 220-221, 246-248
　型推論 220
　型チェック 218, 220, 225-226, 231, 238-239
　型付け言語 221-231
　関係する機能 231
　関数アノテーション 225-227
　クラスアノテーション 227-229
　互換性 231
　再帰的な型 229
　ジェネリック 222, 227, 229

絞り込み 224
漸進的型付け 224-225
ダックタイピング 218-219, 230
タプル 222
定数 234
デコレータ 240
動的型付けvs.静的型付け 217
パッケージの配布 237-238
ヒント 型アノテーションを参照
部分型 222-224, 231
普遍的な上位型 224
変数アノテーション 220, 224-225, 230, 242
名目的部分型 231
型アノテーション（type annotation）
　200, 204, 220-221, 226, 230, 239-245
型ジェネリック（generic type）
　222, 227, 229, 型も参照
環境（environment）
　27-54, 128, 165, ビルド、モジュールも参照
　Python インストール 29-35
　依存関係 95-96
　仮想 11, 27, 36-44, 116, 173
　マーカー 98-101, 106
　ユーザごと 35-36
環境変数（environment variable）
　COVERAGE_PROCESS_START 168
　Nox 173, 182, 190
　NOX_DEFAULT_VENV_BACKEND 173
　PATH 5-8, 18, 40-41, 129
　PIPX_DEFAULT_PYTHON 44, 54
　Poetryパッケージリポジトリ 130
　PY_PYTHON 11
　PY_PYTHON3 11
　PYTHON_CONFIGURE_OPTS 20
　PYTHONPATH 50-51
　PYTHONSAFEPATH 50, 70

　PYTHONSTARTUP 52
　SKIP 209
　VIRTUAL_ENV 38, 45-46, 129, 190
関数アノテーション（function annotation）225-227
キャレットの制約（caret constraint） 124
共有ライブラリ（shared library） 34
クラスアノテーション（class annotation）
クレイヴァ、トーマス（Kluyver, Thomas） 116
ケイ、アラン（Kay, Alan） 181
継続的インテグレーション（continuous integration：
　CI）システム 74, 106, 127, 171, 191, 236
結合（join） 218
構造的部分型（structural subtyping）231, 型も参照
コードカバレッジ（code coverage）
　159-162, 168, 178-183
コードの臭い（code smell） 205
コードフォーマット（code formatting） 211-216
コールバック関数（callback function） 160, 168
コンウェイの法則（Conway's Law） 71
コンソール出力（console output） 93
コンテキストマネージャ（context manager） 149

さ行

サードパーティパッケージ（third-party package）
　pytest 83
　siteモジュール 52
　site-packages サブディレクトリ
　（subdirectory） 31
　typeshed 238
　依存関係 60, 91, 101-106
　インポート 40
　エントリポイント 82
　仮想環境 27, 36-37
　バックポート 99-100, 106, 125, 166, 231, 237
　メタデータ 33
　ユーザごとの環境 35-36

サードパーティライブラリ (third-party library)
　　　　　　　　　　　　　　ライブラリを参照
ジェネレータフィクスチャ (generator fixture) ──151
自動化 (automation) ──171-192, リンタ、Nox も参照
　　mypy　　　　　　　　　　　　　236-237
　　pre-commit　　　　　　　　205-206, 249
　　Ruff　　　　　　　　　　　　　201-202
　　tox　　　　　　　　　　　　　　　16
　　テストカバレッジ　　　　　　　178-183
シリアライズ (serialization)　　　　244-245
シンプルモジュール (simple module)　　32
スタッフト、ドナルド (Stufft, Donald)　116
スタブパッケージ (stubs package)　　238
静的解析 (static analysis)　　　　　　193
静的型チェック (static type checking) ──型を参照
静的データ (static data)　　　　　　　35
セキュリティ (security)
　　依存関係かく乱攻撃　　　　　　　74
　　サプライチェーン攻撃　　　　　　106
　　タイポスクワッティング　　　　　74
　　中間者攻撃　　　　　　　　　　110
　　ツール　　　　　　134, 195, 200-201
セマンティックバージョニング標準 (Semantic
　Versioning standard) ──95, 124, バージョンも参照
漸進的型付け (gradual typing) ──224-225, 型も参照
ソースディストリビューション
　(source distribution)　　　　　　　　73

た行

ダイナミックフィールド (dynamic field) ──79-81
ダックタイピング (duck typing) ──218-219, 230
抽象基底クラス (abstract base class)──230
抽象構文木 (abstract syntax tree：AST)──214
テーブル (table)　　　　　　　　　　63
デシリアライズ (deserialization)──244-245
テスト (testing)　　　　141-157, pytest も参照

Coverage.py　　　　　　　　　　161-170
trace モジュール　　　　　　　　160-161
　エンドツーエンド　　　　　　　　142
　型チェック　　　　　　　　　　型を参照
　感度　　　　　　　　　　　　　159
　コードカバレッジ ──159-162, 168, 178-183
　テストしやすい設計　　　　　　144-146
　特異度　　　　　　　　　　　　159
　複数の環境　　　　　　　　　165-166
　プロジェクトのインポート　　　　143
　ラウンドトリップ形式のテスト　　149
　リファクタリング　　　　　　　144-146
テストしやすい設計 (designing for testability)
　　　　　　　　　　　　　　　144-146
テストダブル (test double)　　　　　155
動的型付け言語 (dynamically typed language) ──217
ドット表記 (dotted notation)　　　　64
トレース関数 (trace function)　　160, 168

な行
名前空間パッケージ (namespace package) ──32

は行
バージョン (version)
　　　　──4, バックポート、インストールも参照
　Poetry　　　　　　　　　　　　117
　pyenv　　　　　　　　　　　　　21
　インストール　　　　　　　　　4-5
　寛容さ　　　　　　　　　　　　79
　指定子　　　　　　　　　　　94-96
　破壊的変更　　　　　　79, 88, 95, 124
　バグフィックスリリース──4, 14, 79, 95, 117, 215
バージョン管理 (version control)　　Git を参照
バイトコードモジュール (bytecode module)
　　　　　　　　　　　　　　　32-33, 49
配布 (distribution)　　　　　　6, 32, 57, 73

バグフィックスリリース (bugfix release)
　　　　　　　　　　　　　　　　バージョンを参照

バックポート (backport)
　　　　99-100, 106, 125, 166, 231, 237, importlib.
　metadata、バージョンも参照

パッケージ (package) ────────────── 60-62
　　Noxn によるビルド ──────────── 173
　　pyproject.toml ファイル ────── 62-64
　　site-packages ────────────── 35
　　アップロード ──────────────── 67
　　依存関係 ──────────────────── 91
　　インストール ──────── 12, 37-38, 68
　　インポートパッケージ ──── 57, 70-71
　　型に関する情報の配布 ─────── 237-238
　　形式 ──────────────────── 31-33
　　コアメタデータ ────────────── 76
　　公開 ──────────────────────── 67
　　スタブパッケージ ──────────── 238
　　ディストリビューションパッケージ ── 57
　　名前空間パッケージ ────────── 32
　　ビルドフロントエンドによるビルド ── 65-67
　　マネージャ ──────────── 12, 71-73, 91

パラメタライズ (parameterization)
　　　　　　　　　　　　 146-149, 183-184

ビルド (build) ──────────────────── 73
　　パッケージ ──────────────── 65-67
　　ビルドシステム ──────────── 62, 65
　　ビルドツール ──────────────── 74
　　フック ──────────────────── 66, 69
　　フロントエンドとバックエンド ──── 65-67, Flit、
　　　　Hatch、PDM、Poetry、Rye も参照

ビルトディストリビューション (built distribution)
　　　　　　　　　　　　　　　　　── 73

ビルドフロントエンド (build frontend) ──── 65-67
　　ビルドフック ──────────────── 69

ファインダ (finder) ───────────── 48-49

ファウラー、マーチン (Fowler, Martin) ──── 155, 205
フィクスチャ (fixture) ──────────── 146-153
部分型 (subtype) ──────────── 222-224, 231
普遍的な上位型 (universal supertype)
　　　　　　　　　　　　　　 224, 型も参照

プラグイン (plugin)
　　　　　　 42-43, 81, エントリポイントも参照
　　nox-poetry ──────────────── 190-191
　　Poetry ──────────────────── 133-138
　　pytest ──────────── 102, 153-155, 169
　　書く ──────────────────── 82-84
　　メタデータ ──────────────── 121

フリーズ (freezing) ──────────── 依存関係を参照

フレームワークビルド (framework build)
　　　　　　　　　　　　 14, 21, 30, 35

プロジェクト (project) ──── 68, パッケージも参照
　　メタデータ ──────────────── 76-88
　　レイアウト ──────────────── 69-71

プロジェクトマネージャ (project manager) ──── 116

プロトコル (protocol) ────────── 230, 型も参照

分岐カバレッジ (branch coverage) ──── 163-165

文単位のカバレッジ (statement coverage) ──── 164

並列カバレッジ (parallel coverage) ──── 166-168

ベック、ケント (Beck, Kent) ──────── 156, 205

ヘッダファイル (header file) ──────────── 35

変数アノテーション (variable annotation)
　　　　　　　 221-222, 230, 242, 型も参照

ホーア、トニー (Hoare, Tony) ──────────── 223

ま行

ミュータブルなデフォルト引数
　(mutable argument default) ──────── 194

ミン、フロスト (Ming, Frost) ──────── 116

名目的部分型 (nominal subtyping) ──── 231, 型も参照

メタデータ (metadata)
　　　　 31, importlib.metadata、パッケージも参照

コア—————————————————76
プロジェクト—————33, 76-88, 119-122
モジュール（module）——27-28, 31-33, 46-48, 51, 60-62
　Poetry————————————115-138
　Python のインストール————11-14, 24, 31-33
　Python Launcher———————18-19, 46
モンキーパッチ（monkey patching）————144

や行

ヤンク（yanking）————————————107
ユースタス、セバスチャン（Eustace, Sebastien）
—————————————————————116
要約（summarization）———————163-165

ら行

ライツ、ケネス（Reitz, Kenneth）—————116
ライブラリ（library）————4, モジュールも参照
　Linux————————————————15
　Python のインストール———4, 15, 29-30, 53
　Python のバージョン——4, 23, 88, 94-96, 98-101,
　　108, 124-126, 220, 231, 237
　依存関係のロック—————————————107

仮想環境———————————36, 40, 51-53
共有————————————————32, 34
　サードパーティ———————————27, 91
　作成者———————————————221
　ダイナミック—————————————33, 49
　テスト—————148-149, 160-161, 169
リファクタリング（refactoring）———————144-146
リリースサイクル（release cycle）————————4
リンタ（linter）
　Flake8———————————————194-195
　pre-commit フレームワーク——————202
　Pylint——————————————195
　Ruff————————————————193-216
　実行可能なスタイルガイド————————193
　自動修正——————————————205-206
　ミュータブルなデフォルト引数————194
　有効化——————————————198
　利用可能なルールを表示———————197
レヴ、オフェク（Lev, Ofek）————————116
レフトサロ、ユッカ（Lehtosalo, Jukka）————220
ローナッハー、アーミン（Ronacher, Armin）
—————————————————————72, 116

著者紹介

Claudio Jolowicz（クラウディオ・ヨルビチ）

Cloudflareのシニアソフトウェアエンジニア。PythonとC++を使い、20年近いソフトウェア開発の経験を持つ。Pythonコミュニティで活躍するオープンソースメンテナ。Hypermodern Pythonブログの著者であり、プロジェクトテンプレートの開発者。また、テスト自動化のPythonツールNoxの共同メンテナでもある。以前は法律学者であり、またスカンジナビアから西アフリカまでツアーするミュージシャンでもあった。

Mastodon: @cjolowicz@fosstodon.org

訳者紹介

嶋田 健志（しまだ たけし）

主にWebシステムの開発に携わるフリーランスのエンジニア。共著書に『Pythonではじめるオープンエンドな進化的アルゴリズム』（オライリー・ジャパン）『Pythonエンジニア養成読本』（技術評論社）、監訳書に『Pythonではじめるデータラングリング』、『PythonとJavaScriptではじめるデータビジュアライゼーション』、『Head First Python 第2版』、『Head Firstはじめてのプログラミング』、『SQLクックブック 第2版』、『SQLではじめるデータ分析』、共訳書に『初めてのPerl 第7版』、技術監修書に『PythonによるWebスクレイピング 第2版』。訳書に『マイクロフロントエンド』（以上オライリー・ジャパン）。

Github：https://github.com/TakesxiSximada

鈴木 駿（すずき はやお）

1989年横須賀生まれ。

電気通信大学 情報理工学研究科 総合情報学専攻 博士前期課程 修了、修士（工学）。

Pythonによるソフトウェア開発に従事。仕事終わりにオライリー・ジャパンから発刊される技術書の査読校正を行っている。

最近、Meinl Weston 2144というチューバを購入したが、C管なので運指がわかっていない。

共著書に『Pythonプロフェッショナルプログラミング 第4版』（株式会社ビープラウド著、秀和システム）、訳書に『Python Distilled』、監修書に『Pythonクイックリファレンス 第4版』、監訳書に『ロバストPython』『入門Python 3 第2版』（いずれもオライリー・ジャパン）がある。

査読協力

新井 翔太（あらい しょうた）、高山 洪銘（たかやま こうめい）、山下 正浩（やました まさひろ）

表紙の説明

　表紙の動物は、ホソフタオハチドリ（英名 Peruvian sheartail、学名 *Thaumastura cora*）です。

　ホソフタオハチドリのオスは、特別な尾羽を持ち、求愛の際には尾羽を使って音を発生させ、メスにアピールします。ホソフタオハチドリのオスの尾羽は非常に長く、白黒で二股に分かれています。体の色はオスもメスも光沢のある緑色です。オスの喉の色は光沢のある紫色から赤のグラデーションです。

　ホソフタオハチドリは最小のハチドリの1つです。南アメリカのハチドリの中では最軽量だと考えられています。ペルーの乾燥した海岸沿いの低木地帯や農地、庭園、果樹園に生息し、花の蜜を吸います。チリにも生息域を拡大しており、エクアドルで目撃されることもあります。

　個体数は安定しており、IUCNによる保全状況は低懸念（LC）に分類されています。

ハイパーモダン Python
――信頼性の高いワークフローを構築するモダンテクニック

2024年9月25日 初版第1刷発行

著　　　者	Claudio Jolowicz（クラウディオ・ヨルビチ）	
訳　　　者	嶋田 健志（しまだ たけし）、鈴木 駿（すずき はやお）	
発　行　人	ティム・オライリー	
制　　　作	スタヂオ・ポップ	
印刷・製本	株式会社平河工業社	
発　行　所	株式会社オライリー・ジャパン	
	〒160-0002　東京都新宿区四谷坂町12番22号	
	TEL　（03）3356-5227	
	FAX　（03）3356-5263	
	電子メール　japan@oreilly.co.jp	
発　売　元	株式会社オーム社	
	〒101-8460　東京都千代田区神田錦町3-1	
	TEL　（03）3233-0641（代表）	
	FAX　（03）3233-3440	

Printed in Japan（ISBN978-4-8144-0092-8）